Renewable Energy

쉽게 배우는
신재생에너지

Renewable Energy

쉽게 배우는
신재생에너지

박건작 지음

 북스힐

머리말

지구 온난화로 인한 잦은 태풍, 대형 산불 등에 의한 기상이변, 빙하의 감소에 따른 지구 해수면 상승 등 지구의 기후환경변화로 머지않아 닥칠 재앙에 대한 대책이 절실히 요구되고 있는 실정이다.

세계 각국들은 2016년 프랑스 파리에서의 국제 기후변화협약을 계기로 국제적인 동조를 통해 갈수록 악화되어가는 지구환경개선을 위하여 노력하고 있으며 지구환경을 해치고 있는 화석에너지를 대체할 신·재생 에너지의 확대에 심혈을 기울이고 있다. 그 중에서도 특히 태양광발전이나 풍력 등 대체 에너지의 증산을 촉진하고 있다.

지구는 우리의 삶의 터전이며 우리 후손에게 물려 줄 유산이다. 각종 공해나 지구의 온난화를 당장 해결하기 위해서는 신·재생 에너지 밖에 없다.

우리 정부 또한 2017년 3020정책을 발표하여 2030년까지 신·재생 에너지의 생산비율을 20%로 끌어올리겠다는 계획을 세워 신·재생 에너지의 확대에 치중하고 있으며 여기에 필요한 인력양성을 목표로 한국산업인력공단에서 2013년부터 신·재생 에너지(태양광) 발전기사(산업기사) 자격 시험과목을 신설하였다.

본서는 가장 보급이 많이 되어있는 태양광 위주로 편성하였으며, 여기에 신 에너지와 각종 재생 에너지를 포함시켜 신·재생 에너지 분야에 입문하거나 공부하고자 하는 독자들에게 개념의 이해에 역점을 두고 집필하였지만 아직 부족한 부분이 많으리라고 예상한다. 제1편의 태양광발전분야는 수험생들에게 다소 도움을 드리고자 과거 약 9년간 출제된 문제들을 다각도로 분석하여 중요도 위주의 편성으로 비교적 출제확률이 높은 문제를 출제 단원별로 주요 요약내용과 문제들로 편성하여 변별력을 높이고자 하였으므로 잘 활용하여 좋은 결실을 맺기를 기원하며 앞으로 국가 신·재생 에너지 분야의 훌륭한 인재로 국가발전에 이바지하기를 바란다. 끝으로 이 책의 편집과 출간에 애쓰신 (주)북스힐의 임직원님들의 노고에 감사드린다.

2022년 1월 저자 올림

차례

1편 | 태양광발전

2편 | 신·재생 에너지

1편

태양광
발전

chapter 1

태양광발전 시스템 개요

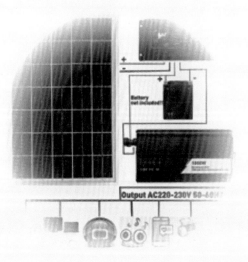

1-1 태양광발전 시스템이란?

햇빛을 이용하여 전기를 생산하는 시스템을 태양광발전이라 한다. 일반적인 태양광발전 시스템의 구성 도는 그림 1-1과 같이 햇빛을 통한 광전효과로 얻어진 태양전지 모듈(PV panels)에서의 직류 전압이 충전 제어기에 의해 축전지에 저장되어 직류부하와 연결되거나 인버터를 거쳐 교류부하로 연결된다.

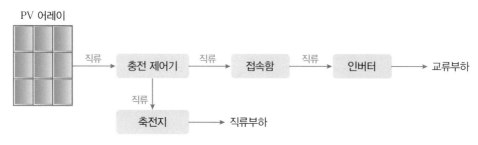

그림 1-1 태양광발전 시스템의 구성도

1-2 태양광발전 시스템의 구분

1 주택용과 상업용

태양광발전 시스템을 수요자 입장에서 보면 주택용과 상업용으로 분류할 수 있다. 그림 1-2(a), (b)는 주택용 태양광 시스템의 연결 도와 그 개념도를 나타낸다. 주택용은 일반적으로 3[kW]로 모듈용량(250[W]~500[W])에 따라 12~6매의 모듈이 지붕에 설치되며, 그림 1-2(b) 와 같이 자가소비 전력에 따라 모자라면 그 분량만큼 한전으로부터 공급받으며 자체소비하고도

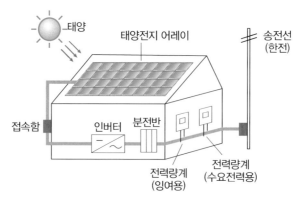

그림 1-2(a) 주택용 태양광 시스템 개념도

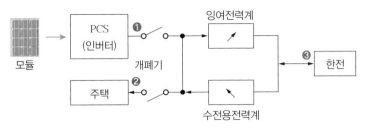

그림 1-2(b) 잉여용 및 수전용 전력계의 계념도

남는 경우에는 한전으로 보낼 수도 있으므로 잉여용과 수전용 2개의 전력계가 필요하다.

상업용이 주택용과의 배선 상 차이점은 주택용이 단상 220[V]이지만 상업용은 3상 380[V]/22.9[kV]이라는 점이다. 상업용 태양광발전 시스템은 수 십[kW]에서 수십[MW]를 넘는 것까지 설치장소도 공장, 빌딩, 건물옥상이나 농지, 임야, 염전부지 등 지상설치 방식으로 다양하며 생산한 발전량 전부를 한전으로 송전하여 SMP와 REC의 합으로 결정되는 전력단가로 그 수입을 발전소 소유자에게 지불된다. 상업용은 낮에 발전하여 한전의 계통연계 시스템으로 그림 1-3(a)와 같이 생산 전력량이나 기타 계측사항을 모니터링하기 위한 PC와 통신전송시설이 부가된다. 그림 1-3(b)는 상업용 태양발전소의 사진이다.

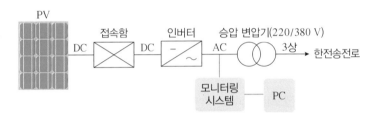

그림 1-3(a) 상업용 태양광발전 시스템 결선도

그림 1-3(b) 상업용 태양광발전소

2 독립 형, 연계 형, 하이브리드 형

또한 계통연계의 관점에서 태양광발전 시스템을 구분하면 독립 형, 계통연계 형 및 하이브리드 형의 세 가지가 있다.

(가) 독립 형 태양광발전 시스템

한전의 배전선과 직접 연계되지 않고, 분리된 상태에서 태양광전력이 직접 부하에 전달하는 발전방식이다. 야간이나 일사량이 부족한 우천 시에 는 발전량을 얻지 못하는 경우에 대비해서 축전지를 접속하여 축적할 필요가 있다.

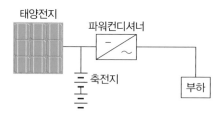

그림 1-4(a) 독립형

(나) 연계 형 태양광발전 시스템

자가용 발전설비 또는 저압의 소 용량 일반 발전설비를 한전계통에 병렬로 연계하여 운전하되 생산전력의 전부를 구내계통 내에서 자체적으로 소비하는 발전방식으로 태양광발전 시스템에 잉여전력이 있는 경우에는 한전이 매입하며 역류가 없는 시스템은 공장 등 시설내의 전력수요가 항상 PV시스템의 출력보다 큰 경우로서 한전으로부터 전류를 공급받는 시스템을 말한다.

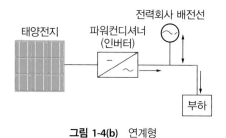

그림 1-4(b) 연계형

(다) 하이브리드 태양광발전 시스템

태양광발전에 풍력발전 등 기타의 분산 형 전원 발전을 혼합한 발전방식이다.

1-3 태양광발전 시스템의 특징 비교

1 독립 형 시스템의 특징과 용도

(가) 상용 전력계통으로부터 독립되어 독자적으로 전력을 공급한다.

(나) 사용가능한 전력량은 태양광발전 시스템의 발전량 이하로 제한된다.

(다) 야간이나 태양광이 적을 경우 전력을 공급하기 위해 축전지를 구비하고 있어야 한다.

(라) 부하의 용도에 따라 축전지를 사용하거나 보조 발전기로도 사용할 수 있다.

(마) 용도는 도서지역 발전, 산간오지 발전, 인공위성용 전원, 중개소, 교통신호 및 관측 시스템 등이 있다.

2 계통연계 형 시스템의 특징

(가) 태양광으로부터 발전된 전력을 인버터에 항상 공급하여 상용전력으로 변환시켜 안정된 전력계통과 연계하여 수요자에게 공급할 수 있다.

(나) 정전 시에는 비상용 부하에 전력을 공급하여 축전지처럼 활용될 수 있다.

(다) 태양광발전 시스템 출력의 잉여전력이 생기게 되면 전력회사의 배전선으로 역 송전한다.

(라) 태양광발전 시스템 출력은 날씨에 의해 결정되므로 안정된 전기사용을 위해서 전력회사의 전력계통과 연계하여 운전해야 한다.

3 하이브리드 형 시스템의 특징

(가) 두 가지 이상의 발전방식을 결합하였으므로 주간이나 야간에 안정적으로 전원을 공급할 수 있다.

(나) 고품질의 전력을 공급할 수 있다.

(다) 저장시스템의 비용이 높다.

1-4 태양광발전 시스템의 구비조건

(가) 안정성이 좋을 것

(나) 신뢰성이 높을 것

(다) 변환효율이 높을 것

(라) 설치비용이 낮을 것

1. 태양광발전 시스템의 구성요소 3가지를 쓰시오.

2. 태양광발전 시스템의 장점을 열거하시오.

3. 태양광발전 시스템에서 독립 형과 연계계통 형의 차이점을 간략히 쓰시오.

4. 태양광발전 시스템 중에서 하이브리드 시스템에 대해서 설명하시오.

5. 태양광발전 시스템의 분류 중 전력회사의 배전선에서 멀리 떨어진 산악지대나 외딴섬 등에 사용하는 방식을 무엇이라고 하는가?

6. 태양광발전 시스템의 구비조건 4가지를 쓰시오.

chapter **2**

태양전지

2-1 태양전지의 동작원리

태양전지는 빛이 쪼이면 전지표면의 광전현상에 의해 빛 에너지가 전기 에너지로 변환하는 원리를 이용한 것이다. 그림 2-1은 PN접합의 반도체 실리콘 태양전지의 동작원리를 나타낸다. 표면에는 반사방지용 물질로 코팅된 접착제가 붙은 유리덮개가 있으며 그 밑에 PN접합의 반도체가 있다. 이 반도체에 빛을 쪼이면 빛 에너지에 의해 정공과 전자의 다수 캐리어쌍이 증가하여 P(+), N(−) 전극에 부하가 연결되면 평형을 이루고 있던 P−N접합의 장벽을 무너트려 전류가 흐르게 된다. 쪼이는 태양 빛의 광량이 많을수록, 표면적의 면적이 넓을수록 전류는 증가한다.

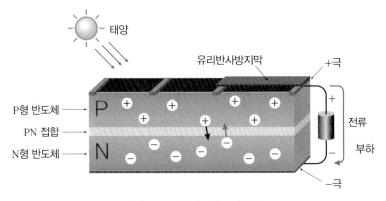

그림 2-1   태양전지의 동작원리

1 PN 접합

좀 더 PN접합에 대해서 설명하기 위해 캐리어(carrier)와 PN접합의 바이어스의 특성을 언급하기로 한다.

(가) P형 반도체는 4가의 실리콘(Si) 원소에 3가인 원소(Ga, Al, B, In)를 포함(doping)시킨 반도체이며 정공(hole)이 다수 캐리어이다. 3가 불순물 반도체는 전자를 받아들일 수 있다고 해서 억셉터(acceptor)라 한다.

(나) N형 반도체는 4가의 실리콘 원소에 5가인 원소(Sb, P, As, Bi)를 포함시킨 반도체이며 전자가 다수 캐리어이다. 5가 불순물 반도체는 전자를 제공할 수 있다고 해서 도너(donor)라 한다.

(다) 외부에서 에너지가 공급되지 않으면 반도체는 전자−정공 쌍이 같은 수로 균형을 이루고 있지만 외부에서 열(온도상승)이나 전압에 의한 에너지가 공급되면 반도체에는 이동할 수 있는 이온(캐리어 : carrier)인 전자(−)와 정공(+) 쌍이 생성된다.

(라) N형 반도체에서 전류운반 주체는 전자(Negative)이다. 따라서 N형 반도체에서 전류 캐리어의 대다수가 전자라는 의미에서 다수 캐리어라 하고, 다수 캐리어인 전자의 수에 비해서 아주 적지만 N형 반도체에 존재하는 정공(hole)을 소수 캐리어라 한다. 마찬가지로 P형 반도체에서는 전류의 주체가 정공(Positive)이므로 이를 다수 캐리어, 소수인 전자를 소수 캐리어라 한다.

2 PN접합의 바이어스

(가) 순 방향 바이어스

- P형 쪽에 (+), N형 쪽에 (−)전극이 가해진다.
- 공핍 층(공간 전하 층)이 좁아진다.
- 전위장벽이 낮아진다.
- 접합 정전용량(커패시턴스)이 작아진다.
- 도체와 같은 특성이다.

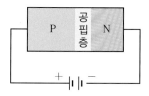

그림 2-2(a) 순 방향 바이어스

(나) 역 방향 바이어스

- P형 쪽에 (−), N형 쪽에 (+)전극이 가해진다.
- 공핍 층(공간 전하 층)이 넓어진다.
- 전위장벽이 높아진다.
- 접합 정전용량(커패시턴스)이 커진다.
- 부도체와 같은 특성이다.

그림 2-2(b) 역 방향 바이어스

3 태양전지 동작과정

❶ 광 흡수 → ❷ 전하(전자, 정공)생성 → ❸ 전하분리 → ❹ 전하 수집

(가) 태양광 흡수 : 태양광이 내부로 흡수되며, 흡수 광의 양을 증가시키기 위해 표면 조직화를 시킨다.

(나) 전하생성 : 흡수된 태양광에 의해 P−N접합에서 전자와 정공의 쌍이 생성된다.

(다) 전하분리 : P−N 접합 내에서 전자와 정공이 각각 분리되어 자유롭게 움직이게 된다.

(라) 전하수집 : P−N 접합에 전위차가 발생하게 되면 정공은 P형 쪽에. 전자는 N형 쪽에 모이게(수집) 된다.

● 표면 조직화 : 표면을 요철구조로 만들어 반사율을 감소시키는 것

4 단결정 및 다결정 태양전지 셀의 제조과정

잉곳 → 웨이퍼 → 표면 조직화 → 불순물(인) 확산 → 경계면 절연 → 반사방지막 코팅 → 전극인쇄

- 표면 조직화 : 표면을 요철구조로 만들어 반사율을 감소시켜 흡수된 빛의 양을 증가시키는 것.
- 표면 패시베이션(passivation) : 고 순도 기판을 사용하여 커터링 용량과 이를 통해 캐리어의 수명을 최대한 높인 것.

2-2 태양전지의 종류

1 재료에 따른 태양전지의 분류

그림 2-3 태양전지의 분류

2 태양전지의 특성

분류		특성	평균 변환효율
실리콘	단결정	실리콘 원자가 규칙적으로 배열된 구조이며 무겁고 색깔이 불투명하다. 변환효율이 가장 높으며 국내에서 다결정과 함께 가장 많이 사용되고 있다.	18[%]
	다결정	단결정 실리콘이 여러 개 모여서 만들어진 것으로 단결정 실리콘보다 변환효율은 낮고, 많은 면적이 필요한 단점이 있지만 가격이 저렴하면서 재료가 구하기 쉽다.	16[%]
	비정질	결정화가 되지 못한 실리콘 전지로서 실리콘의 두께를 아주 얇게 한 것으로 운반과 보관이 용이하며 유연성이 좋지만 변환효율이 낮고 공사비가 높다.	18[%]

분류		특성	평균 변환효율
실리콘	박막 형	실리콘 원자가 불규칙하게 모인 것으로 실리콘의 두께를 극도로 얇게 하여 재료를 줄인 때문에 제조원가가 낮고, 다양한 형태로 제작이 가능하지만 변환효율이 낮다.	6[%]
화합물	CdTe	Cd Ⅱ족, Te Ⅳ족이 결합된 직접 천이 형 화합물 반도체로 광흡수계수가 높고, 열화 현상이 없으며 낮은 제조단가로 상용화에 유리하다.	11[%]
	CI/CIGS	유리기판, 스테인리스, 알루미늄 기판 위에 구리(Cu), 셀레늄(Se), 인듐(In)을 증착시켜 만든 것으로 가볍고 안정성이 높고, 생산비용은 낮으나 다량생산이 불가능하며 원자재가격이 높은 단점이 있다.	12[%]
	GaAs (가륨비소)	Ⅲ-Ⅴ족 화합물 반도체의 전지로서 직접 천이 형으로 단일전지로는 변환효율이 가장 높고, 높은 애너지 갭과 다양한 형태의 이종접합 구조를 가질 수 있다.	40[%]
신소재	염료전지	유기 나노 염료를 산화 환원기술로 높은 효율을 갖도록 만든 태양전지이며 제조공정이 간단하고, 다양한 색깔이 가능하며 날씨가 흐리거나 투사각도가 작아도 발전이 가능하다.	18[%]

3 결정질 태양전지의 내부 구성도

다음의 그림 2-4(a), (b)는 결정질 태양전지의 내부 구성도이며 재료 순으로 되어 있다.

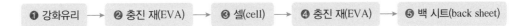

❶ 강화유리 → ❷ 충진 재(EVA) → ❸ 셀(cell) → ❹ 충진 재(EVA) → ❺ 백 시트(back sheet)

그림 2-4(a) 내부 구성도

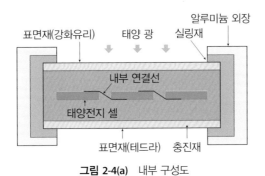

그림 2-4(b) 재료 구성순서

4 연료전지

연료전지는 수소를 공기 중 산소와 화학 반응시켜 전기를 생산하는 전지이다. 연료전지의 구성은 전해질 주위에 서로 맞붙어 있는 2개의 전극 봉으로 이루어져 있으며 공기 중의 산소가 한 전극을 지나고 수소가 다른 전극을 지날 때 전기화학적 반응을 통해 전기와 물, 열을 생성하는 원리이다.

5 연료전지의 종류

구분	알칼리(AFC)	인산 형(PAFC)	용융탄산염 형(MCFC)	고체산화물 형(SOFC)
전해질	알칼리	인산염	용융탄산염	세라믹
동작온도[℃]	80~120	150~250	580~700	750~1,200
효율[%]	85	70	80	85
용도	자동차용	업무용, 공업용	공업용, 발전소용	업무용, 발전소용
특징	신동에 강하고, 자기방전이 적으며 가격이 비싸다.	내구성이 강하고, 열병합 대응 가능하다.	발전효율이 높으며, 복합발전이 가능하다.	발전효율이 높으며, 내부개질이 가능하다.

2-3 셀, 모듈, 어레이

1 태양전지 셀(Solar cell)

솔라 셀(Solar Cell)은 태양전지의 기본단위로서 그 외형은 그림 2-5(a)와 같으며 일반적으로 그 전압은 0.57[V] 정도로 아주 작은 값이다. 최근 개발된 PCS(Pervoskite Solar Cell)는 1.2[V]까지 증가되어 있다.

2 태양전지 모듈(module)

태양전지 셀은 그 전압이 낮으므로 그 출력전압과 전력을 높이기 위해서는 이들을 여러 개 직렬 및 병렬로 연결하여 사용한다. 그림 2-5(b)는 40셀을 직. 병렬로 연결하여 구성한 21[V]의 모듈이지만 현재 주택용 및 사업용 태양광발전용 패널에는 72셀, 96셀이 많이 사용되고 있다.

3 태양전지 어레이

주택용이나 상업용에 사용하는 모듈은 그림 2-5(c)와 같이 여러 개의 모듈을 조합해서 사용하며 어레이의 배열은 발전용량과 부지여건에 따라 단수와 개수를 적절하게 설계하여야 한다.

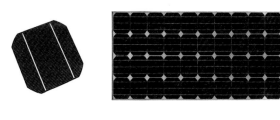

그림 2-5(a) 셀   그림 2-5(b) 모듈

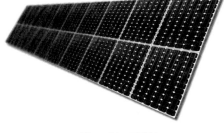

그림 2-5(c) 어레이

1. PN 접합 다이오드에서 P형의 다수 캐리어는 무엇인가?

2. PN 접합구조의 반도체 소자에 빛을 조사할 때 전자와 정공의 쌍이 생성되는 현상을 무엇이라고 하는가?

3. 태양전지 제조과정 중 '표면조직화'란 어떠한 것인지를 요약해서 설명하시오.

4. 실리콘 태양전지에 비교해서 화합물 반도체 태양전지인 GaAs(가륨비소)전지의 특징을 쓰시오.

5. 여러 개의 태양전지 모듈을 조합한 것을 무엇이라고 하는가?

6. 결정질 실리콘 태양전지의 일반적인 제조과정을 쓰시오.

7. 단결정 실리콘 태양전지의 특징을 쓰시오.

8. 박막 형 실리콘 태양전지의 특징을 쓰시오.

9. PN 접합 다이오드에 역 방향 바이어스를 인가할 때 공핍 층의 폭은 어떻게 되는가?

10. P형의 실리콘 반도체를 만들기 위해 실리콘에 도핑(doping)하는 원소 3가지를 쓰시오.

11. 연료전지의 종류 중 대표적인 4가지만 쓰시오.

12. 투명유리 위에 코팅된 투명전극과 그 위에 장착되어 있는 T_1oO_2 나노 입자와 전해액으로 구성된 태양전지를 무엇이라고 말하는가?

13. 연료전지 중 용융탄산염 형의 특징에 대하여 쓰시오.

태양전지의 특성

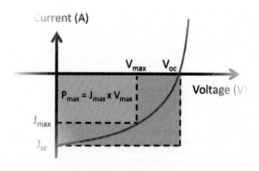

3-1 태양전지의 특성

1 태양전지의 V–I 특성곡선

태양전지에 빛이 조사되면 전류가 흐르고, 그 (＋)와 (－)전극에 전압이 나타난다. 그 전압–전류 특성을 나타낸 것이 V–I 특성곡선이며 그림 3–1이 결정질 태양전지의 V–I 특성곡성을 나타낸다.

최대출력 동작전압 : 최대출력 시의 전압(V_{mpp})

최대출력 동작전류 : 최대출력 시의 전류(I_{mpp})

최대출력($P_{\max}$) : $V_{mpp} \times I_{mpp}$(V–I 곡선의 회색부)

개방전압(V_{oc}) : 태양전지의 양 전극을 개방한 전압

단락전류(I_{oc}) : 태양전지의 양 전극을 단락 시의 전류

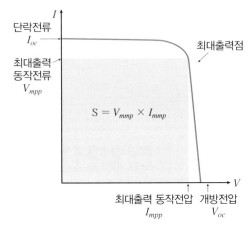

그림 3-1　결정질 태양전지의 V–I 특성

2 모듈의 방사조도와 온도특성

태양전지 모듈의 출력은 입사하는 빛의 강도 즉 방사조도(일사강도)와 태양전지의 온도에 따라 변화한다. 모듈의 표면온도 일정 시 방사조도가 클수록 출력은 증가하고, 방사조도가 일정 시 온도가 커질수록 전압, 전류, 출력전력모두가 감소한다.

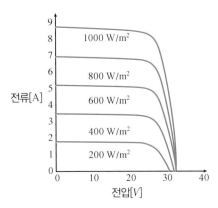

그림3-2　태양전지 모듈의 방사조도 특성

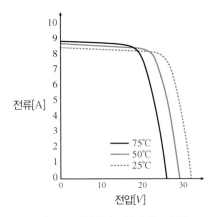

그림3-3　태양전지 모듈의 온도 특성

3 태양전지의 출력전류 − 출력전압의 방정식

$$I = I_{ph} - I_o\left\{\exp\left(\frac{qV}{A_oT}\right) - 1\right\}$$

I_{ph} : 광전류, I_o : 다이오드 포화전류, q : 전자의 전하량, A_o : 이상 계수, T : 절대온도

4 음영과 개방전압

그늘(음영)진 모듈의 개방전압 및 단락전류는 낮아진다.

5 태양전지 모듈의 온도계수와 개방전압 및 최대 출력전압

태양전지 모듈의 온도계수를 $k[\%/℃]$라 하면 온도 T에서의 개방전압[$V_{OC}(T)$]과 최대출력 동작전압[$V_{mpp}(T)$]은 다음과 같다.

(가) $V_{oc}(T) = V_{oc} + V_{oc} \times \left\{\frac{k}{100} \times (T - 25℃)\right\} = V_{oc}\left\{1 + \frac{k}{100} \times (T - 25℃)\right\}$

(나) $V_{mpp}(T) = V_{mpp} + V_{mpp} \times \left\{\frac{k}{100} \times (T - 25℃)\right\} = V_{mpp}\left\{1 + \frac{k}{100} \times (T - 25℃)\right\}$

(다) $P_{\max}(T) = P_{\max} + P_{\max} \times \left\{\frac{k}{100} \times (T - 25℃)\right\} = P_{\max}\left\{1 + \frac{k}{100} \times (T - 25℃)\right\}$

$P_{\max}$: 표준상태에서의 최대출력

3-2 태양전지의 충진율과 변환효율

1 충진율(F.F. : Fill Factor)

$$충진율 = \frac{최대출력전력}{개방전압 \times 단락전류} = \frac{V_{mpp} \times I_{mpp}}{V_{oc} \times I_{sc}}$$

2 V−I 특성곡선에서의 충진율

충진율 계산식의 분자 항($V_{mpp} + I_{mpp}$)은 회색 부(최대출력) 면적이다. V−I 특성곡선에서 바깥 사각형은 F.F.의 분자식이고, 안쪽 사각형은 F.F.의 분모 식이므로 최대출력이 클수록 충진율(F.F.)이 커짐을 알 수 있다. 충진율의 값은 0~1이며, 그 값이 1에 가까울수록 모듈의 성능이 좋다. 그림 3−4의 좌측그림에서 낮은 쪽의 커브곡선은 전력곡선이다.

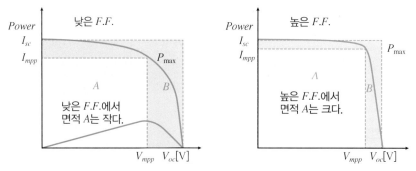

그림 3-4 특성곡선에서의 충진율

$$F.F. = \frac{V_{mpp} \times I_{mpp}}{V_{oc} \times I_{sc}} = \frac{\text{면적 } A}{\text{면적 } B}$$

(가) 충진율에 영향을 주는 요소

① 이상적인 다이오드 특성으로부터 벗어나는 정도를 나타내는 n 값이 작을수록 충진율 값이 증가한다.

② 태양전지의 직렬저항이 커지고, 병렬저항이 낮아지면 개방전압 및 단락전류가 낮아져 충진율 값이 감소, 변환효율 또한 감소하게 된다. 따라서 충진율을 증가시키기 위해서는 직렬저항을 작게, 병렬저항을 크게 하여야 한다.

> • Si의 충진율 : 0.7∼0.8, • GaAs의 충진율 : 0.78∼0.85,
> 따라서 충진율은 GaAs>Si이다.

3 태양전지 직렬저항 발생요인

(가) 표면층의 면 저항

(나) 금속전극의 자체저항

(다) 기판 자체저항

(라) 전지의 앞, 뒷면 금속 접촉저항

4 태양전지 병렬저항 발생요인

(가) 접합의 결함에 의한 전류누설

(나) 측면의 표면 전류누설

(다) 결정이나 전극의 미세균열에 의한 전류누설

(라) 전위에 따라 발생하는 전류누설

5 모듈의 변환효율

$$변환효율 = \frac{태양전지\ 최대출력(P_{max})}{태양전지에\ 입사된\ 에너지[W]} \times 100[\%] = \frac{V_{mpp} \times I_{mpp}}{A \times 1,000[W/m^2]} \times 100[\%]$$

$$A : 태양전지의\ 면적[m^2]$$

- 변환효율 $= \dfrac{V_{oc} \times I_{sc}}{태양전지면적[A] \times 1,000[W/m^2]} \times 충진율$

- 충진율 $= \dfrac{태양전지면적[A] \times 1,000[W/m^2]}{V_{oc} \times I_{sc}} \times 변환효율$

6 변환효율 상승방법

① 반도체 내부의 흡수율이 좋도록 한다.

② 반도체 내부에 생성된 전자, 정공 쌍이 소멸되지 않도록 해야 한다.

③ 반도체 내부 직렬저항이 작아지도록 한다.

④ 태양전지 표면온도가 낮아지도록 한다.

⑤ P-N접합부에 큰 자기장이 형성되도록 소재 및 공정을 설계해야 한다.

> 표준시험 조건에서의 평균효율
>
> 단 결정 실리콘(18%)>다 결정 실리콘(16%)>CIGS(11.5%)>CdTe(11%)>
> 비정질 실리콘 박막(6%)

1. 태양전지의 출력은 빛의 세기에 (   )한다. (   )안에 알맞은 내용을 쓰시오.

2. 태양전지의 모듈의 V-I 특성곡선에서 일사량에 따라 가장 많이 변하는 것은 무엇인가?

3. GaAs 전지의 충전율의 범위는 얼마인가?

4. 태양전지에서 직렬저항이 발생하는 원인 4가지를 쓰시오.

5. 그림 3-5의 V-I 특성곡선으로부터 충진율과 변환효율을 구하시오.
   (단, 태양전지의 면적은 $1.2[m^2]$. $I_{sc} = 8[A]$, $V_{oc} = 30[V]$, $I_{mpp} = 6[A]$, $V_{mpp} = 28[V]$이다).

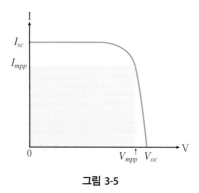

그림 3-5

6. 면적이 $200[cm^2]$이고, 변환효율이 16[%]인 결정질 실리콘 태양전지의 표준조건에서의 출력을 구하시오.

7. 태양전지의 변환효율 상승방법 4가지를 쓰시오.

8. 태양전지에서 생산된 전력이 120[W]가 인버터에 입력되어 인버터 출력이 110[W]가 된 경우의 변환 효율은 얼마인가?

9. 태양전지 면적이 1.6[m²], $I_{sc} = 8$[A], $V_{oc} = 40$[V], 변환효율 17.5[%]일 때 표준시험 조건에서의 충 진율을 구하시오.

10. 일사강도 0.8[W/m²], 결정질 태양전지의 모듈 면적 1.0[m²], 셀 온도 65[℃], 변환효율 15[%]일 때 출 력은 몇 [W]인가?(단, 셀 온도계수는 −0.4[%]이다.)

chapter 4

태양광발전 음영분석

4-1 태양광발전 음영분석

태양광 모듈에 음영이 발생하면 모듈의 전류가 줄어들어 발전량 또한 감소하므로 이를 고려하여 설계하여야 한다.

1 음영의 발생 요인

① 인접 건물이나 수목에 의한 그림자
② 어레이 배치 시 앞 열 어레이에 의한 그림자
③ 겨울 적설의 영향
④ 낙엽, 새의 배설물, 흙먼지 등의 영향

2 음영 대책

① 부지 선정 시 주변에 그림자를 유발할 장애물이 없는 장소로 선정할 것.
② 어레이의 이격거리를 그림자 영향을 덜 받는 적절한 값으로 결정할 것.
③ 주기적으로 모듈 면을 청소할 것

4-2 태양광발전 어레이 이격거리

1 어레이 그림자의 길이(d)

어레이의 길이가 L, 지면으로부터 어레이의 높이 h, 태양의 고도 각이 θ일 때 어레이의 그림자의 길이와 그 계산식은 그림 4-1과 아래와 같다.

$$d = \frac{h}{\tan\theta} = \frac{면적\ A}{면적\ B} \qquad d = L \times \cos\theta \ \text{(θ는 고도각)}$$

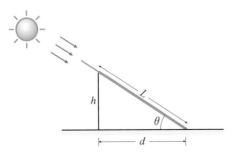

그림 4-1　어레이의 그림자 길이

2 어레이의 이격거리

그림 4-2에서 길이 L[m]인 어레이와 그 앞 어레이 사이의 간격(d), 즉 이격거리 계산 식은 아래와 같다. 단, α와 β는 경사각과 고도 각(입사각)이다.

① $d = L\{\cos\alpha + \sin\alpha \times \tan(90° - \beta)\}$[m]

② $d = L \times \dfrac{\sin(180° - \alpha - \beta)}{\sin\beta}$ [m]

③ $d = L \times \dfrac{\sin(\alpha + \beta)}{\sin\beta}$ [m]

위의 세 식 중 어느 하나를 적용하면 어레이의 이격거리를 구할 수 있다.

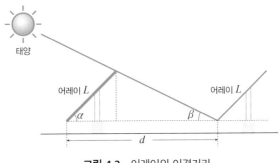

그림 4-2 어레이의 이격거리

3 대지 이용률(f)

어레이의 길이에 대한 이격거리의 비로 나타내며 f가 클수록 대지의 이용률이 높아진다.

$$f = \frac{\text{모듈(어레이)의 길이}}{\text{어레이 이격거리}} = \frac{L}{d}$$

4-3 태양광발전 설비용량 산정

1 독립 형 태양광발전 시스템의 1일 발전량 산출

다음은 독립 형 태양광발전 시스템의 전력수요량 산출절차이다. 먼저 부하의 설비용량을 파악하고, 사용시간에 따른 개별 1일 소비 전력량을 계산한 뒤 이들을 합산한 값에 선로손실, 인버터의 변환손실 등의 총 손실을 곱하면 1일 총 소요 전력량을 계산할 수 있다.

```
부하 별 1일 소비전력량 계산  ──▶  수량소비전력사용시간 = $①_1 \sim ①_n$

각 부하별 1일 소비전력량 합산  ──▶  $①_1 + ①_2 \cdots + ①_n = ②$

1일 총 소비전력량손실율  ──▶  $② \times (1 - 손실율) = ③$
```

예 1 다음은 주택에서의 1일 가전기기 전력 사용량이다. 일 총 소요 전력량을 계산하시오.

(단, 손실 율은 0.5[%]이고, 월은 30일로 계산함).

순번	부하기기	수량	소비전력[kW]	사용시간(h)	1일 소비전력[kWh]
1	전기 밥솥	1	1.0	1	1.0($①_1$)
2	냉장고	2	1.60	24	76.8($①_2$)
3	TV	2	0.20	5	2.0($①_3$)
4	형광등	5	0.06	8	2.4($①_4$)
합 계					82.2(②)

📋 월 총 전력 사용량 $= 82.2(②) \times (1 - \dfrac{0.5}{100}) = 82.2 \times 0.995) = 81.789[\text{kW}](③)$

2 태양전지 어레이 소요 발전량 산출

$$P_{AD} = \frac{E_L \times D \times R}{\dfrac{H_A}{G_s} \times K} = \frac{E_L \times D \times R}{H_A \times K} \ [\text{kW}]$$

E_L : 표준시험조건에서 일정기간 내에서의 부하전력 소요량[kWh/기간]

* 표준시험조건 : AM 1.5, 셀 온도 25℃, 일사강도 1,000[W/m²]

D : 부하의 발전시스템에 대한 의존율 = 1 − 백업 전원전력 의존율

R : 설계 여유계수(추정 일사량의 정확성 등에 대한 보정)

H_A : 일정 기간에 얻을 수 있는 어레이 경사면 일사량[kW/m²]

G_S : 표준상태에서의 일조강도 → 1[kW/m²], K : 종합설계계수

3 월간 발전량 계산식

(가) 경사면 일조량에 의한 계산방법

$$월간 시스템 발전 전력량 = E_{PM} = P_{AS} = \frac{H_{AM}}{G_S} \times K = P_{AS} \times H_{AM} \times K$$

P_{AS} : 표준상태에서의 어레이(모듈) 총 출력[kW], H_{AM} : 월 적산 어레이 경사면 일사량[kW/m²·월]

G_S : 표준상태에서의 일조강도 → 1[kW/m²], K : 종합 설계계수

(나) 1일 평균발전시간에 의한 계산방법

$$1일\ 평균\ 발전시간 = \frac{1년간\ 발전\ 전력량[kWh]}{시스템\ 용량[kWh] \times 운전일수}$$

$$시스템\ 이용률[\%] = \frac{1년간\ 발전\ 전력량[kWh]}{24[h] \times 운전일수 \times 시스템\ 용량[kW]} \times 100$$

$$= \frac{1일\ 평균\ 발전시간[kh]}{24[h]} \times 100$$

(다) 연간 발전 전력량 = 시스템용량 × 1일 평균발전시간[h] × 365[일]

4 월간 발전량 산출

예2 [조건] • 모듈 공칭출력 : 400[W]

• 최저온도 시 최대출력 동작전압(V_{mpp}) : 48[V]

• 모듈의 직·병렬 수 : 직렬 20, 병렬 6

• 모듈의 치수 : 2.024[m] × 1.024[m]

• 월 적산 경사면 일조량 : 12[kWh/월]

• 종합설계계수 : 0.8

(가) 스트링 전압 : 20 × 48[V] = 960[V],

어레이 출력 = 400[W] × (20 × 6) = 48,000[W] = 48[kW]

(나) 월 발전량 : $E_{PM} = P_{AS} = \dfrac{H_{AM}}{G_S} \times K = 48[kW] \times \dfrac{12[kW/m^2]}{1.0[kW/m^2]} \times 0.8 = 460.8[kWh/월]$

5 연계계통 형 발전량 산정

(가) 계통연계 형 태양광발전 시스템의 발전전력량은 발전설비 설치면적과 모듈 수에 의해 결정되므로 아래와 같은 절차로 태양광발전 시스템의 발전 전력량을 산출한다.

설치면적 결정

태양전지 모듈 결정

소요 모듈 수 결정

총 발전가능 전력량 산출

예 3 다음과 같이 부지와 모듈 사양 및 고도 각, 입사각이 주어진 경우의 소요 총 모듈 수와 발전가능 전력을 구하시오.

부지 크기[m]	모듈 크기[m]	어레이 단수	모듈 출력	고도 각[°]	입사각[°]	어레이-부지경계 간격[m]
64(가로) × 34(세로)	2(가로) × 1(세로)	2단	450[W]	30	24	2

풀이

① 먼저 이격거리(d)를 하면 모듈의 세로가1[m]이고, 2단이므로 어레이의 길이

$L = 1[m] \times 2단 = 2[m]$이므로

- 이격거리 d

$$= L \times \frac{\sin(\alpha + \beta)}{\sin\beta} = 2 \times \frac{\sin(30° + 24°)}{\sin24°} \fallingdotseq 2 \times \frac{0.8090}{0.4067} \fallingdotseq 2 \times \frac{1.618}{0.4067}$$

$$= 4[m]$$

- 가로 모듈 수 $= \dfrac{64 - (2 \times 2)}{2} = 30개$

- 세로 모듈 수 $= \dfrac{34 - (2 \times 2) + 2}{2} = 8단$, 2단이므로 $2 \times 8 = 16개$

* 분자의 식에서 2를 더한 것은 어레이 줄 수는 1개(2단이므로 개수는 2개)가 많기 때문임.

② 총 모듈 수 $= 30 \times 16 = 480개$

③ 총 발전량은 모듈 1개의 출력이 450[W]이므로

$$480 \times 450[W] = 216,000[W] = 216[kW]$$

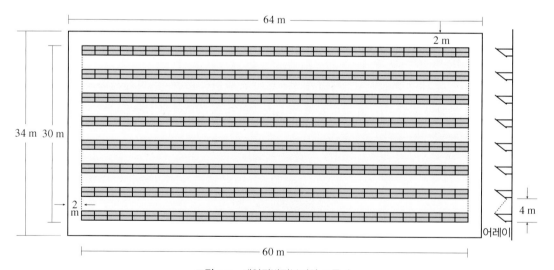

그림 4-3 태양광발전부지와 모듈 수

⑷ 모듈과 인버터의 사양(specification)이 주어지고, 온도를 반영한 발전량 산출

$$설치면적 결정 \rightarrow 태양전지 모듈 결정 \rightarrow 인버터 선정 \rightarrow 모듈 직·병렬 수 결정 \rightarrow 태양광발전 전력량 산출$$

⑸ 모듈과 인버터의 사양이 다음과 같을 때의 발전량 산출

예 4 [조건]

태양전지 모듈의 특성	
최대전력 P_{max}[W]	400
최대출력 동작전압 V_{mpp}[V]	48
주변 최저온도[℃]	−45
주변 최고온도[℃]	45
온도변화계수 [%/℃] : k	−0.30

인버터의 특성	
최대 입력전력[kW]	210
MPPT전압 범위[V]	550~950
최대 입력전압[V]	1,000
정격출력주파수[Hz]	60

- 최저온도 시의 $V_{mpp} \rightarrow V_{mpp}(-45℃) = V_{mpp} \times \left\{ 1 + \dfrac{k}{100} \times (T_L - 25) \right\}$

$$= 48 \times \left\{ 1 + \left(-\dfrac{0.3}{100} \right) \times (-45 - 25) \right\}$$

$$= 48 \times 1.21 = 58.08[\text{V}]$$

- 최고온도 시의 $V_{mpp} \rightarrow V_{mpp}(45℃) = V_{mpp} \times \left\{ 1 + \dfrac{k}{100} \times (T_H - 25) \right\}$

$$= 48 \times \left\{ 1 + \left(-\dfrac{0.3}{100} \right) \times (45 - 25) \right\}$$

$$= 48 \times 0.94 = 45.12[\text{V}]$$

① 최대 직렬 모듈 수 $= \dfrac{\text{인버터 최대입력전압}}{V_{mpp}(-45℃)} = \dfrac{1,000}{58.08} ≒ 17.22 \rightarrow$ 17개 * 소수점 절사

② 최소 직렬 모듈 수 $= \dfrac{\text{인버터 } MPPT\text{최소전압}}{V_{mpp}(\text{최고온도})} = \dfrac{550}{45.12} ≒ 12.19 \rightarrow$ 13개 * 소수점 절상

③ 최적 직·병렬 모듈 수 : 최소 직렬 모듈 수~최대 직렬 모듈 수(13, 14, 15, 16, 17)을 아래의 병렬 수를 구하는 식에 대입하여 최대 직렬 모듈 수와 각각 구한 병렬 모듈 수의 조합 가운데 출력이 가장 큰 조합이 최적 직·병렬 수이다.

$$병렬 \ 모듈 \ 수 = \frac{인버터의 \ 최대입력전압}{직렬모듈수 \times 모듈 \ 1개의 \ 출력}$$

- 직렬 모듈 수 13일 때 : $\frac{210 \times 10^3[W]}{13 \times 400[W]} \fallingdotseq 40.38 \rightarrow 40$ 병렬,

  이 때의 출력 : $13 \times 40 \times 400 = 208,000[W] = 208.0[kW]$

- 직렬 모듈 수 14일 때 : $\frac{210 \times 10^3[W]}{14 \times 400[W]} \fallingdotseq 37.50 \rightarrow 37$ 병렬,

  이 때의 출력 : $14 \times 37 \times 400 = 207,200[W] = 207.2[kW]$

- 직렬 모듈 수 15일 때 : $\frac{210 \times 10^3[W]}{15 \times 400[W]} \fallingdotseq 35.00 \rightarrow 35$ 병렬,

  이 때의 출력 : $15 \times 35 \times 400 = 210,000[W] = 210.0[kW]$

- 직렬 모듈 수 16일 때 : $\frac{210 \times 10^3[W]}{16 \times 400[W]} \fallingdotseq 32.81 \rightarrow 32$ 병렬,

  이 때의 출력 : $16 \times 32 \times 400 = 204,800[W] = 204.8[kW]$

- 직렬 모듈 수 17일 때 : $\frac{210 \times 10^3[W]}{17 \times 400[W]} \fallingdotseq 30.88 \rightarrow 30$ 병렬,

  이 때의 출력 : $17 \times 30 \times 400 = 204,000[W] = 204.0[kW]$

따라서 직렬 15개, 병렬 35개인 경우에 최대출력 210.0[kW]를 얻을 수 있다.

연습문제

1. 태양광발전 시스템에서 음영의 발생 요인 4가지를 쓰시오.

2. 태양광발전 시스템에서 음영의 발생대책으로는 첫째 부지 선정 시 주변에 그림자를 유발할 장애물이 없는 장소로 선정하는 것이다. 그 밖에 대책 두 가지를 더 쓰시오.

3. 태양광 어레이의 길이가 2[m], 어레이의 방향은 정남쪽을 향한 북쪽배치이며 뒤쪽에 계속 열(列)이 있다. 어레이의 이격거리를 구하시오.(단, 태양의 고도 각은 32°, 입사각은 26°이다.)

4. 태양전지 어레이의 길이가 2.58[m], 경사각이 30°이고, 어레이가 남북방향으로 설치되어 있으며, 앞면 어레이의 높이는 1.5[m], 뒷면 어레이의 태양 입사각이 20°일 때 앞면 어레이의 그림자 길이는?

5. 태양광 인버터의 입력전압이 30,000[W]이고, 모듈 최대출력이 200[W]이며 1 스트링 직렬매수가 15개인 경우 태양전지 모듈의 최대 병렬 수는 몇 매인가?

6. 아래와 같은 주택에서의 1일 가전기기 전력 사용량이다. (   )을 채우고, 월 총 소요 전력량을 계산하시오.(단, 손실율은 0.6[%]이고, 월 30일로 계산하며 소수점은 절사.)

순번	부하기기	수량	소비전력[kW]	사용시간(h)	1일 소비전력[kWh]
1	전기 밥솥	1	1.2	2	( )
2	냉장고	2	1.50	24	( )
3	TV	2	0.20	5	( )
4	형광등	10	0.03	6	( )
5	선풍기	2	0.10	10	( )
합 계					( )

7. 다음의 태양전지 모듈과 인버터의 특성자료로부터 최적 모듈의 직·병렬 수와 최대전력을 구하시오.

태양전지 모듈의 특성	
최대전력 P_{max}[W]	450
최대출력 동작전압 V_{mpp}[V]	50
주변 최저온도[℃]	−35
주변 최고온도[℃]	45
온도변화계수[%/℃]	−0.40

인버터의 특성	
최대 입력전력[kW]	280
MPPT전압 범위[V]	550~1,000
최대 입력전압[V]	1,200
정격출력주파수[Hz]	60

태양광발전 접속함

5-1 접속함

1 기능

접속함은 태양광발전 어레이에서 생산한 전력을 인버터에 넘기는 중간 장치이며, 다음과 같은 기능을 갖는다.

(가) 태양전지 모듈의 직·병렬연결 전원의 취합 및 공급

(나) 퓨즈 내장으로 선로보호

(다) 퓨즈 내장으로 직렬 및 병렬아크 보호

(라) 각종 발전현황에 대한 모니터링 및 무선전송 통신 기능

2 접속함의 구성 품

(가) 입·출력 단자 대

(나) 개폐기(MCCB) 및 차단기

(다) 역 방향 다이오드

(라) 서지 보호기(SPD)

(마) 퓨즈

(바) 각종 센서

3 접속함의 내부결선

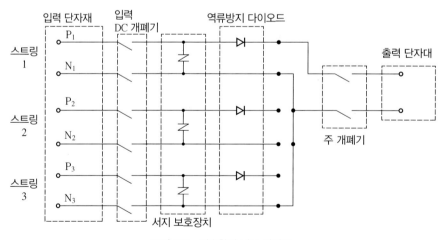

그림 5-1 접속함의 내부 결선도

4 접속함의 고려사항

(가) 접속함의 선정(큐비클 형, 수직 자립 형, 벽부 형)

(나) 부식방지

(다) 견고한 고정

(라) 접지저항의 확보 : 400[V] 시 10[Ω] 이상

(마) 부품의 신뢰성

5 접속함의 내전압

(가) 10[A] 이하 : 600[V] 이상

(나) 10~15[A] : 600~1,000[V] 미만

(다) 15[A] 초과 : 1,000[V] 이상

6 정격전압 및 전류

(가) MCCB의 정격전류 : 어레이 전류의 1.25~2배 이하

(나) 주 개폐기의 정격전류 : 어레이 전류의 2.5~2배 이하

(다) 정격 차단전압 : 시스템 차단전압의 1.5배 이상

5-2 바이패스와 역류방지 소자

1 바이패스(bypass) 다이오드

(가) 어레이의 태양전지 모듈 중 일부가 그늘(음영)이 있게 되면 저항이 증가하게 되며 저항증가에 의한 발열(핫스폿 : hot spot)로 그 부분의 발전량이 감소하게 되므로 우회로를 만들어 모듈을 보호하기 위한 소자가 바이패스 다이오드이다. 개별 또는 직렬 스트링에 역방향으로 삽입하며, 모듈 뒷면의 단자함에 설치한다.

   ● 스트링(string) : 모듈의 직렬연결 상태를 말하며, 때로는 포괄적으로 직. 병렬연결 상태를 말하기도 한다.

(나) 바이패스 다이오드의 전압 및 전류 용량

   • 역내전압 : 공칭 최대출력 동작전압의 1.5배 이상

   • 전류 : STC 조건에서 단락전류의 1.25배

(다) 그림 5-2(a), (b)는 바이패스 다이오드의 셀 직렬연결과 그 V-I 특성을 나타낸다. 바이패스 다이오드를 셀마다 병렬로 연결하며, V-I 특성에서 알 수 있듯이 전류는 일정하고 전

압이 직렬개수만큼 증가한다.

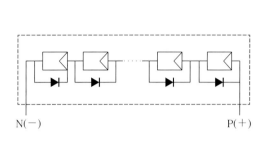

그림 5-2(a) 바이패스 다이오드 직렬연결

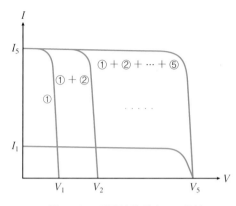

그림 5-2(b) 직렬연결 시의 V−I 특성

그림 5−3(a), (b)는 바이패스 다이오드의 직. 병렬연결과 그 V−I 특성을 나타낸다. 이때의 전류는 병렬개수 배로 증가하고, 전압은 직렬개수 배로 증가한다. 바이패스 다이오드는 단자함 뒷면에 설치한다.

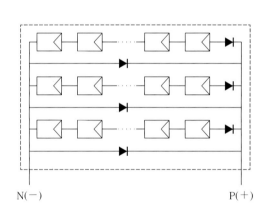

그림 5-3(a) 바이패스 다이오드 병렬연결

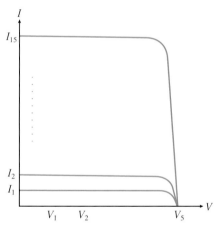

그림 5-3(b) 병렬연결 시의 V−I 특성

2 음영이 발생한 모듈의 V−I 특성

어레이의 태양전지 모듈 중 일부가 그늘(음영)이 있게 되면 저항이 증가하게 되고, 전류 또한 감소하게 된다. 그림 5−4(a)는 3개의 모듈이 직렬연결 시 1개(ⓐ′)의 모듈에 그림자(음영)가 있을 때 부하가 연결되어 전류가 흐르는 경로를 나타낸다. 바이패스 다이오드를 그늘이 발생한 모듈 ⓐ′에 병렬로 연결시 모듈 ⓐ′의 저항이 커지므로 저항이 작은 바이패스 다이오드 쪽으로 우회하여 전류가 흐르게 된다. 그림 5-4는 그림자가 발생한 모듈의 V-I 특성을 나타낸다. 그림자의 농도가 짙을수록 전류는 덜 흐르게 된다.

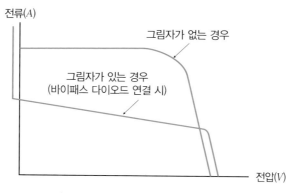

그림 5-4 그림자가 있는 1개의 모듈 V-I 특성

그림 5-5(a)는 ⓐ′, ⓑ, ⓒ의 3개 직렬 모듈 중 ⓐ 1개가 그림자가 있는 경우(ⓐ′)의 연결도이며, 그림 5-5(b)는 이때의 V-I 특성곡선으로 아래쪽은 모듈의 동작 점과 그림자가 있는 모듈의 바이패스 다이오드에 흐르기 시작하는 점과의 관계를 나타낸다. 그림자의 영향을 받는 모듈의 동작 점은 음(-)의 값, 즉 부하가 됨을 알 수 있다. 그러나 바이패스 다이오드에 전류가 흐르기 시작하면 전류를 우회시키기 때문에 전압은 더 이상 음(-)의 값에서 동작하지 않으며 그림자가 있는 모듈에 역 전압이 인가되는 시작점에 도달하면 모듈의 발전전력 대부분을 부하전력으로 소비한다. 이와 같이 바이패스 다이오드는 모듈의 부하가 되어 발열하는 상황을 최소한으로 억제하는 역할을 수행한다.

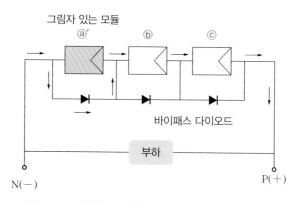

그림 5-5(a) 직렬 모듈 3개 중 1개에 그림자가 있는 결선도

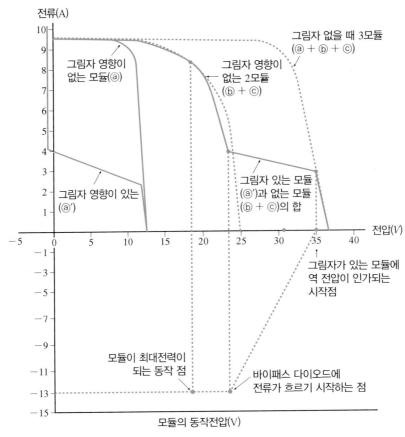

그림 5-5(b) 그림자의 영향이 있는 모듈의 V–I 특성

3 역류방지 다이오드

(가) 태양전지 모듈에 다른 태양전지 회로 또는 축전지로부터 흘러들어오는 전류를 방지하기 위해 설치하는 다이오드로 접속함 내에 스트링 별 직렬로 1개씩 설치한다(그림 5-6).

(나) 태양전지 직렬 군이 2병렬 이상일 경우에는 각 직렬 군에 역류 방지 다이오드를 설치해야 한다.

(다) 역류방지 다이오드의 용량은 모듈 단락전류 및 역 전압의 2배 이상, 회로 정격전압의 1.2배 이상이어야 한다.

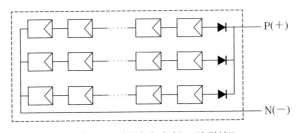

그림 5-6 역류방지 다이오드의 결선도

역류방지 다이오드는 태양전지 스트링에 직렬로 연결하므로 역류방지 다이오드에 의한 순방향 전압강하가 발생한다. 따라서 태양광발전 시스템의 동작 중에는 역류방지 다이오드에 항상 전류가 흐르고 있으므로 소량이지만 전력을 소비하고 있다. 역류방지 다이오드가 없는 경우에는 그림자가 생기거나 단선되면 태양광발전 시스템의 동작상태에 따라서는 그림자 영향을 받고 있는 스트링에 역 전류가 흐를 수 있으므로 역류방지 다이오드를 사용하면 스트링 간의 역전류를 억제할 수 있다. 그림 5-7은 역류방지 다이오드를 연결한 경우의 V-I 특성곡선을 나타낸다.

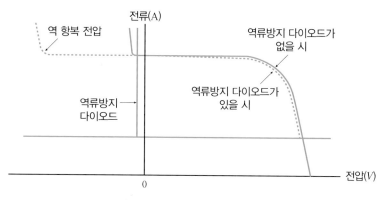

그림 5-7 역류방지 다이오드의 결선도

4 배선용 차단기(MCCB : Molded Cace Circuit Breaker)

MCCB는 회로의 과전류 보호에 이용되지만 접속함에서의 주 역할은 병렬회로로 구성된 스트링과 집전(集電)회로를 분리하는 용도이다. 차단전류 용량은 접속함 연결 합계전류보다 커야한다. MCCB를 선정할 때는 대응 형인지와 사용전압에 따라 3극 직렬로 연결하여 접점의 대수를 늘려 차단 시 MCCB 내 직류 아크발생을 억제하도록 설계되는 것이 바람직하다.

5 서지보호 장치(SPD : Surge Protect Device)

SPD는 낙뢰로 인한 충격성 과전압에 대해 전기설비의 단자전압을 규정치 이내로 낮추어 정전을 일으키지 않고 원상태로 복귀시키는 장치로 4회로 이상의 중대형 접속함의 경우 출력회로에 근접하여 SPD를 설치하여야 하며 SPD 최대연속 운전전압은 DC 600[V], DC 1,500[V], 공칭방전전류($8/20\mu A$)는 10[kA]이상이어야 한다.

1. 태양전지 모듈을 구성하는 직렬 셀에 음영이 발생하는 경우에 발생하는 출력저하 및 발열을 억제하는 소자는?

2. 태양광발전 시스템에서 역류방지소자의 사용목적을 쓰시오.

3. 여러 개의 태양전지 모듈의 스트링을 모아서 접속하는 것으로 점검을 용이하게 하는 것은?

4. 역류방지 다이오드의 용량은 최대 역 전압의 몇 배 이상을 견디도록 설치해야 하는가?

5. 접속함의 구성요소 4가지만 쓰시오.

6. 바이패스 다이오드의 설치장소는?

7. 순간적인 과전압이나 과전류로부터 전기설비를 보호하기 위한 피뢰소자는?

chapter 6

태양광발전 사업
환경 분석 및 조사

6-1 일사량과 일조시간

1 일사강도(방사조도)

단위시간에 단위넓이(m^2)에 입사되는 복사에너지의 세기[W/m^2]

(가) 일사(일조)강도의 영향 요소 : 산란, 반사, 흡수 등에 의한 복사강도 감소, 구름, 수증기, 오염물질.

(나) 일사량(일조량) : 일정기간 동안 지표면에 도달하는 일조강도의 적산 값[Wh/m^2]

(다) 직달 일사량 : 일정기간 동안 지표면에 직접 도달하는 직달 광을 적산한 값[Wh/m^2]

(라) 일조시간 : 가조시간 중 구름의 방해가 없이 지표면에 태양광이 비춘 시간의 합계

(마) 가조시간 : 어느 지방의 일출부터 일몰 때까지의 시간

(바) 일조율 $= \dfrac{\text{일조시간}}{\text{가조시간}} \times 100[\%]$

(사) 일사 광 영향요소 : ① 산란   ② 굴절   ③ 반사   ④ 통과

(아) 전천 일사량(I_g), 직달 일사강도(I_d), 산란 일사강도(I_s)의 관계식

$$I_g = I_d \sin\theta + I$$

(자) Bouguer's law : 맑은 상태에서 태양광이 지표면에 도달하기 전에 대기권에서 흡수되는 에너지에 따른 법칙

$$I_b = Ie^{-km}$$

6-2 주변 환경 조건

1 태양의 위치와 각

(가) 고도 각 : 지표면에서 태양을 올려다보는 각, 직달광과 지표면이 이루는 각도

(나) 천정 각 : 지표면에서 수직선이며 바로 머리 위에 있을 때의 각

(다) 방위각 : 어레이가 정남향과 이루는 각

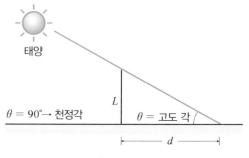

그림 6-1 천정 각

(라) **경사각** : 어레이가 지평면과 이루는 각도

① 경사각이 낮을수록 대지 이용률은 커진다.

② 적설을 고려한 경사각은 $45°$

(마) **남중고도** : 하루 중 태양의 고도가 가장 높은 각도.

① 동지 시 : $90° -$ 위도 $- 23.5°$

② 하지 시 : $90° -$ 위도 $+ 23.5°$

③ 춘·추분 시 : $90° -$ 위도

● 남중 고도 각 크기 : 하지>춘·추분>동지

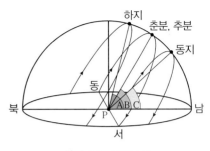

그림 6-2 남중고도

2 STC와 NOCT

(가) **STC(Standard Test Conditions)**

태양전지와 모듈의 특성을 측정하는 표준 시험조건

① 일사강도 : $1,000[W/m^2]$

② 외기온도 : $25℃$

③ 풍속 : $1[m/s]$

(나) **NOCT(Normal Operating Conditon Temperature)**

공칭 태양전지 동작온도

① 조사(일사)강도 $800[W/m^2]$

② 공기온도 $20℃$

③ 경사각 $45°$

3 AM(Air Mass : 대기질량 지수)

태양광선이 지구 대기를 통과하여 도달하는 경로의 길이

(가) $AM = \dfrac{1}{\sin\theta}$(그림 6-3(a)), $\sin\theta = \dfrac{1}{AM}$

(나) AM0 : 대기권 밖에서의 스펙트럼

(다) AM1 : 태양 천정위치 $\theta = 90°$

(라) AM1.5 : STC 조건 $\theta = 41.8°$

(마) AM2 : $\theta = 30°$(그림 6-3(b))

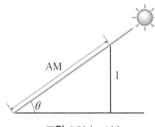

그림 6-3(a) AM

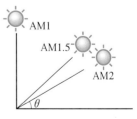

그림 6-3(b) AM1~AM2

4 최대출력 영향요소

(가) 태양광의 강도

(나) 분광분포

(다) 모듈과 주위온도

(라) 모듈주변의 습도

5 태양광 시스템 설계 시 검토사항

(가) 연간 일사량

(나) 순간풍속 및 최대풍속

(다) 최저 및 최고온도

(라) 최대 폭설 량

(마) 오염 원

6 태양광발전 시스템 손실

(가) 시스템 이용률 감소요인

① 일사량 감소

② 여름철 온도 상승

③ 전력 손실

(나) 시스템 전력손실

① 케이블 손실

② 인버터 손실

③ 변압기 손실

6-3 부지 타당성 검토

1 태양광발전소 건설 시 현장여건 분석

(가) **설치조건** : ① 방위각　　② 경사각　　③ 건축 안정성

(나) **환경여건** : ① 음영유무　　② 공해유무

(다) **전력여건** : ① 배선용량　　② 연계 점　　③ 수전전력

2 태양광발전소 부지의 선정 조건

㈎ 지정학적 조건

① 일조량 및 일조시간

② 위치 및 방향성

③ 부지의 경사

④ 기후 조건(최대풍속, 적설량)

㈏ 건설·지반적 조건

① 자재의 운송

② 교통의 편의성

③ 지반 및 배수조건

㈐ 설치 운영상 조건

① 접근성이 용이

② 주변 환경에 피해를 주지 않을 것

㈑ 행정상 조건

① 개발허가 취득조건

② 사전환경성 검토

③ 지역 및 토지용도 검토

④ 부지의 소유권 정보

㈒ 전력계통과의 연계조건

① 송배전 선로 근접

② 연계용량 확보

③ 연계 점

④ 계통 인입 선 위치

㈓ 경제성 조건

① 부지가격

② 토목 공사비, 기타 부대 공사비 및 수익성

㈔ 부지의 환경요소 검토

① 집중호우 및 홍수피해 가능성 여부

② 자연재해(태풍 등) 기상재해 발생여부

③ 수목에 의한 음영의 발생 가능성 여부

④ 공해, 염해, 빛, 오염의 유무

⑤ 적설량 및 겨울철 온도

3 부지의 선정 절차

부지선정은 경제성 측면에서 매우 중요하다. 부지가격도 저렴해야 하지만 입지조사를 통해 동일면적의 토지라도 얼마나 발전량을 얻을 수 있는지도 중요하므로 다음의 절차가 필요하다.

후보지 선정

사전정보조사

현장조사

소유자파악 및 이용협의

태양광 규모기획

지가조사

소유자협의 및 매입 결정

매매계약 체결

연습문제

1. 태양으로부터 오는 복사에너지가 장애물 없이 지표면에 직접 도달하는 것을 무엇이라고 하는가?

2. 전천 일사량(I_g)을 직달 일사강도(I_d)와 산란 일사강도(I_s)의 관계식으로 쓰시오.

3. 지표면 $1[[m^2]$ 당 도달하는 태양광 에너지의 양을 나타내는 단위로 $[W/m^2]$을 사용하는 것은?

4. 태양전지 측정 STC 조건에 따른 최적의 일사량과 표면온도는?

5. 태양광발전 설계에 AM 1.5가 적용되는 경우 태양과 지표면 사이의 각도는?

6. 표준 시험조건(STC)에서 태양광 에너지 밀도는 $1[m^2]$ 당 몇 $[W]$인가?

7. 우리나라의 스펙트럼 분포 에어매스(AM)는 얼마인가?

8. NOCT의 3가지 요소를 쓰시오.

9. 태양광발전 부지선정 시 고려사항 5가지를 쓰시오.

10. 태양광발전소를 설계할 때는 먼저 현장조사를 충분히 하고, 그 결과에서 설계조건을 추출하여 설계내용을 반영시킨다. 현장조사 중 환경조건의 조사 항목 5가지를 쓰시오.

11. 위도 36.5°에서 동작 시 남중고도는 몇[°] 인가?

12. 태양광발전소 부지선정 추진절차를 8단계로 나열하시오.

chapter **7**

태양광발전 전기 및
신·재생 에너지 관련 법규

7-1 전기사업법, 시행령, 시행규칙 간추림
7-2 신·재생 에너지 관련 법규 검토

7-1 **전기사업법, 시행령, 시행규칙 간추림**

1 전기사업의 범위

(가) 발전사업 : 전기를 생산하여 이를 전력시장을 통하여 전기판매사업자에게 공급함을 주 목적으로 하는 사업

(나) 송전사업 : 발전소에서 생산된 전기를 배전사업자에게 송전하는 데 필요한 전기설비를 설치·관리함을 주 목적으로 하는 사업

(다) 배전사업 : 발전소로부터 송전된 전기사용자에게 배전하는 데 필요한 전기설비를 설치·운용함을 주 목적으로 하는 사업

(라) 전기 판매사업 : 전기사용자에게 전기를 공급하는 것을 주 목적으로 하는 사업

(마) 구역전기사업 : 대통령령으로 정하는 규모(35,000[kW]]) 이하의 전기를 생산하여 전력시장을 통하지 않고, 그 공급구역의 전기사용자에게 공급하는 것을 주 목적으로 하는 사업

2 전기설비의 범위

(가) 일반용 전기설비 : 전압 600[V] 이하로서 용량 75[kW]미만(제조업 또는 심야전력을 이용하는 설비는 100[kW] 미만)의 전력을 타인으로부터 수전하여 그 수전장소에서 그 전기를 사용하기 위한 설비

(나) 위험시설에 설치하는 용량 20[kW] 이상의 전기설비

(다) 여러 사람들이 이용하는 용량 20[kW] 이상의 전기설비

3 전압의 범위

(신규 KEC 기준)

구 분	교류	직류
저압	1,000[V] 이하	1,500[V] 이하
고압	1,000[V] 초과 7[kV] 이하	1,500[V] 초과 1.5[kV] 이하
특 고압	7[kV] 초과	7[kV] 초과

4 전기사업의 허가(전기사업법 제7조)

(가) 전기사업을 하려는 자는 전기사업의 종류별로 산업통상자원부장관의 허가를 받아야 한다. 허가받은 사항 중 산업통상자원부장관령으로 정하는 경우도 또한 같다.

(나) 산업통상자원부장관은 전기사업을 허가 또는 변경허가를 하려는 경우에는 미리 전기 위원회의 심의를 거쳐야 한다.

(다) 동일인에게는 2개 이상의 전기사업을 허가할 수 없다. 다만 대통령령으로 정하는 경우에는 그러하지 아니 한다.

> 대통령령으로 정하는 두 종류 이상의 전기사업
> • 배전사업과 전기 판매 사업을 겸업하는 경우
> • 도서지역에서 전기사업을 하는 경우
> • 발전사업의 허가를 받은 사람으로 보는 집단 에너지 사업자가 전기 판매 사업을 겸업하는 경우. 다만, 사업의 허가에 따라 공급구역에 전기를 공급하려는 경우로 한정한다.

5 사업허가의 신청

(가) 3,000[kW] 이상의 전기사업의 허가를 신청하려는 자는 전기사업 허가 신청서를 산업통상자원부장관에게 신청한다.

(나) 3,000[kW] 이하의 이하의 전기사업의 허가를 받으려는 자는 특별시장, 광역시장, 특별 자치 시장, 도지사 또는 특별자치도지사에게 제출하여야 한다.

6 변경 허가사항

(가) 전기사업의 허가에서 산업통상자원부령으로 정하는 중요사항이란 다음 각 호를 말한다.

① 사업구역 또는 특정한 공급구역

② 공급전압

③ 발전사업 또는 구역전기사업의 경우 발전용 전기설비에 관한 다음의 어느 하나에 해당하는 사항

• 설치장소(동일한 읍, 면, 동)에서 설치장소를 변경하는 경우는 제외한다.

• 설비용량(변경정도가 허가 또는 변경허가를 받은 설비용량)의 100분의 10 이하인 경우는 제외한다.)

• 원동력의 종류(허가 또는 변경허가를 받은 설비용량이 300,000[kW] 이상인 발전용 설비에 신생 에너지 및 재생 에너지 개발·이용·보급 촉진법에 따른 신·재생 에너지를 이용하는 발전용 전기설비를 추가로 설치하는 제외한다.)

(나) 전기사업의 허가에 따라 변경허가를 받으려는 자는 사업허가 변경 신청서에 변경내용을 증명하는 서류를 첨부하여 산업통상자원부장관 또는 시·도지사에게 제출하여야 한다.

7 전기설비의 설치 및 개시의무

(가) 전기사업자는 산업통상자원부장관이 지정한 준비기간에 사업에 필요한 전기설비를 설치하고 사업을 시작하여야 하며 준비기간은 10년을 넘을 수 없다.

(나) 전기사업자는 사업을 시작한 경우에는 지체없이 그 사실을 산업통상자원부장관에게 신고하여야 한다.

8 전기의 품질기준

(가) 표준전압 및 허용오차

표준전압	허용오차
110[V]	110[V]의 상하로 6[V] 이내
220[V]	220[V] 상하로 13[V] 이내
380[V]	380[V] 상하로 38[V] 이내

(나) 표준주파수 및 허용오차

표준 주파수	허용오차
60[Hz]	60[Hz] 상하로 0.2[Hz] 이내

9 전기위원회

(가) 산업통상자원부에 전기위원회를 둔다.

(나) 전기위원회는 위원장 1명을 포함한 9명 이내의 위원으로 구성하되 위원 중 대통령령으로 정하는 수의 위원은 상임으로 한다.

(다) 전기위원회의 위원장을 포함한 위원은 산업통상자원부장관의 제청으로 대통령이 임명 또는 위촉한다.

10 전력수급 기본계획의 수립

(가) 산업통상자원부장관은 전력수급의 안정을 위하여 전력수급 기본계획은 2년 단위로 수립하여야 한다.

(나) 전력수급 기본계획의 수립과 관련하여 기본계획에 포함될 사항
① 전력수급의 기본방향에 관한 사항
② 전력수급의 장기전망에 관한 사항

③ 발전설비계획 및 주요 송전. 변전설비계획에 관한 사항

④ 전력수요의 관리에 관한 사항

⑤ 직전 기본계획의 평가에 관한 사항

11 발전사업 개시, 하자보수 기간

(가) 전기사업 허가 신청 후 허가일로부터 3년 이내에 발전 사업을 개시해야 한다.

(나) 태양광발전 설비의 하자보수기간은 3년이다.

12 전력거래

전기판매사업자가 전력시장 운영규칙으로 정하는 바에 따라 우선적으로 구매할 수 있는 자.

① 대통령령으로 정하는 규모(설비용량 2만[kW]) 이하의 발전 사업자

② 자가용 전기설비를 설치한 자

③ 신 에너지 및 재생 에너지를 이용하여 전기를 생산하는 발전 사업자

④ 발전사업의 허가를 받은 것으로 보는 집단 에너지사업자

⑤ 수력발전소를 운영하는 발전사업자

13 전기안전관리업무의 대행

(가) 대행 사업자

① 1[MW] 미만의 전기수용설비

② 1[MW] 미만의 태양광발전설비

③ 300 kW 미만의 발전설비(단, 비상용 예비발전설비 : 500 kW 미만)
  ➡ 둘 이상의 합계가 1,050 kW 미만

(나) 개인 사업자

① 500 kW 미만의 전기수용설비

② 250 kW 미만의 태양광발전설비

③ 150 kW 미만의 발전설비(단, 비상용 예비발전설비 : 300 kW 미만)
  ➡ 둘 이상의 전기설비 용량 2,500 kW 미만

14 전기안전관리자의 선임

(가) 20 kW 이하 : 미선임

(나) 20 kW 이상 : 안전 관리자 선임

(다) 1,000 kW 미만 : 대행자

15 전기안전관리자 자격기준

(가) 안전 관리자 : 전기분야 기술사자격 소지자, 전기기사 또는 전기기능장 자격 소지자로서 실무경력 2년 이상

(나) 안전 관리자를 선임하지 않아도 되는 발전설비의 용량 : 20[kW] 이하

16 전기공사 기술자의 등급

등급	국가기술자격
1. 특급 전기공사 기술자	기술사 또는 기능장의 자격을 취득한 자
2. 고급 전기공사 기술자	① 기사의 자격을 취득한 후 5년 이상 전기공사업무를 수행한 자 ② 산업기사의 자격을 취득한 후 8년 이상 전기공사업무를 수행한 자 ③ 기능사의 자격을 취득한 후 11년 이상 전기공사업무를 수행한 자
3. 중급 전기공사 기술자	① 기사의 자격을 취득한 후 2년 이상 전기공사업무를 수행한 자 ② 산업기사의 자격을 취득한 후 5년 이상 전기공사업무를 수행한 자 ③ 기능사의 자격을 취득한 후 8년 이상 전기공사업무를 수행한 자
4. 초급 전기공사 기술자	① 산업기사 또는 기사의 자격을 취득한 자 ② 기능사의 자격을 취득한 자

17 전기공사업에서의 벌칙 및 과태료

(가) 등록취소

① 거짓이나 그 밖의 부정한 방법으로 공사업의 등록 및 공사업의 등록기준에 관한 신고를 한 경우

② 타인에게 성명, 상호를 사용하게 하거나 등록증 또는 등록수첩을 빌려준 경우

③ 공사업의 등록을 한 후 1년 이내에 영업을 시작하지 아니하거나 계속하여 1년 이상 공사업을 휴업한 경우

④ 영업정지 처분기간에 영업을 하거나 최근 5년간 3회 이상 영업정지처분을 받은 경우

(나) 전기공사중지

① 시공 중 공사가 품질확보 미흡 및 중대한 위해를 발생시킬 우려가 있는 경우

② 고의로 공사의 추진을 지연시키거나 공사의 부실우려가 짙은 상황에서 적절한 조치가 없이 진행하는 경우

③ 부분중지가 이행되지 않음으로써 전체공정에 영향을 끼칠 것으로 판단되는 경우

④ 지진, 해일, 폭풍 등 불가항력적인 사태가 발생하여 시공이 계속 불가능으로 판단되는 경우

⑤ 천재지변으로 발주자의 지시가 있을 경우

㈐ 전기공사업 6개월 영업정지

① 대통령령으로 정하는 기술능력 및 자본금 등에 미달하게 된 경우

② 공사업의 등록기준에 관한 신고를 하지 아니한 경우

③ 시정명령 또는 지시를 이행하지 아니한 경우

④ 해당 전기공사가 완료되어 같은 조에 따른 시정명령 또는 지시를 명할 수 없게 된 경우

⑤ 신고를 거짓으로 한 경우

㈑ 전기공사 부분중지

① 재공사 지시가 이행되지 않은 상태에서 다음 단계의 공정이 진행됨으로써 하자발생이 될 수 있다고 판단될 때

② 안전 시공 상 중대한 위험이 예상되어 물적, 인적 중대한 피해가 예상될 때

③ 동일공정에 있어 3회 이상 시정지시가 이행되지 않을 때

④ 동일공정에 있어 2회 이상 경고가 있었음에도 이행되지 않을 때

㈒ 공사 재시공

① 시공된 공사가 품질확보 미흡인 또는 위해를 발생시킬 우려가 있다고 판단된 경우

② 감리원의 확인검사에 대한 승인을 받지 아니 하고 후속공정을 진행한 경우

③ 관계규정에 맞지 않게 시공한 경우

㈓ 과태료 300만 원 이하

① 공사 업 등록기준에 관한 신고를 기간 내에 아니 한 자

② 영업정지 처분을 받은 후의 계속공사를 아니 한 자 또는 그 승계인

③ 등록사항의 변경신고 등에 따른 신고를 아니 한 자 또는 거짓으로 신고한 자

④ 전기공사의 도급계약 체결 시 의무를 이행하지 않은 자

⑤ 전기공사의 도급대장을 비치하지 않은 자

㈔ 벌칙 및 과태료

① 3년 이하의 징역, 지원액 3배 이하의 벌금 : 거짓, 부정한 방법으로 발전차액을 지원받은 자 또는 그 사실을 알면서 발전차액을 지급한 자

② 3년 이하의 징역, 3,000만 원 이하의 벌금 : 거짓이나 부정한 방법으로 공급인증서를 발

급받은 자 또는 그 사실을 알면서 공급인증서를 발급한 자

③ 2년 이하의 징역, 2,000만 원 이하의 벌금 : 공급인증서를 개설거래시장 외에서 거래한 자 또는 법인(대리인), 개인에게도 적용(상기 관련)

7-2 신·재생 에너지 관련 법규 검토

1 신·재생 에너지 용어

(가) RPS(Renewable Portfolio Standard) : 일정량(500만 kW) 이상의 발전설비를 보유한 발전사업자에게 총 발전량의 일정량 이상을 신·재생 에너지로 생산한 전력을 국가에 공급하도록 의무화한 제도.

(나) FIT(Feed In Tariff) : 신·재생 에너지에 의하여 공급한 전기의 전력가격이 정부가 고시한 기준가격보다 낮은 경우에 기준가격과 전력거래가격과의 차액을 정부가 지원해주는 제도

(다) REC(Renewable Energy Certificate) : 태양광발전 사업용 설비에 발급되는 공급인증서

(라) REP(Renewable Energy Point) : 생산인증서 발급대상설비에서 생산된 MWh기준의 생산에너지 전력량에 대해 부여하는 제도

(마) RFS(Renewable Fuel Standard) : 석유제정업자에게 일정이상의 신·재생 에너지를 수송용 연료를 혼합하도록 하는 제도

2 신 에너지

(가) 수소 에너지

(나) 연료 에너지

(다) 석탄을 액화·가스화한 에너지 및 중질잔유를 가스화한 에너지

3 재생 에너지

(가) 태양 에너지 　① 풍력 　② 수력 　③ 해양 에너지 　④ 지열 에너지

(나) 생물자원을 변환시켜 이용하는 바이오 에너지

(다) 폐기물을 에너지로서 대통령령으로 정하는 기준 및 범위에 해당하는 에너지

4 신·재생 에너지 공급비율

$$공급비율 = \frac{신·재생\ 에너지\ 공급량}{예상\ 에너지\ 사용량} \times 100[\%]$$

5 연도별 의무 공급량의 비율

연도	2021	2022	2023 이후
비율	8.0%	9.0%	10%

6 신·재생 에너지의 공급의무 비율(2020. 10. 01 개정)

연도	2020~2021	2022~2023	2024~2025	2026~2027	2028~2029	2030 이후
비율[%]	30	32	34	36	38	40

7 온실가스

(가) 이산화탄소(CO_2)

(나) 메탄(CH_4)

(다) 아산화질소(N_2O)

(라) 수소 불화탄소(HFCs)

(마) 과 불화탄소(PFCs)

(바) 육 불화 황(SF_6)

8 바이오 에너지

(가) 생물유기체를 변환시킨 바이오가스, 바이오 액화 류, 합성가스

(나) 쓰레기 매립장의 유기 상 폐기물을 변환시킨 매립가스

(다) 동·식물의 유지를 변환시킨 바이오디젤

(라) 생물유기체를 변환시킨 땔감

9 총 배출량 2030년 온실가스 배출전망 대비는 37/100로 한다.

10 신·재생 에너지 공급자 3인

(가) 발전사업자

(나) 발전사업의 허가를 받은 것으로 보는 자

(다) 공공기관

11 신·재생 에너지 공급 의무자

(가) 발전사업의 허가를 받은 것으로 보는 해당자로서 50만[kW] 이상의 발전설비를 보유한 자

(나) 한국수자원공사

(다) 한국지역난방공사

12 신·재생 에너지의 기술개발 및 이용

(가) 기본계획 : 5년마다 수립

(나) 계획기간 : 20년 ⊙ 시행사업연도 4개월 전까지 제출

13 신·재생 에너지의 기술개발 및 이용 기본계획 포함내용

(가) 기본계획의 목표

(나) 신재생에너지 원별 기술개발 및 보급의 목표

(다) 총 전력생산량 중 신재생에너지 발전량이 차지하는 비율의 목표

(라) 온실가스 배출감소 목표

(마) 기본계획의 추진방법

14 신·재생 에너지 정책심의회의 구성 공무원 지명기관

기획재정부, 과학기술정보통신부, 농림축산식품부, 산업통상자원부, 환경부, 국토교통부, 해양
수산부

15 공급 의무자가 의무적으로 신재생에너지를 이용하여 공급하여야 하는 발전량의 합계

총 전력 생산의 10[%] 이내

16 신·재생 에너지 공급 의무 량 불이행에 대한 과징금

공급인증서의 해당연도 평균 거래가격의 1.5배

17 신·재생 에너지 공급인증서의 거래 제한

(가) 발전소별로 5,000[kW]를 넘는 수력을 이용하여 에너지를 공급하고 발급된 경우

(나) 기존 방조제를 활용하여 건설된 조력을 이용하여 에너지를 공급하고 발급된 경우

(다) 석탄을 액화, 가스화한 에너지 또는 중질잔사유를 가스화한 에너지를 이용하여 에너지를 공
급하고 발급된 경우

(라) 폐기물 에너지 중 화석연료에서 부수적으로 발생하는 폐가스로부터 얻어지는 에너지를 이용하여 에너지를 공급하고 발급된 경우

18 녹색성장

에너지자원을 절약하고 효율적으로 사용하여 기후변화와 환경훼손을 줄이고 청정에너지와 녹색기술의 개발을 통하여 새로운 성장 동력을 확보하여 새로운 일자리를 창출해 나가는 등 경제와 환경이 조화를 이루는 성장

19 녹색 설치 의무기관

(가) 납입자본금의 50/100

(나) 납입자본금 50억원 이상법인

20 녹색 인증 유효기간

3년(3년 1회 한 연장)

21 저탄소

화석연료에 대한 의존도를 낮추고 청정에너지 사용 및 보급을 확대하며 녹색기술개발, 탄소 흡수 원 확충 등을 통하여 온실가스를 적정수준 이하로 줄이는 것

22 기후변화 및 에너지의 목표관리(저탄소 녹색성장 기본법)

(가) 온실가스 감축

(나) 에너지절약 및 에너지이용효율

(다) 에너지 자립

(라) 신·재생 에너지 보급

23 공급인증서의 유효기간 : 3년

24 에너지 자립도

우리나라 외에서 개발한 에너지 량을 합한 량이 차지하는 비율

1. 전기사업 5가지를 쓰시오.

2. 전기사업자는 산업통상자원부장관이 지정한 준비기간에 사업에 필요한 전기설비를 설치하고 사업을 시작하여야 하며 준비기간은 (   )년을 넘을 수 없다. (   )안에 알맞은 값을 쓰시오.

3. 전기품질을 만족하기 위한 (   ) 안의 값 ①, ②, ③을 쓰시오.

구분		범위
전압	110[V]	±6[V] 이내
	220[V]	(①) 이내
	380[V]	(②) 이내
주파수	60[Hz]	(③) 이내

4. 고압직류의 전압범위는 얼마인가?

5. 전기사업을 허가 또는 변경허가를 하려는 경우에는 어디에서 미리 심의를 거쳐야 하는가?

6. 전기안전 관리자를 선임하지 않아도 되는 발전설비의 용량은?

7. 태양광발전설비의 전기안전관리업무의 대행 용량은 얼마인가?

8. 대통령령으로 정하는 금액은 얼마 이상을 출연한 정부 출연기관은 신·재생 에너지 설비를 설치하여야 하는가?

9. 시공감리에서 공사 전면중지 사항 4가지를 쓰시오.

10. 시공감리에서 공사 부분중지 사항 4가지를 쓰시오.

11. RPS에 대해서 설명하시오.

12. 신·재생 에너지의 기술개발 및 이용·보급을 위한 기본계획의 계획기간은 몇 년 이상인가를 쓰시오.

13. 신·재생 에너지 정책심의회는 위원장 1명을 포함한 몇 명 이내의 위원으로 구성하는가?

14. 신·재생 에너지 공급인증 기관 2곳을 쓰시오.

15. 신·재생 에너지 인증 유효기간은 몇 년인가?

16. 공급 의무자가 신·재생 에너지를 이용하여 공급하여야 하는 발전량의 합계는 총 전력 생산량의 몇 [%] 이내인가?

17. 신·재생 에너지 발전사업의 최대 준비기간은 몇 년인지를 쓰시오.

18. 신 에너지로 볼 수 있는 것 3가지를 쓰시오.

19. 신·재생 에너지 인증대상 태양광설비 5가지를 쓰시오.

20. 신·재생 에너지 공급 의무자 3곳을 쓰시오.

21. 다음의 표에서 (   )안의 ①, ②, ③에 연도별 신·재생 에너지 공급 의무비율을 쓰시오.

해당연도	2020~2021	2022~2023	2024~2025	2026~2027	2028~2029	2030 이후
공급의무 비율	①	32[%]	34[%]	②	38[%]	③

chapter 8

태양광발전 인·허가와
경제성 분석

8-1 발전사업 인·허가

1 발전사업 허가권자

(가) 3,000[kW] 이하 설비 : 시장, 광역시장, 도지사

(나) 3,000[kW] 초과 설비 : 산업통상자원부장관

2 전기사업 허가기준

(가) 전기사업에 필요한 재무능력 및 기술능력이 있어야 한다.

(나) 전기사업이 계획대로 수행되어야 한다.

(다) 발전소가 특정지영에 편중되어 전력계통의 운영에 지장을 초래하여서는 아니 된다.

(라) 발전연료가 어느 하나에 치중되어 전력수급에 지장을 초래하여서는 아니 된다.

3 전기(발전)사업 인·허가 제출서류

(가) 200[kW] 이하

① 사업 계획서

② 송전관계 일람도

(나) 3,000[kW] 이하

① 전기사업 허가 신청서

② 사업 계획서

③ 송전 관계 일람도

④ 발전원가 명세서(200[kW] 이하 생략)

⑤ 기술인력 확보계획(200[kW] 이하 생략)

(다) 3,000[kW] 초과

① 전기사업 허가 신청서

② 사업 계획서

③ 송전 관계 일람도

④ 발전원가 명세서

⑤ 기술인력 확보계획

⑥ 발전 설비의 개요서

⑦ 신용평가 의견서 및 소요재원 조달 계획서

⑧ 사업 개시 후 5년 기간에 대한 예상사업 손익 산출서

⑨ 신청인이 법인인 경우 그 정관 및 재무현황 관련자료

⑩ 배전선로를 제외한 전기사업용 전기설비의 개요서

⑪ 배전사업의 허가를 신청하는 경우에는 사업구역의 경계를 명시한 1/50,000 지형도

⑫ 구역전기사업의 허가를 신청하는 경우에는 특정한 공급구역의 위치 및 경계를 명시한 1/50,000 지형도

4 송전관계 일람 도에 표시되는 사항

(가) 태양광발전 용량

(나) 인버터 용량

(다) 전주번호

5 전기사업허가 절차

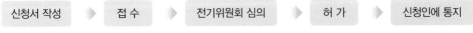

〈주〉 3,000[kW] 이하인 경우는 전기위원회 심의를 거치지 않는다.

6 허가의 변경

발전사업의 허가를 받았으나 다음과 같이 변경되는 경우에는 산업통상자원부장관 또는 시·도지사의 허락을 받아야 한다.

(가) 사업구역 또는 특정한 공급구역이 변경되는 경우

(나) 공급전압이 변경되는 경우

(다) 설비용량이 변경되는 경우(허가 또는 변경허가를 받은 설비용량의 10[%] 미만인 경우는 제외)

7 발전사업의 허가취소의 심의

심의는 전기위원회에서 한다.

8 발전사업의 허가절차

허가신청, 접수	3,000[kW] 초과 : 산업통상자원부, 3,000[kW] 이하 시·도
검토 의뢰	
최종검토	3,000[kW] 초과 : 산업통상자원부, 3,000[kW] 이하 시·도
전기위원회 심의	3,000[kW] 초과 시
허가	허가증 교부
설비공사 계획 인가	대상설비에 따라 공사계획 인가(산업통상자원부) 또는 신고(시·도)
발전소 준공	
사용전 검사	전기안전공사
사업개시 신고	

8-2 국토이용에 관한 법령검토

1 용도 지역별 허가면적

지역	면적
공업지역, 농림지역, 관리지역	3만[m²] 미만
주거, 상업, 자연녹지, 생산녹지	1만[m²] 미만
보전녹지지역, 자연환경보전지역	5천[m²] 미만

2 소규모 환경영향 평가 대상

구분	면적
발전시설용량(규모)	10만[kW] 미만
계획관리지역	1만[m²] 이상
생산관리, 농림지역	7.5천[m²] 이상
보전관리, 개발제한, 자연환경보전	5천[m²] 이상

〈주〉 소규모 환경평가의 대상이 되는 태양광발전소 용량기준은 10만[kW] 미만이다.

3 국토이용에 관한 법령에서 개발행위대상에 해당하는 6가지

(가) 건축물 건축

(나) 공작물 건축

(다) 토지형질 변경

(라) 토석채취

(마) 토지분할

(바) 물건을 쌓아놓는 행위

4 토지의 형상을 변경하는 토지 형질변경에 해당하는 행위

(가) 절토(땅 깍기)

(나) 성토(흙 쌓기)

(다) 정지

(라) 포장

5 토지분할에 해당하는 사항

(가) 녹지지역, 관리지역, 농림지역 및 자연환경 보전지역 안에서 관계법령에 따른 허가·인가 등을 받지 아니하고, 행하는 토지의 분할

(나) 건축법에 따른 분할제한면적 미만으로의 토지분할

(다) 관계법령에 의한 허가. 인가 등을 받지 아니하고 행하는 너비 5[m] 이하의 토지분할

개발행위 인·허가

㈎ 개발행위 검토

① 진입로가 없는 맹지는 허가 불가

② 경사도 15° 미만인 경우에만 허가

㈏ 제출서류(농지)

① 사업계획서

② 신청인이 당해 농지의 소유자가 아닌 경우에는 사용권을 입증하는 서류(사용 승낙서, 임대차 계약서)

③ 피해방지 계획서(피해의 우려가 있는 경우)

④ 변경 사유서(변경허가 신청서에 한함)

⑥ 허가 증(변경허가 신청서에 한함)

⑦ 농지전용 허가(변경허가) 신청서

⑧ 농지보전부담금의 권리에 개한 양도·양수를 증명할 수 있는 서류(전용허가자의 명의가 변경허가를 신청하는 경우)

⑨ 농지보전부담금 분할납부 신청서(희망자에 한함)

8-3 경제성 검토

1 사업비

㈎ 공사비의 구성도

(나) 이윤 = (노무비 + 경비 + 일반 관리비) × 이윤요율

    ◉ 이윤요율 : ① 50억 원 미만 : 15%

                     ② 50~300억 원 : 12%

                     ③ 300~1,000억 원 : 10%

(다) 일반 관리비 = 순 공사 원가 × 일반 관리비율

    ◉ 일반 비 요율 : ① 5억 원 미만 : 6%

                      ② 5~30억 원 : 5.5%

                      ③ 30~100억 원 : 5%

(라) 순 원가 = 재료비 + 노무비 + 경비

(마) 총 원가 = 공사원가 + 일반 관리비 + 이윤

(바) 보험료 = 총 원가 × 보험료율

(사) 부가 가치세 = (총 원가 + 보험료) × 10%

(아) 총 공사비 = 총 원가 + 보험료 + 부가 가치세

2 유지 관리비와 발전원가

(가) 연간 유지관리비 = (법인세 및 제 세금) + 보험료 + (운전유지 및 수선비) + 추가 인건비

                             ↑   ↑   ↑

                       투자비의 1%/년   투자비의 0.3%/년   투자비의 1%/년

(나) 초기 투자비

    = 주 설비비 + 계통 연계 비 + 공사비 + 인·허가, 설계·감리 비 + 토지 구입비

(다) 발전원가 = $\dfrac{\dfrac{\text{초기 투자비}}{\text{설비 수명연한}} \times \text{연간 유지비}}{\text{연간 총 발전량}}$[원]

3 태양광발전 경제성 분석기법

(가) B/C비(Benefit-Cost Ratio : 비용 편익 비) 분석법 : 투자에 대한 총 편익의 비로 수익성을 판단

$$\text{B/C비(비용 편익 비)} = \dfrac{\sum \dfrac{B_i}{(1+r)^i}}{\dfrac{C_i}{(1+r)^i}}$$

    ◉ 편익(Benefit) $= \sum \dfrac{B_i}{(1+r)^i}$: 재화나 용역을 사용해 얻을 수 있는 이익의 만족도

        위에서 B_i : 연차 별 총 편익(수익), C_i : 연차 별 총 비용, r : 할인율, i : 기간

(나) **할인율(r)** : 미래가치를 현재가치로 바꾼 비율로 편의상 은행대출 시 대출 금리

(다) **순 현재가치(NPV : Net Present Value)분석법** : 투자로부터 기대되는 미래의 총 편익을 할인율로 할인한 총 편익의 현재가치에서 총 비용의 현재가치를 공제한 값

$$NPV = \sum \frac{B_i}{(1+r)^i} - \sum \frac{C_i}{(1+r)^i}$$

4 내부수익률(IRR : Internal Rate of Return)

편익과 비용의 현재가치를 동일하게 할 경우의 비용에 대한 이자율을 산정하는 방법

$$IRR \to \frac{B_1 - C_1}{(1+r)^1} + \frac{B_2 - C_2}{(1+r)^2} + \cdots + \frac{B_i - C_i}{(1+r)^i} = 0$$이 되는 이자율

5 사업의 경제성 평가기준

순 현재 가치 분석법	비용 편익비 분석법	내부 수익률법	경제성 판단
NPV > 0	B/C비 > 1	IRR > r	사업의 경제성이 있음
NPV < 0	B/C비 < 1	IRR < r	사업의 경제성이 없음
NPV = 0	B/C비 = 1	IRR = r	사업의 경제성의 유무 판단불가

6 투자 수익률(ROI : Return On Investment)

투자액에 대한 순이익의 비율[%]

$$ROI[\%] = \frac{순이익}{총 투자액} \times 100$$

7 경제성 분석법의 장·단점

구분	장점	단점
NPV	• 적용이 용이하다. • 결과가 유사한 대안의 평가 시 이용된다. • 각 방법의 분석결과가 다를 때 이 분석결과를 우선으로 한다.	• 자본투자의 효율성이 드러나지 않는다.
B/C 비	• 적용이 용이하다. • 결과가 유사한 대안의 평가 시 이용된다.	• 사업규모의 상대적 비교가 어렵다. • 편익이 늦게 발생하는 사업의 경우 낮게 나타난다.
IRR	• 투자사업의 예상수입을 판단할 수 있다. • NPV나 B/C 비 적용 시 할인율이 불분명 시 이용된다.	• 짧은 사업의 수익성이 과장되기 쉽다. • 편익발생이 늦은 사업의 경우 불리한 결과가 발생한다.

1. 전기사업 허가 신청 후 허가일로부터 몇 년 이내에 발전 사업을 개시해야 하는가?

2. 태양광발전 용량이 3,000[kW] 초과하는 설비의 허가권자는?

3. 태양광발전 용량이 3,000[kW]이 이하인 경우 인.허가 제출서류 5가지를 쓰시오.

4. 발전사업 변경허가는 누구에게서 받을 수 있는가?

5. 주거, 상업, 자연녹지, 생산녹지의 개발행위 허가면적은 얼마인가?

6. 소규모 환경평가의 대상이 되는 태양광발전소 용량기준은?

7. 생산관리, 농림지역의 소규모 환경영향 평가 대상면적은?

8. 공사원가는 무엇의 합계인가?

9. 공사비 = 총 원가 + (①) + (②)에서 알맞은 ①, ②를 쓰시오.

10. 내부수익률의 장점 2가지를 쓰시오.

11. 총 투자액이 4억 원일 때 수익이 2,000만 원일 때 투자수익률을 구하시오.

12. 할인율을 적용한 수입의 현재가치를 비교하여 비율로 나타내는 것은?

13. 발전투자비와 발전수익이 다음과 같을 때 비용 편익 비(B/C 비)를 구하고, 경제성을 판단시오. (단, 할인율 r은 연 3[%]이고, 천원 단위는 절사한다.)

단위 : 만 원

구분	2021년	2022년	2023년	2024년
발전수익(편익 : B)	0	12,000	13,200	13,000
발전투자비(비용 : C)	60,000	5,000	4,000	3,000

태양광발전 구조물 설계

9-1 구조물의 기초사항

1 기초공사

지면에 지지 또는 건축물과 가대를 잇는 지지대를 설치하는 공사

2 기초방식

건축물 설치부위에 따른 구조물 설치형식

3 구조물 기초방식의 종류

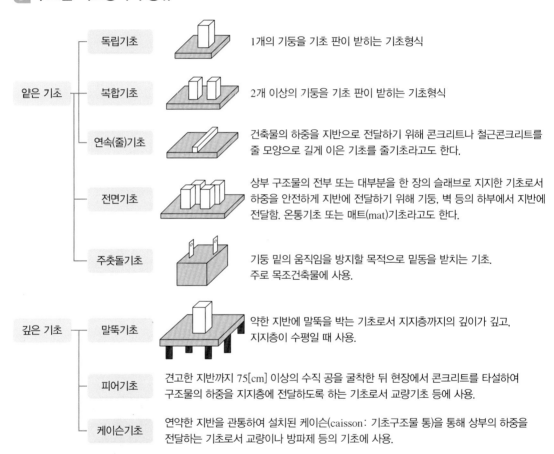

얕은 기초

- **독립기초** : 1개의 기둥을 기초 판이 받히는 기초형식
- **복합기초** : 2개 이상의 기둥을 기초 판이 받히는 기초형식
- **연속(줄)기초** : 건축물의 하중을 지반으로 전달하기 위해 콘크리트나 철근콘크리트를 줄 모양으로 길게 이은 기초를 줄기초라고도 한다.
- **전면기초** : 상부 구조물의 전부 또는 대부분을 한 장의 슬래브로 지지한 기초로서 하중을 안전하게 지반에 전달하기 위해 기둥, 벽 등의 하부에서 지반에 전달함. 온통기초 또는 매트(mat)기초라고도 한다.
- **주춧돌기초** : 기둥 밑의 움직임을 방지할 목적으로 밑동을 받치는 기초. 주로 목조건축물에 사용.

깊은 기초

- **말뚝기초** : 약한 지반에 말뚝을 박는 기초로서 지지층까지의 깊이가 깊고, 지지층이 수평일 때 사용.
- **피어기초** : 견고한 지반까지 75[cm] 이상의 수직 공을 굴착한 뒤 현장에서 콘크리트를 타설하여 구조물의 하중을 지지층에 전달하도록 하는 기초로서 교량기초 등에 사용.
- **케이슨기초** : 연약한 지반을 관통하여 설치된 케이슨(caisson: 기초구조물 통)을 통해 상부의 하중을 전달하는 기초로서 교량이나 방파제 등의 기초에 사용.

4 기초의 분류

(가) 얕은 기초 : $D_f < B$

(나) 깊은 기초 : $D_f > B$

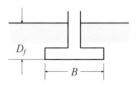

5 구조물 설계 시의 고려사항

(가) 안정성

(나) 경제성

(다) 시공성

(라) 사용성 및 내구성

6 구조물의 구성요소

(가) 프레임

(나) 지지대

(다) 기초 판

(라) 앵커볼트

(마) 기초

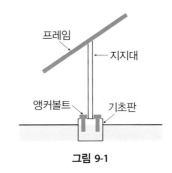

그림 9-1

7 구조물 배치 시의 고려사항

(가) 발전시간 내 음영이 발생하지 않아야 한다.

(나) 지반 및 지질검토

(다) 경사도와 그 방향

(라) 설치면적의 최소화

(마) 구조적 안정성 확보

(바) 배관, 배선의 용이성

(사) 유지보수의 편의성

> ❍ 어레이 구조물의 가대설치에 녹 방지를 위해 용융 아연도금, 스테인리스(SUS), 알루미늄 합금제 등을 사용.

8 구조물 가대설계 절차

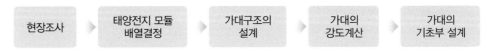

현장조사 ▸ 태양전지 모듈 배열결정 ▸ 가대구조의 설계 ▸ 가대의 강도계산 ▸ 가대의 기초부 설계

9-2 구조물의 설계하중

1 기초자중(W)

$W = L \times L \times$ 기초 판 두께 $\times$ 콘크리트 중량

L : 어레이 길이

2 기초 판 넓이(A)

$A = L \times L \geq L^2 + (N + W)/f_e$

N : 중심압축력, W : 기초자중, f_e : 허용지내력

3 태양광발전 구조물 구조계산에 적용되는 설계하중

(가) **상중하중** : 태양전지 어레이 가대를 구조설계 시 영구적으로 작용하는 고정하중과 자연외력인 풍하중(W), 적설하중(S), 지진하중(K)이 있나.

① 고정하중 : 모듈의 질량(G_M)과 지지물 등의 질량(G_K)의 총합을 말한다.

② 풍하중(G) : 태양전지 모듈에 가해지는 풍 압력(W_M)과 지지물에 가해지는 풍 압력

(W_K)의 총합 → 설계용 풍하중 $W = C_w \times c \times A_w$[N]

C_w : 풍력계수, A_w : 설계용 속도압[N/m²], A_w : 수풍면적[m²]

③ **적설하중(S)** : 모듈 면의 수직 적설하중

$S = C_S \times P \times Z_S \times A_S$[N]

C_S : 구배계수, P : 눈의 단위하중(적설 1 cm 당 N·m²), Z_S : 지상 수직 적설량[m]

A_S : 적설면적(어레이 면의 수평 투영면적[m²])

④ **지진하중(K)** : 지지물에 가해지는 수평 지진 력

$K = k \times G$ 또는 $K = k \times (G + 0.35S)$

Z : 설계용 수평진도, G : 고전하중[N], S : 적설하중[N]

(나) ① **수직하중** : 고정하중, 적설하중, 지붕하중, 활하중(도로 위를 지나는 차량이나 궤도를 달리는 열차 등과 같이 일시적 하중)

② **수평하중** : 풍하중, 지진하중

4 하중조건과 하중의 조합

하중조건		일반 지역	다설 지역
단기	적설 시	$G + S$	$G + S$
	폭풍 시	$G + W$	$G + W$
			$G + 0.35S + W$
	지진 시	$G + K$	$G + 0.35S + K$
장기	상시	G	G
	적설 시		$G + 0.7S$

5 구조계산서의 안정성 검토항목

(가) 설계하중

(나) 재료의 허용응력

(다) 지지대 기초와 연결부에 대한 구조적 안정성 확보

9-3 태양광 어레이 설치방식

1 태양광 어레이 설치방식

(가) **고정형** : 사계절 태양전지 어레이 지지대가 고정되어 있는 방식으로 가장 저렴하고, 안정된 구조이다.

(나) **경사 가변형** : 수동으로 사계절에 따라 일사량을 잘 받도록 어레이의 경사각을 조정하는 방식이다.

(다) **추적형** : 자동으로 태양을 추적하면서 일사량을 잘 받는 경사각이 조정되는 방식으로 추적 방식에 따라 5가지로 구분된다.

2 추적 식의 종류

(가) **단 축 추적 식** : 태양전지 어레이가 상하 또는 동. 서 방향으로 추적하는 방식이다.

(나) **양 축 추적 식** : 태양전지 어레이 판의 직달 일사량이 항상 최대가 되도록 동서, 남북으로 동시에 추적하는 방식이다.

(다) **감지 식** : 센서를 이용하여 추적하는 방식이나 정확한 태양궤도 추적이 어렵다.

(라) **프로그램 식 :** 프로그램에 의해 태양궤도를 추적하는 방식이다.

(마) **혼합식 :** 감지 식과 프로그램 식의 혼합 장식으로 가장 효율이 높다.

3 건물의 어레이 설치방식

지붕	지붕 설치 형	경사 지붕 형 : 경사 형 지붕에 전용 지지용 가대를 설치하고, 그 위에 모듈을 설치
		평지붕 형 : 평지붕의 방수층 위에 철골가대를 설치하고, 그 위에 모듈을 설
	지붕 건재 형	지붕 재 일체 형 : 지붕 재(금속, 평판기와)에 태양전지 모듈을 설치한 방식
		지붕재형 : 태양전지 모듈 자체가 지붕 재로서의 기능을 지니고 있는 방식
	톱 라이트 형	톱 라이트의 유리부분에 강화유리 태양전지 모듈을 포함한 방식
벽	벽 설치 형	벽에 지지 금속 물(가대)을 설치하고 그 위에 태양전지 모듈을 설치하는 방식
	벽 건재 형	태양전지 모듈이 벽재로서 기능을 갖고 있는 방식
기타	창재 형	채광성과 투시 성을 갖는 유리창의 기능을 갖고 있는 방식
	차양 형	고정 차양 형 : 고정된 차양형태의 방식
		가동 차양 형 : 움직일 수 있는 차양형태의 방식
	루버 형	빛의 투과를 조절하기 위해 얇은 널 판지 등으로 만든 루버(louver) 위에 모듈을 얹은 방식

4 경사지붕의 적설하중 계산에 필요한 사항

(가) 평지붕 하중의 적설하중

(나) 지붕 경사도 계수

5 지붕 형 설치 지침

(가) 지붕 또는 구조물 하부의 콘크리트 또는 철제 구조물에 직접 고정할 것.

(나) 측면 고정 시 이웃모듈과 10[cm] 간격, 모듈과 지붕 사이 10[cm] 간격

연습문제

1. 태양광발전 구조물 기초방식의 종류 5가지만 쓰시오.

2. 태양광발전 구조물 가대설계 절차를 쓰시오.

3. 상중하중 4가지를 쓰시오.

4. 수직하중 3가지를 쓰시오.

5. 태양광 어레이 구조물의 구성요소 5가지를 쓰시오.

6. 태양전지 모듈을 지붕에 설치 시 지침 2가지를 쓰시오.

7. 다음의 구조물 기초에서 $D_f > B$인 경우를 무슨 기초라 하는가?

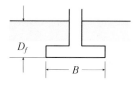

8. 태양광 어레이 설치방식 3가지를 쓰시오.

9. 추적 식의 대표적인 3가지를 쓰시오.

10. 지붕 형 설치방식 3가지를 쓰시오.

11. 건축물의 하중을 지반으로 전달하기 위해 콘크리트나 철근콘크리트를 줄 모양으로 길게 이은 기초는?

chapter 10

태양광발전 주요장치

10-1 인버터(PCS)

그림 10-1과 같이 접속함의 출력으로부터 나오는 직류성분(DC)을 교류성분(AC)으로 변환시키는 장치이며, 전력변환 장치(PCS : Power Conversion System)라고도 한다.

그림 10-1

1 인버터의 동작원리

그림 10-2(a), (b), (c), (d)와 같이 IGBT 등의 반도체 스위칭 소자를 조합하여 회로를 구성하여 그 스위칭 소자가 순서대로 개폐(on-off)를 반복하여 직류전력을 교류전력으로 변환시킨다. 그림 10-2(c)의 ①구간에서는 Q_1, Q_4가 on, Q_2, Q_3이 off가 되며, 이때의 교류출력은 H레벨 (+) 전압이 공급된다. 그림 10-2(c)의 ③구간에서는 Q_1, Q_4가 off, Q_2, Q_3이 되어 ①구간과는 반대로 교류 측에 L레벨 (-) 전압이 공급된다. 또한 ②와 ③구간에서는 0[V] 전압이 된다.

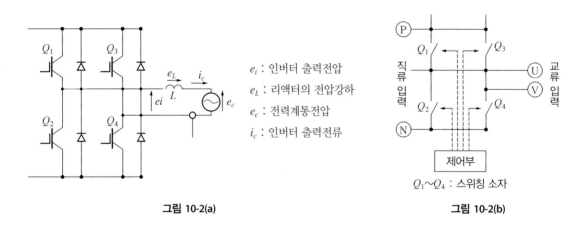

e_i : 인버터 출력전압
e_L : 리액터의 전압강하
e_c : 전력계통전압
i_c : 인버터 출력전류

$Q_1 \sim Q_4$: 스위칭 소자

그림 10-2(a)   그림 10-2(b)

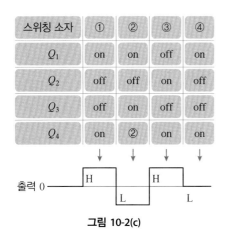

스위칭 소자	①	②	③	④
Q_1	on	on	off	on
Q_2	off	off	on	off
Q_3	off	on	off	off
Q_4	on	②	on	on

그림 10-2(c)

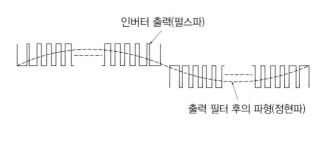

그림 10-2(d)

그림 10-2(c)에 별도 제어부의 고주파 펄스 진폭변조(PWM : Pulse Modulation) 기술을 이용하여 교류파형의 양 끝 가까운 낮은 전압에서는 폭을 좁게 하고, 중앙의 전압이 높은(H레벨) 부분에서는 펄스 폭을 넓게 하도록 반 사이클에 몇 번이나 같은 방향으로 on, off 동작을 시행하여 그림 10-2(d)와 같은 유사 정현파를 얻을 수 있으며 여기에 필터회로를 통과하여 거의 정현파에 가깝게 만든다. 그림 10-3은 필터를 거친 개폐기와 차단기가 연결된 단상 3선식 출력부를 나타낸다.

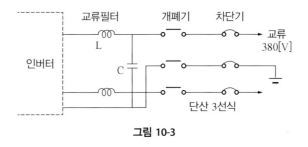

그림 10-3

2 인버터의 3가지 절연방식

(가) 상용주파 절연방식 : 태양전지의 직류출력을 상용주파 인버터를 통해 교류로 바꾼 뒤 상용 주파수 변압기로 절연하여 출력하는 방식

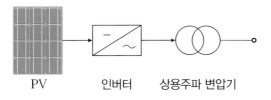

(나) 고주파 절연방식 : 태양전지의 직류출력을 고주파 인버터를 통해 고주파 변압기로 절연한

뒤 직류로 바꾸고, 상용주파 인버터로 교류로 바꿔 출력하는 방식

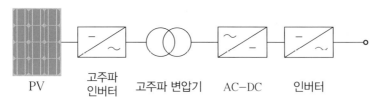

PV　고주파 인버터　고주파 변압기　AC-DC　인버터

㈐ 무 변압기 방식(트랜스리스 방식) : 태양전지의 직류출력을 DC-DC 컨버터로 승압을 한 뒤 인버터를 통해 상용주파 교류로 출력하는 방식

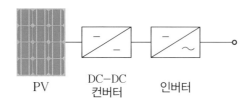

PV　DC-DC 컨버터　인버터

3 인버터(PCS)의 주요기능

㈎ 단독운전 방지(검출)기능

태양광발전 시스템이 계통에 연계되어 있는 상태에서 계통 측에 정전이 발생한 경우 부하 전력이 인버터의 출력과 같게 될 때에는 인버터의 출력전압, 주파수는 변하지 않으므로 출력전압, 주파수 계전기에서는 정전을 검출할 수가 없게 된다. 이 때문에 태양광발전 시스템에서 계통에 전력을 계속 공급하게 될 수가 있으며 이러한 상태를 단독운전이라 한다. 단독운전상태에서는 보수 점검자에게 위험을 줄 우려가 있으므로 이를 정지시킬 필요가 있으며 이러한 기능을 단독운전 방지라 한다. 단독운전방지 기능에는 수동적 방식과 능동적 방식이 있다.

① 수동적 방식

연계운전에서 단독으로 이행 시 전압파형이나 위상 등의 변화를 포착하여 단독운전을 검출하는 방식이다. 수동적 방식에는 아래와 같이 3가지 방식이 있다.

ⓐ 주파수 변화율 검출방식	주로 단독 운전 이행 시 발전전력과 부하의 불평 형에 의한 주파수의 급변을 검출한다.
ⓑ 전압위상도약 검출방식	계통과 연계 인버터는 항시 역률 1에서 운전되어 전압과 전류는 동상으로 유효전력만 공급하지만 단독운전 상태가 되면 그 순간부터 무효전력도 포함시켜 운전해야 하므로 전압위상이 급변하며 이를 검출하는 방식이다.
ⓒ 제3차 고조파전압 급증 검출방식	단독운전 이행 시 여자전류공급에 따른 전압변형의 급증을 검출한다. 오동작 확률이 적다.

② 능동적 방식

항상 인버터에 변동요인을 부여하고 연계운전 시에는 그 변동요인이 출력에 나타나지 않고, 단독운전 시에만 나타나도록 하여 이상을 검출하는 방식이다. 검출시간은 0.5~1[초]이다.

ⓐ 주파수 시프트방식	인버터의 내부 발진기에 주파수 바이어스를 부여하여 단독 운전 시에 나타나는 주파수변동을 검출한다.
ⓑ 유효전력 변동방식	인버터 출력에 주기적인 유효전력변동을 주어 단독운전 시에 나타나는 전압, 전류 또는 주파수 변동을 검출한다.
ⓒ 무효전력 변동방식	인버터 출력에 주기적인 무효전력변동을 주어 단독운전 시에 나타나는 전압, 전류 또는 주파수 변동을 검출한다.
ⓓ 부하변동 방식	인버터 출력과 병렬로 임피던스를 순시 적 또는 주기적으로 삽입하여 전압 또는 전류의 급변을 검출한다.

③ 단독운전의 문제점

　ⓐ 부하, 기기에 대한 안정성

　ⓑ 계통 보호협조 문제

　ⓒ 감전위험

⑴ 자동운전정지 기능

① 인버터는 일출과 함께 일사강도가 증가하여 출력을 얻을 수 있는 조건이 되면 자동적으로 운전을 개시하며 일단 운전을 시작하면 태양전지의 출력을 스스로 감시하여 자동적으로 운전을 개시한다.

② 일몰시에는 출력을 얻는 동안은 운전을 계속하고 해가 완전히 없어지면 운전을 정지한다.

③ 흐린 날이나 비가 오는 날에도 운전을 계속할 수 있지만 태양전지의 출력이 적어지고 인버터의 출력이 거의 0이 되면 대기상태가 된다.

⑵ 최대전력 추종(MPPT : Maximum Power Point Tracking) 제어기능

태양전지의 출력은 일사강도와 태양전지 표면온도에 따라 변동하며 이러한 변동에도 태양전지의 동작 점이 항상 최대 출력점을 추종하도록 변화시켜 태양전지에서 최대출력을 얻을 수 있도록 유도하는 제어

⑶ 자동전압 조정기능

태양광발전 시스템을 계통에 접속하여 역 전송 운전을 하는 경우 전력전송을 의한 수전 점

의 전압이 상승하여 전력회사의 운용범위를 넘을 수 있다. 이를 피하기 위해 자동전압 조정 기능을 설치하여 전압의 상승을 방지하며 아래의 두 가지 방법이 있다.

① 진상무효전력 제어

인버터는 전력계통 전압과 출력전류의 위상을 동상으로 하여 역률을 1로 운전하고 있지만 연계 점의 전압이 상승하여 진상무효전력제어의 설정이 되면 역률 1의 제어를 해소하여 인버터의 전류위상이 계통전압보다 앞서 간다. 그에 따라 전력계통에서 유입하는 전류가 지연전류가 되고 연계 점의 전압을 내리는 방향으로 작용한다. 나아간 전류의 제어는 역률 0.8까지 실행되고 이에 따른 전압상승의 억제효과는 최대 2~3[%]정도가 된다.

② 출력제어

진상무효전력제어에 따른 전압억제가 한계에 달하고 그럼에도 불구하고 전력계통전압이 상승하는 경우에는 태양광발전 시스템의 출력을 제한하여 연계 점의 전압상승을 방지하도록 동작한다.

⑭ 직류 검출기능

인버터는 반도체 소자로 스위칭 제어를 하기 때문에 소자의 불규칙에 의해 출력에 다소의 직류성분이 중첩한다. 상용주파수 절연변압기를 내장하고 있는 인버터에서는 직류성분이 저지되지만 고주파 절연방식이나 무 변압기 방식에서는 인버터출력이 직접 계통으로 접속하기 때문에 직류성분이 주상변압기의 자기포화 등 계통 측에 영향을 주게 된다. 따라서 이를 방지하기 위해 고주파 절연방식이나 무 전압기 방식에서는 직류성분이 정격 교류출력의 1[%]로 필히 유지시키고 있으며 이와 함께 이 기능에 장해가 생긴 경우에 인버터를 정지시키는 보호기능이 내장되어 있다.

⑯ 직류지락 검출기능

무 변압기 방식의 인버터에서는 태양전지와 전력계통 측이 절연되어 있지 않으므로 보통 분전반에는 누전 차단기가 설치되어 있으며 실내배선이나 부학기기의 지락을 감시하고 있지만 태양전지에서는 지락이 발생하면 지락전류에 직류성분이 중첩되어 통상의 누전 차단기로는 보호할 수가 없기 때문에 인버터 내부에 지락. 지락 검출기를 설치하여 검출. 보호해야 한다. 직류지락 검출전류는 100[mA] 정도로 설정된다.

4 인버터 시스템 방식의 종류

⑰ **중앙 집중식** : 다수의 스트링에 한 개의 인버터를 설치하는 방식

⑱ **마스터슬레이브 방식** : 하나의 마스터에 2~3개의 슬레이브 인버터로 구성되는 방식

(다) **모듈 인버터 방식** : 모듈마다 1개의 인버터가 접속되며 시스템 확장에 유리한 방식

(라) **스트링 인버터 방식** : 태양광 모듈로 이루어지는 스트링 하나의 출력만으로 동작하며 교류출력은 다른 스트링 인버터의 교류출력에 병렬연결이 가능한 방 식으로 접속함이 불필요한 방식으로 스트링별 MPPT제어가 가능하다.

(마) **저 전압 병렬방식** : PWM과 유사한 다른 제어기법을 이용하여 규정된 진폭과 위상 및 주파수의 정현파 출력전압을 만드는 방식

5 인버터 회로방식 중 고주파 변압기 절연방식의 특징

(가) 소형이고, 경량이다.

(나) 회로가 복잡하다.

(다) 고주파 변압기로 절연한다.

6 트랜스리스(무 변압기) 방식의 특징

(가) 소형, 경량, 저가

(나) 비교적 신뢰성이 높음

(다) 고조파발생 및 유출 가능성

(라) 직류유출의 검출 및 차단기능이 반드시 필요

7 인버터의 전류 왜형율

(가) 전 부하 시 5[%]

(나) 각 차수별 3[%] 이하

8 인버터의 단독운전

한전계통 부하의 일부가 한전계통 전원과 분리된 상태에서 분산 형 전원에 의해서만 전력을 공급받고 있는 상태

9 단독운전방지기능의 보유 인증을 위해 설치하는 기기

(가) OCR(Over Current Relay : 과전류 계전기)

(나) OVR(Over Voltage Relay : 과전압 계전기)

(다) UVR(Under V0ltage Rely : 저 전압 계전기)

(라) OFR(Over Frequency Relay : 과 주파수 계전기)

(마) OGCR(Over Current Ground Relay : 지락 과전류 계전기)

(바) 역 전력 계전기

10 MPPT의 제어방식의 종류

(가) **직접제어**

(나) **간접제어 :** ① P&O제어　　② IncCond제어　　③ 히스테리시스 밴드 제어

11 MPPT의 제어방식의 장·단점

구분	장점	단점
직접제어	구성 간단, 추가적 대응가능	성능이 떨어짐
P&O제어	제어가 간단	출력전압이 연속적 진동으로 손실발생
IncCond	최대 출력 점에서 안정	많은 연산 필요
히스테리시스 밴드	일사량 변화 시 효율 높음	IncCond제어보다 전반적으로 성능이 떨어짐

12 독립 형 인버터의 필요조건

(가) 전압변동에 대한 내성

(나) 급상승 전압, 전류 보호

(다) 출력 측 단락손상에 대한 보상

(라) 직류의 역류방지

13 인버터의 출력 측 절연저항 측정순서

(가) 태양전지 회로의 접속함 분리

(나) 분전반 내의 차단기 개방

(다) 직류 측의 모든 입력단자 및 교류 측 전체의 출력단자를 단락

(라) 교류단자와 대지 사이 간의 절연저항 측정

14 인버터의 과전류 제한치

정격전류의 1.5배로 한다.

15 인버터의 변환효율

$$정격효율 = \frac{교류출력\ 전력(P_{AC})}{직류입력\ 전력(P_{DC})}$$

16 인버터의 추적효율

$$추적효율 = \frac{운전\ 최대전력}{일정량\ 온도에\ 따른\ 최대출력} \times 100$$

17 인버터의 정격효율

$$정격효율 = 변환효율 \times 추적효율$$

18 인버터의 손실요소

(가) 대기전력 손실 : 0.1~0.3%

(나) 변압기 손실 : 1.5~2.5%

(다) 전력변환 : 2~3%

(라) MPPT 손실 : 3~4%

19 인버터 선정 시 고려사항

(가) 전력변환효율이 높을 것

(나) 최대전력 추출이 가능할 것

(다) 대기시간이 작을 것

(라) 부하손실이 작을 것

(마) 고조파 잡음이 잦을 것

(바) 수명이 길고, 신뢰성이 높을 것

(사) 국내외 인증제품일 것

20 인버터 선정 시 전력품질과 안정성에서의 체크항목

(가) 잡음발생이 적을 것

(나) 직류유출이 적을 것

(다) 고조파발생이 적을 것

(라) 가동 및 정지가 안정적일 것

(마) 출력전압이 일정할 것

21 인버터의 종합적 선정·체크 포인트

(가) 한전 측 전압 및 전기방식과의 일치여부

(나) 국내외 인증제품

(다) 설치용이

(라) 발전량 쉽게 알 수 있도록

(마) 비상 재해 시 자립운전 가능한지

(바) 수명이 길고, 신뢰성이 높을 것

(사) 축전지의 부착이 가능한지

22 인버터의 세부 검사내용

(가) 절연저항

(나) 절연내력

(다) 역방향 운전제어시험

(라) 충전기능 시험

(마) 제어회로 및 경보장치

(바) 인버터 자동·수동 절체시험

(사) 전력 조절 부/static 스위치 절체시험

23 인버터의 시험 항목

(가) 구조

(나) 절연성능

(다) 보호기능

(라) 정상특성

(마) 과도응답특성

(바) 외부사고

(사) 내 전기환경

(아) 내 주위 환경

(자) 전자기적 합성

24 인버터의 표시사항

(가) **입력 단 :** ① 전압   ② 전류   ③ 출력

(나) 출력 단 : ① 전압　　② 전류　　③ 출력　　④ 주파수
　　　　　　　　⑤ 누적 발전량　　⑥ 최대 출력량

25 인버터 유로 효율(η_E)

(가) 출력전력 비중 : 5[%] : 0.03, 10[%] : 0.06, 20[%] : 0.13, 30[%] : 0.10, 50[%] : 0.48, 100[%] : 0.20

(나) $\eta_E = \eta_5 + \eta_{10} + \eta_{20} + \eta_{30} + \eta_{50} + \eta_{100}$

> 예1 인버터의 출력비중이 다음과 같을 때 유로효율을 구하시오.

5[%]	10[%]	20[%]	30[%]	50[%]	100[%]
98	97.8	98.4	98.2	97.0	98.6

> 답 $(98 \times 0.03) + (97.8 \times 0.06) + (98.4 \times 0.13) + (98.2 \times 0.10) + (97.0 \times 0.48) + (98.6 \times 0.20)$
> $= 2.94 + 5.868 + 12.792 + 9.82 + 46.56 + 19.72 = 97.7[\%]$

10-2 축전지

독립 형 태양광발전 시스템에는 대부분의 시스템에 전력저장 장치인 축전지가 설치된다. 일조가 없는 야간이나 발전량이 부족한 경우에는 저장된 전력을 공급할 대안이 필요하며 그 해결책이 축전지의 활용이다.

1 축전지의 구비조건

(가) 수명이 길 것

(나) 자기방전이 낮을 것

(다) 과 충전, 과 방전에 강할 것

(라) 에너지 저장밀도가 높을 것

(마) 방전전압, 전류가 안정적일 것

(바) 경제성이 있을 것

(사) 중량 대비 효율이 높을 것

(아) 유지보수가 용이할 것

2 계통 연계 형 축전지 3가지의 용도 및 특징

(가) 방재대응 형 : 정전 시 비상부하, 평상 시 계통연계 시스템으로 동작하지만 정전 시 인버터 자립운전, 복전 후 재충전.

(나) 부하 평준화 형 : 전력부하 피크억제, 태양전지 출력과 축전지 출력을 병행, 부하 피크 시 기본전력요금 절감.

(다) 계통 안정화 형 : 계통전압 안정, 계통부하 급증 시 축전지 방전, 태양전지 출력증대로 계통전압 상승 시 축전지 충전, 역전류 감소, 전압상승 방지.

3 축전지 설계 시 고려사항

(가) 방재 대응 형은 충전 전력량과 축전지 용량을 매칭할 필요가 있다(정전 시 태양전지에서 충전하기 때문에).

(나) 축전지 직렬개수는 태양전지에서도 충분히 가능하고, 인버터의 입력전압 범위에도 포함되는지를 확인하여 선정한다.

4 축전지 기대수명 요소

(가) DOD

(나) 방전횟수

(다) 사용온도

5 축전지 최소 유지거리

(가) 축전지 큐비클 : 60 cm

(나) 조작 면 간 : 100 cm

6 큐비 식 축전지 설비 이격거리

(가) 큐비클 이외 : 1 m

(나) 옥외설치 건물 : 2 m

(다) 부동 충전방법을 충분히 검토하고, 항상 축전지를 양호한 상태로 유지하도록 한다.

(라) 설치장소는 하중에 충분히 견딜 수 있는 장소로 선정한다.

(마) 내 지진 구조일 것

7 계통연계 축전지의 4대 기능

(가) 피크 시스템

(나) 전력저장

(다) 재해 시 전력공급

(라) 발전전력 급변 시의 버퍼

8 축전지의 충전방식

(가) 보통 충전방식

(나) 급속 충전방식

(다) 부동 충전방식

(라) 균등 충전방식

(마) 세류 충전방식

9 부동충전 방식의 충전기 2차전류

$$충전기의 2차전류 = \frac{축전지의 \ 정격용량}{축전지의 \ 표준시간} + \frac{상시부하(W)}{표준전압(V)}[A]$$

10 축전지 Ah 효율

$$축전지 \ Ah \ 효율 = \frac{방전전류 \times 방전시간}{충전전류 \times 충전시간} \times 100\%$$

11 축전지 Wh 효율

$$축전지 \ Wh \ 효율 = \frac{방전전류 \times 평균방전전압 \times 방전시간}{충전전류 \times 평균충전전압 \times 충전시간} \times 100\%$$

12 방전심도(DOD)

$$방전심도 = \frac{실제방전량}{축전지의 \ 정격용량} \times 100\%$$

13 방전전류

$$방전전류 = I_d = \frac{부하전류(VA)}{정격전압(V)} = \frac{P(W) \times 1,000}{E_f(V_i \times V_d)}$$

E_f : 인버터 효율, V_i : 허용방지, 종지전압, V_d : 전압강하

14 부하 평준화 축전지의 용량

부하 평준화 축전지의 용량 $= C = \dfrac{K \times I_d}{L}$[Ah]

K : 용량환산시간, L : 보수율

15 독립 형 축전지의 용량

$$C = \frac{\text{불일조일수}(D_f) \times 1\text{일 소비전력량}(L_d)}{\text{보수율}(L) \times \text{축전지 개수}(N) \times \text{축전지 전압}(V_b) \times \text{방전심도}(DOD)}$$

16 축전지 단위 셀 수량

$$N = \frac{V_i + V_d}{1.8(2)}$$

17 부하평준화 축전지 용량

$$C = \frac{1}{L}\{K_1 I_1 + K_2(I_2 - I_1)\}$$

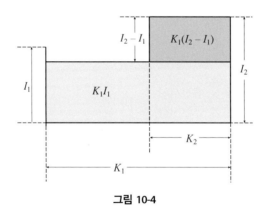

그림 10-4

18 ESS(Energy Storage System)

태양광발전 전력을 전력계통 연계 저장장치에 저장하였다가 필요시에 공급하여 에너지 효율을 높이는 장치

㈎ ESS의 구성요소

① 2차 전지

② BMS(Battery Management System) : 배터리의 충·방전을 관리하는 장치

③ PCS(Power Conditioning System) : 배터리의 전기에너지를 상용전압/주파수를 가진 전

력으로 변환하거나 그 반대의 동작을 수행하는 장치

④ EMS(Energy Management System) : ESS를 모니터링하고, 제어하기 위한 운영 시스템

⑤ PMS(Power Mamagement System) : ESS의 전체 전력을 관리하는 장치

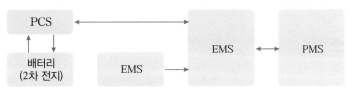

그림 10-5 ESS 구성도

(나) ESS의 충전시간 : 10:00시~16:00시(6시간)

(다) ESS의 필요성

① 부하 평준화

② 기기의 고 효율운전

③ 전력생산비 절감

④ 전력시스템 신뢰도 향상

⑤ 전력품질 향상

(라) ESS의 구비조건

① 자기 방전률이 낮을 것

② 에너지밀도가 높을 것

③ 중량 대비 효율이 높을 것

④ 과 충전 및 과 방전에 강할 것

⑤ 가격이 저렴하고, 수명이 길 것

⑥ 저장효율이 높을 것

⑦ 안정성

(마) ESS의 종류

① NaS전지   ② LiB전지   ③ 납 축전지   ④ Redox전지   ⑤ 수퍼 커패시터

(바) 2차 전지를 이용한 전기장치의 시설조건

① 접지공사를 할 것

② 환기시설과 적정온도와 습도를 유지할 것

③ 충분한 작업공간의 확보(+조명시설)

④ 지지물은 부식성 가스 또는 액체에 의해 부식되지 않고, 적재하중, 지진, 충격에 안전한 구조일 것

⑤ 침수의 우려가 없는 곳에 설치할 것

10-3 방재 시스템

태양광발전 시스템의 방재설비는 화재나 발전소의 관련설비 및 건축물에서 발생할 수 있는 재난을 방지하는 것이 그 주목적이며 방재설비에는 피뢰설비, 접지 시스템 등이 포함되어 있다.

1 방재시설방법

(가) 케이블 처리 식

(나) 전력 구(공동구)

(다) 관통부분 : 벽 관통부 밀폐시키고 케이블 양측 3개씩 난연 처리

(라) 맨홀 : 접속개소의 접속 재를 포함

2 태양광발전 시스템의 방화대책

(가) 실외 시스템(어레이, 접속함, 케이블) → 난연 케이블, 차양 판 설치

(나) 실내 시스템(인버터, 변압기 및 전력기기) → 수신반 및 제어반 연동, 연 감지기 설치

3 보호계전기의 구비조건

(가) 고장상태를 식별하여 정도를 파악할 수 있을 것

(나) 고장개소를 정확히 선택할 수 있을 것

(다) 동작이 예민하고, 오동작이 없을 것

(라) 적절한 후비보호 능력이 있을 것

(마) 경제적일 것

10-4 피뢰 시스템

피뢰설비는 구조물의 물리적 손상 및 전기전자 시스템의 손상보호 및 인축 상의 보호를 목적으로 설치된다.

1 피뢰소자의 종류

(가) SPD(Surge Protective Device : 서지 보호기) : 낙뢰로 인한 충격성 과전압에 대해 전기설비의 단자전압을 규정치 이내로 낮추어 정전을 일으키지 않고 원 상태로 복구시키는 장치

(나) 서지 업서버(Surge Absorber) : 전선로로 침입하는 이상전압의 크기를 완화시켜 기기를 보호하는 장치

(다) 내뢰 트랜스 : 쉴드 부 절연 트랜스를 주체로 여기에 SPD 및 콘덴서를 추가한 것으로 뇌 서지가 침입한 경우에 SPD에서의 제어 및 쉴드에 의해서 뇌 서지의 흐름을 완전히 차단하는 장치

2 SPD의 선정

(가) 방전내량이 큰 것 : 접속함, 분전반 내 설치

(나) 방전내량이 작은 것 : 어레이 주 회로에 설치

3 SPD의 구비조건

(가) 서지전압이 낮을 것

(나) 응답시간이 빠를 것

(다) 병렬 정전용량 및 직렬저항이 작을 것

4 SPD의 최대방전 전류

1회 견딜 수 있는 $8/20 \, \mu s$인 전류의 파고치 $I_{max} > I_n$

5 뇌의 침입경로

(가) 한전 배전계통

(나) 태양전지 어레이

(다) 접지 선

6 일반적인 낙뢰 방지대책

(가) 피뢰소자를 어레이 주 회로 내에 분산시켜 설치하고, 동시에 접속함에도 설치한다.

(나) 저압배선으로 침입하는 낙뢰서지에 대해서는 분전반에 피뢰소자를 설치한다.

(다) 뇌우다발지역에서는 교류 전원 측에 내뢰 트랜스를 설치하여 보다 안전한 대책을 세운다.

7 **뇌 서지 등으로부터 태양광발전(PV) 시스템을 보호하기 위한 대책**

(가) 내부 보호 시스템

① 접지 및 등 전위 본딩

② 자기차폐

③ 협조된 SPD

④ 안전 이격거리

(나) 외부 보호 시스템

① 수뢰 부 : 구조물의 뇌격을 받아들인다.

② 인하도선 : 뇌격전류를 안전하게 대지로 보낸다.

③ 접지 극 : 뇌격전류를 대지로 방류시킨다.

④ 안전 이격거리 : 불꽃방전이 일어나지 않게 거리를 두어서 절연한다.

⑤ 차폐

8 **인하도선 시스템**

(가) 여러 개의 전류통로를 형성할 것

(나) 전류통로의 길이는 최소로 유지할 것

(다) 구조물의 도전성부분에 등 전위 본딩을 할 것

(라) 측면에서 인하도선을 서로 접속할 것

(마) 되도록이면 여러 개의 인하도선을 환상도체를 이용하여 등 간격으로 서로 접속할 것

9 **외부 피뢰시스템 설계 시 피뢰레벨에 따라 규격 사이즈를 다르게 설정하는 대상**

(가) 회전구체의 반경(회전 구체 법)

(나) 수뢰부의 높이

(다) 보호 각

(라) 인하도선의 굵기 및 간격(수)

(마) 메시의 간격

(바) 접지 시스템의 규모

10 **뇌 보호시스템의 방식**

(가) 수평도체 방식 : 건물 상부 파라펫 부분에 설치, 넓은 부지의 태양광발전 시스템에 적합

㈏ **돌침 방식** : 선단의 뾰족한 피뢰침, 가장 많이 시설하는 방식

㈐ **그물 법** : 가능한 짧고 직선로 하여 뇌 전류가 2개 이상의 수뢰부에 금속루트로 하여 대지에 접속

㈑ **회전 구체법** : 고층건물에 피뢰설비, 2개 이상의 수뢰부에 동시 또는 1개 이상의 수뢰부와 대지를 동시에 접하도록 하여 구체를 회전시켜 구체표면의 포물선으로부터 보호

11 낙뢰 우려 건축물

20 m 이상의 건물 → 피뢰설비 설치

12 피뢰소자의 보호영역(LDZ)

㈎ LPZ Ⅰ의 경계(LPZ 0/1) : $0/350\,\mu s$파의 임펄스 전류, class Ⅰ 적용, 주 배전반 MB/ACB패널

㈏ LPZ Ⅱ의 경계(LPZ 1/2) : $8/20\,\mu s$파의 임펄스 전류, class Ⅱ 적용, 2차 배전반 SB/P 패널

㈐ LPZ Ⅲ의 경계(LPZ 2/3) : $1.2/50\,\mu s$(전압), $8/20\,\mu s$파의 임펄스 전류, class Ⅲ SPD 적용, 콘센트

13 피뢰설비의 접지선(접지 극)

$50\,mm^2$ 이상

14 피뢰기 설치장소

㈎ 발·변전소 이외에 준하는 장소의 가공전선 인입구 및 인출구

㈏ 가공전선로(25 kV 이하의 중성점 다중접지 식 특 고압 제외)에 접속하는 배전용 변압기의 고압 및 특 고압 측

㈐ 고압 및 특 고압의 가공선로로부터 공급받는 수용장소의 인입구

㈑ 가공전선로와 지중선로가 접속되는 곳

1. 인버터는 태양전지에서 출력되는 직류전력을 교류전력으로 변환하고 교류계통으로 접속된 부하설비에 전력을 공급하는 기능을 한다. 그림과 같은 인버터 회로방식의 명칭은 무엇인가?

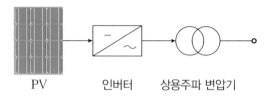

PV   인버터   상용주파 변압기

2. 태양전지의 직류출력을 DC-DC 컨버터로 승압 후 상용주파 교류로 변환시키는 변압기방식은?.

3. 인버터의 주요기능 5가지를 쓰시오.

4. 태양전지에서 발생되는 시시각각의 전압과 전류를 최대출력으로 변환시키기 위해 태양전지 셀의 일사강도, 온도특성 또는 태양전지 전압-전류특성에 따라 최대출력운전이 될 수 있도록 인버터가 추종하는 방법을 무엇이라 하는가?

5. 태양광발전 시스템이 계통과 연계 시 계통 측에 정전이 발생한 경우 계통 측으로 전력이 공급되는 것을 방지하는 인버터의 기능은?

6. 태양전지 모듈과 인버터가 통합된 형태로 태양광발전 시스템 확장이 유리한 인버터 운전방식은?

7. 태양광발전 단독운전 방지기능 중 수동적 방식 3가지를 쓰시오.

8. 태양광발전 단독운전 방지기능 중 능동적 방식 4가지를 쓰시오.

9. 단독운전방지기능의 보유 인증을 위해 설치하는 기기 5가지를 쓰시오.

10. 무 변압기 방식의 특징 3가지를 쓰시오.

11. 인버터의 출력 측 절연저항 측정순서를 4단계로 쓰시오.

12. 변환효율이 95[%]이고, 추적효율이 92[%]일 때 인버터의 정격효율을 구하시오.

13. 인버터의 손실요소 4가지를 쓰시오.

14. 인버터의 입력단과 출력단의 표시사항을 쓰시오.

15. 인버터의 과전류 제한치는 정격전류의 몇 배로 하는가?

16 태양전지에서 생산된 전력 125[W]가 인버터에 입력되어 인버터 출력이 100[W]가 되면 인버터의 효율은 몇 [%]인가?

17. 다음 설명은 인버터의 효율 중 어떤 효율에 관한 것인가?

> 태양광 모듈의 출력이 최대가 되는 최대 전력 점을 찾는 기술에 대한 성능지표이다.

18 인버터에서 전압의 상승을 방지하는 기능은?

19 계통연계 태양광발전 인버터 회로방식의 특징 설명 중 맞는 인버터의 절연방식은?

> • 저주파 변압기 절연방식보다 소형이다. • 직류 분 검출회로가 필요하다.
>
> • 변환회로가 복잡하므로 고정손실이 크다. • 고주파 잡음 대책이 필요하다.

20. 독립 형 전원 시스템용 축전지 구비조건 5가지를 쓰시오.

21. 축전지의 기대수명 요소 3가지를 쓰시오.

22. 계통연계 축전지의 4대 기능을 쓰시오.

23. 계통 연계 형 축전지 3가지의 용도 3가지를 쓰시오.

24. 다음의 조건에 대하여 부하평준화 축전지의 용량을 구하시오.

- 인버터의 직류입력전류 : 60[A]
- 방전 종지전압 : 2.0[V]
- 축전지 용량 환산시간 : 4[h], 보수율 : 0.8

25. 다음의 조건에 대하여 독립 형의 용량을 구하시오.

L_d : 1일 적산부하전력량 2.4[kWh]- 1일, D_f : 일조가 없는 날 8일, V_b : 공칭 축전지 전압 2.0[V],
N : 축전지 개수 40개, DOD : 방전심도 0.6, L : 보수율 0.8

26. SPD의 구비조건 3가지를 쓰시오.

27. 뇌 서지로부터 PV 시스템을 보호하기 위한 외부 시스템 3가지를 쓰시오.

28. 외부 피뢰시스템 설계 시 피뢰레벨에 따라 규격 사이즈를 다르게 설정하는 대상 6가지를 쓰시오.

29. 서지 업서버(Surge Absorber)의 기능을 설명하시오.

30. 낙뢰로부터 내부 보호 대책 3가지를 쓰시오.

31. 건축물에 피뢰설비가 설치되어야 하는 높이는 몇 [m] 이상인가?

chapter **11**

태양광발전 전기시설 공사

Photons from the suns rays
beam down to earth

11-1 태양광발전 전압강하

일반적으로 태양전지 어레이에서 접속함까지의 길이는 짧지만 접속함에서 인버터까지의 길이는 비교적 긴 편이다. 설치여건에 따라 차이가 있겠지만 짧게는 수십[m]에서 길게는 일. 이백[m] 정도이므로 전압강하는 무시할 수 없다.

1 태양전지 어레이와 인버터 간의 전압 강하률

그림 11-1

(가) 전압강하 $= \dfrac{E_s \times E_r}{E_r}$[Ah]

E_s : 송전전압, E_r : 수전전압

(나) 전압 강하률 $e = \dfrac{E_s - E_r}{E_r} \times 100 = e_1 + e_2$

(다) 전선길이에 따른 전압 강하률

전선 길이	120[m] 이하	200[m] 이하	200[m] 초과
전압 강하률	5[%]	6[%]	7[%]

(라) 전기방식에 따른 전압강하 및 전선 단면적

전기방식	K_w	전압강하[V]	전선 단면적[mm²]
단상 2선식 직류 2선식	2	$e = \dfrac{35.6\,LI}{1{,}000\,A}$	$A = \dfrac{35.6\,LI}{1{,}000\,e}$
3상 3선식	$\sqrt{3}$	$e = \dfrac{30.8\,LI}{1{,}000\,A}$	$A = \dfrac{30.8\,LI}{1{,}000\,e}$
단상 3선식	1	$e = \dfrac{17.8\,LI}{1{,}000\,A}$	$A = \dfrac{17.8\,LI}{1{,}000\,A}$

11-2 태양광발전 어레이 시공

태양광발전 시스템의 전기배선 공사는 태양전지 어레이에서 인버터까지의 직류 배선공사, 인버터에서 연계 점까지의 교류 배선공사, 또한 계측 및 표시장치를 설치하는 경우는 통신선 공사까지를 포함한다. 직류 배선공사는 접속 시 그 극성(＋, －)에 유의해야하며 교류 배선공사는 부하와 병렬로 접속하는 것이 대부분이다. 여러 가지 고려 및 주의 사항은 다음과 같다.

1 어레이 설치방식

(가) 지상 고정방식

(나) 건물 설치방식

(다) 지붕부착 방식

(라) 건물 일체형(BIPV)

2 어레이 설치 시 고려사항

(가) 일반부지에 설치시는 배수가 용이하고, 구조물과 기초의 안전성을 확보해야 한다.

(나) 건축물(구조물 포함)에 설치시는 구조물 하부의 콘크리트 또는 철제 구조물에 직접 고정하거나 안전성이 확보된 지지대를 사용한다.

(다) 모듈을 지붕에 설치시는 환기를 위해 지붕면과 10[cm] 이상의 간격을 확보해야 한다.

(라) 건물 옥상에 설치시는 음영을 받지 않도록 설치 위치나 방향을 잘 선정해야 한다.

(마) 모듈온도가 상승하지 않도록 발전량 저감방안을 최소화하는 방안을 수립해야 한다.

3 태양전지 운반 시 주의사항

(가) 모듈의 파손방지를 위해 충격이 가해지지 않도록 한다.

(나) 태양전지를 운반 시 2인 1조로 한다.

(다) 접속하지 않은 리드 선은 빗물이나 이물질이 삽입되지 않도록 절연테이프 등으로 감는다.

4 전기배선 및 접속함 설치기준

(가) 모든 충전부분은 노출되지 않도록 시설한다.

(나) 모듈에서 인버터에 이르는 배선에 사용되는 케이블은 단심 난연성 케이블(TFR-CV, R-CV, F-CV) 등을 사용한다.

(다) 태양전지 모듈의 사용전선은 단면적 2.5[mm²] 이상의 것을 사용한다.

(라) 케이블이나 전선을 구부릴 때의 곡률반경은 지름의 6배 이상이 되도록 한다.

(마) 태양전지의 직렬연결은 (+) → (−) → (+) → (−) ⋯순으로 틀리지 않게 접속한다.

(바) 접속함의 설치위치는 어레이에 가까운 곳이 적합하다.

(사) 접속함의 모든 스트링 입력마다 DC퓨즈를 설치하고, 출력회로에 DC차단기 또는 개폐기를 설치해야 한다.

(아) 낙뢰가 예상되는 지역에 접속함을 설치하는 경우에는 접속함 내부에 SPD를 설치한다.

5 태양광 모듈 적합성

(가) 모듈의 설치용량은 사업계획서와 동일한 것을 사용한다.

(나) 태양광 인버터의 용량이 250[kW] 이하인 경우는 인증제품을 설치해야 한다.

(다) 인버터는 실내용과 실외 형을 구분해서 설치한다.

(라) 인버터에 연결된 전체 모듈의 설치용량은 인버터 설치용량의 105[%] 이내이어야 한다(전압강하 감안).

11-3 태양광발전 계통연계장치 시공

1 계통연계

(가) 분산 형 전원의 용량

① 500[kW] 미만(단상 220[V] 100[kW] 미만) : 저압계통에 연결할 수 있는 연계용량.

② 3상(연계계통 전압 380[V])

③ 태양광발전 시스템의 22.9[kV]의 특 고압 가공선로 회선에 연계가능 용량은 10[MW] 미만

(나) 분산 형 전원에서 계통으로 유입되는 직류전류는 최대 정격전류의 0.5[%]를 초과해서는 안 된다.

(다) 분산 형 유지역률 : 90[%] 이상을 유지해야 한다.

(라) 순시 전압 변동률

변동 빈도	순시전압 변동률(%)
1시간에 2회 초과 10회 이하	3%
1일 4회 초과 1시간에 2회 이하	4%
1일에 4회 이하	5%

⑽ 비정상 전압에 대한 분산 형 전원 분리시간

2020. 6 개정

전압범위(공칭전압에 대한 백분율)	분리시간[초]
V < 50	0.5
50 ≤ V < 70	2.0
70 V<90	2.0
110<V<120	1.0
V≥120	0.16

⑾ 비정상 주파수에 대한 분산 형 전원의 분리시간

2020.6 개정

분산 형 전원 용량	주파수 범위[Hz]	분리시간[초]
용량무관	f > 61.5	0.16
	f < 57.5	300
	f < 57.0	0.16

⑿ 계통연계를 위한 동기화 변수 제한범위

분산 형 전원 정격용량 합계[kW]	주파수 차 Δf[Hz]	전압 차 ΔV[%]	위상 각 차 $\Delta \Phi$[°]
0~500	0.3	10	20
500~1,500	0.2	5	15
1,500~20,000	0.1	3	10

2 보호계전기, 보호 장치

⑺ 계통연계 형 보호 장치의 적용목적

① 전력설비 손상방지

② 전력설비 운전정지시간 및 범위 최소화

③ 전력계통 고장파급 방지

⑻ 계통연계 시 주요기기

① 변압기

② VCB(진공 차단기)

③ MOF(계기 용 변성기)

④ 전력량계

11-4 태양광발전 수·배전반 설치

1 수·변전설비 단선 결선도

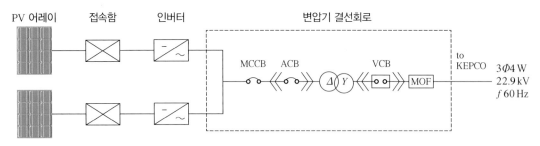

그림 11-2 수·변전설비 단선 결선도

2 수·배전 설비 주요기기

기기 명	기능	기기 명	기능
MCCB	배선용 차단기	ACB	기중 차단기
LBS	부하 개폐기	VCB	진공 차단기
PF	전력 퓨즈	SA	서지 흡수기
LA	피뢰기	CT	계기용 변류기
MOF	계기 용 변성기	ZCT	영상 변류기

3 수전설비의 배전반 등의 최소유지 거리(m)

구 분	앞면/조작계측 면	뒷면/점검 면	열상호간/점검 면	기타 면
특 고압 배전반	1.7	0.8	1.4	−
고압 배전반	1.5	0.6	1.2	−
저압 배전반	1.5	0.6	1.2	−
변압기 등	1.5	0.6	1.2	0.3

4 배전선로의 허용범위

표준전압, 주파수	허용범위	비고
220[V]	220±3[V]	207~233[V]
380[V]	380±38[V]	342~418[V]
60[Hz]	60±0.2[Hz]	59.8~60.2

5 배전선로의 전기방식

구 분	전력 P	1선당 전력 P'	단상 2선식 기준전력	전력 손실 비
① 단상 2선식	$VI\cos\theta$	$\dfrac{VI\cos\theta}{2} = 0.5\,VI\cos\theta$	1배	1
② 단상 3선식	$2VI\cos\theta$	$\dfrac{2}{3}\,VI\cos\theta \fallingdotseq 0.67\,VI\cos\theta$	1.33	$\dfrac{3}{8}$
③ 3상 3선식	$\sqrt{3}\,VI\cos\theta$	$\dfrac{\sqrt{3}}{3}\,VI\cos\theta \fallingdotseq 0.58\,VI\cos\theta$	1.15	$\dfrac{3}{4}$
④ 3상 4선식	$3VI\cos\theta$	$\dfrac{3}{4}\,VI\cos\theta \fallingdotseq 0.75\,VI\cos\theta$	1.5	$\dfrac{1}{3}$

6 태양광발전소 전기 실 위치 선정 시 고려사항

(가) 부하중심에 가까울 것

(나) 인입선의 인입이 쉽고, 보수유지 및 점검이 용이한 곳

(다) 간선처리 및 증설이 용이한 곳

(라) 기기의 반·출입에 지장이 없을 것

(마) 침수 및 재해발생의 우려가 적은 곳

11-5 태양광발전 배관, 배선공사

1 가공 인입선

가공선로의 지지물로부터 다른 지지물을 거치지 않고 수용장소의붙임 점에 이르는 가공선

2 연선

심선이 여러 가닥을 꼬아서 만든 전선 ➡ 공칭 단면적 $A = \pi \left(\dfrac{D}{2} \right)^2 = \dfrac{\pi}{4} D^2 [\text{mm}^2]$

3 중공연선

전선의 단면적을 그대로 하고, 직경을 크게 키운 전선

4 동선

(가) 연동선(옥내용) ➡ 가용성이 있다.

(나) 경동선(옥외용) ➡ 가용성이 없다.

(다) 경 알루미늄선(옥내용), 강심 알루미늄선(코로나 방지목적에 사용)

(라) 강심 알루미늄 연선(ACSR) : 외경은 크게 하고, 중량은 작게 한 전선으로 장 경간 송전선로, 코로나 방지 목적에 사용한다.

5 케이블의 종류

(가) CN-CV : 동심 중성선 차수 형 동축 케이블

(나) CNCV-W : 동심 중심선 수밀 형 전력 케이블 3상 4선식 22.9 kV

(다) FR CNCO-W : 동심 중심선 난연성 전력 케이블

6 22.9[kV] 수용가에서 LBS(부하개폐기) 1차 측 사용전선

(가) 지중 : CNCV-W

(나) 가공 : ACSR-OC

- ACSR : 강심 알루미늄 연선

7 경제적인 전선의 굵기 선정 고려사항

(가) 허용전류

(나) 전압강하

(다) 경제성

(라) 기계적 강도

(마) 전력손실(코로나 손실)

8 전선의 구비조건

(가) 도전율이 클 것

(나) 기계적 강도가 클 것

(다) 비중이 작을 것

(라) 신장률이 클 것

(마) 가요성이 클 것

9 전선의 하중

(가) 빙설하중

(나) 풍압하중

10 지중선로의 매설방식

(가) 직매 식(직접 매설 식) : 매설깊이 1.2 m, 간단하다.

(나) 관로 식(맨홀 식) : PE관을 땅에 묻는다. 매설깊이 1 m 이상

(다) 암거식(전력구식) : 많은 가닥수의 고전압 간선부근, 비싸다. 매설깊이 1.2 m 이상

11 지중 전선로의 장단점

(가) 장점

① 미관이 좋다.

② 기상조건 불 영향

③ 설비의 안정성이 좋다.

④ 통신유도장애 적다.

⑤ 보안상 위험 적다.

⑥ 화재발생 적다.

⑦ 고장이 적다.

(나) 단점

① 시설비가 비싸다.

② 보수가 어렵다.

12 전선의 이도

이도는 늘어진 정도(D)를 말한다.

(가) 전선의 이도 $D = \dfrac{WS^2}{8T}$[m]

  W : 합성하중[kg/m], S : 경간[m], T : 수평장력[kg]

(나) 실제길이 $L = S + \dfrac{8D^2}{3S}$[m]

(가) 전선의 이도 $D = \dfrac{WS^2}{8T}$[m]

  W : 합성하중[kg/m], S : 경간[m], T : 수평장력[kg]

(나) 실제길이 $L = S + \dfrac{8D^2}{3S}$[m]

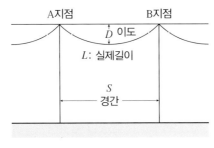

그림 11-3

13 전선의 보호

(가) 진동방지 → 댐퍼

(나) 지지 점에서의 단선방지 → 아머 로드(Amor Rod)

(다) 전선의 도약 : 전선의 반동으로 상하부 단락사고 방지를 위해 off-set한다.

14 케이블트레이 시공방식의 장·단점

(가) 장점

  ① 방열특성이 좋다

  ② 허용전류가 크다.

  ③ 장래 부하증설 및 시공이 용이하다.

  ④ 경제적이다.

(나) 단점

케이블의 노출에 따른 재해를 받을 수 있다.

15 저압 배선

(가) **방사상 방식** : 공사비가 싸다. 전력손실 크다.

(나) **저압뱅킹 방식** : 2대 이상의 변압기 경유, 전압 변동률 감소, 전력손실 크다 부하가 밀집된 시가지에 적용, 부하의 융통성 도모, 케스케이딩 현상 발생한다.

(다) **저압 네트워크 식** : 2회 이상의 급전선으로 공급, 플리커, 전압 변동률이 적다.

16 고압 가공배선 방식

(가) **수지 식(방사 식)**

(나) **환상 식(루프 식)**

(다) **망상 식(네트 워크 식)** : 무 정전 공급가능, −공급신뢰도 양호, −전압변동/전력손실 감소

17 고압 지중배선

(가) **방사상 방식** : 변전소로부터 1회선 인출수용가 공급

(나) **예비선 절체방식** : 고장 시 절체

(다) **소프트 네트워크 방식** : 선로 이용률 양호, 전압 변동률이 적다.

18 케이블 고장 점 검출법

(가) **머레이 루프 법(휘트스톤 브리지 이용법)**

(나) **펄스 인가 법**

(다) **수색 코일 법**

(라) **정전 용량 법**

19 기기단자와 케이블의 접속

(가) 볼트의 크기에 맞는 토크렌지를 사용하여 규정된 힘으로 조인다.

(나) 조임은 너트를 돌려서 조인다.

(다) 2개 이상의 볼트를 사용할 경우 한 쪽만 심하게 조이지 않도록 한다.

20 가공 전선 류의 지지물에 사용하는 발판볼트는 지표상 최대 1.8 m 미만에 시설해서는 안 된다.

태양광발전 접지공사

1 접지 시스템의 구분 및 종류

㈎ 구분

① 계통접지

② 보호접지

③ 피뢰 시스템 접지

㈏ 종류

① 단독접지

② 공통접지

③ 통합접지

2 접지 시스템의 설치

㈎ 접지극의 매설

① 접지 극은 매설하는 토양을 오염시키지 않아야 하며, 가능한 다습한 부분에 설치한다.

② 접지 극은 지표면으로부터 지하 0.75[m] 이상으로 하되 동결깊이를 감안하여 매설 깊이를 정해야 한다.

③ 접지도체를 철주 기타의 금속 체를 따라서 시설하는 경우에는 접지 극을 철주의 밑면으로부터 0.3[m] 이상의 깊이에 매설하는 경우 이외에는 접지 극을 지중에서 그 금속체로부터 1[m] 이상 떼어 매설해야 한다.

㈏ 수도관 등을 접지 극으로 사용하는 경우

① 지중에 매설되어 있고 대지와의 전기저항 값이 3[Ω] 이하의 값을 유지하고 있어야 한다.

• 금속제 수도관로가 다음에 따르는 경우 접지 극으로 사용이 가능하다.

• 접지도체와 금속제 수도관로의 접속은 안지름 75[mm] 이상인 부분 또는 여기에서 분기한 안지름 75[mm] 미만인 분기점으로부터 5[m] 이내의 부분에서 하여야 한다.
다만, 금속제 수도관로와 대지 사이의 전기저항 값이 2[Ω] 이하인 경우에는 분기점으로부터의 거리는 5[m]를 넘을 수 있다.

• 접지도체와 금속제 수도관로의 접속 부를 수도계량기로부터 수도 수용가 측에 설치하는 경우에는 수도계량기를 사이에 두고 양측 수도관로를 등 전위 본딩하여야 한다.

• 접지도체와 금속제 수도관로의 접속 부를 사람이 접촉할 우려가 있는 곳에 설치하는

경우에는 손상을 방지하도록 방호장치를 설치해야 한다.

- 접지도체와 금속제 수도관로의 접속에 사용하는 금속제는 접속부에 전기적 부식이 생기지 않아야 한다.

② 건축물·구조물의 철골 기타의 금속제는 이를 비접지식 고압전로에 시설하는 기계기구의 철대 또는 금속제 외함의 접지공사 또는 비접지식 고압전로와 저압전로를 결합하는 변압기의 저압전로의 접지공사의 접지 극으로 사용할 수 있다. 다만, 대지와의 사이에 전기저항 값이 2[Ω] 이하인 값을 유지하는 경우에 한한다.

㈏ 접지시스템 구성요소

① 접지 극

② 접지도체

③ 보호도체

④ 기타 설비

3 접지시스템 요구사항

접지시스템은 다음에 적합하여야 한다.

㈎ 전기설비의 보호 요구사항을 충족하여야 한다.

㈏ 지락전류와 보호도체 전류를 대지에 전달할 것. 다만, 열적, 열·기계적, 전기·기계적 응력 및 이러한 전류로 인한 감전 위험이 없어야 한다.

㈐ 전기설비의 기능적 요구사항을 충족하여야 한다.

㈑ 접지저항 값은 다음에 의한다.

① 부식, 건조 및 동결 등 대지환경 변화에 충족하여야 한다.

② 인체감전보호를 위한 값과 전기설비의 기계적 요구에 의한 값을 만족시키는 수도관 등을 접지극으로 사용하는 경우는 다음에 의한다.

4 접지도체

㈎ 접지도체의 선정

① 구리는 6 mm² 이상

② 철제는 50 mm² 이상

③ 접지도체에 피뢰시스템이 접속되는 경우, 접지도체의 단면적은 구리 16 mm² 또는 철 50 mm² 이상으로 하여야 한다.

⒝ 접지도체와 접지 극의 접속

① 접속은 견고하고 전기적인 연속성이 보장되도록, 접속부는 발열성 용접, 압착접속, 클램프 또는 그 밖에 적절한 기계적 접속장치에 의해야 한다. 다만, 기계적인 접속장치는 제작자의 지침에 따라 설치하여야 한다.

② 클램프를 사용하는 경우, 접지 극 또는 접지도체를 손상시키지 않아야 한다. 납땜에만 의존하는 접속은 사용해서는 안 된다.

5 접지도체의 굵기

접지도체의 굵기는 고장 시 흐르는 전류를 안전하게 통할 수 있는 것으로서 다음과 같다.

접지도체의 굵기

종 류	구비 조건	굵 기
특 고압 전기설비용 접지도체	단면적 6 mm² 이상의 연동선 또는 동등 이상의 단면적 및 강도를 지녀야 한다.	6[mm²] 이상
중성점 접지용 접지도체	① 일반 ② 7[kV] 이하의 전로 ③ 사용전압이 25[kV] 이하인 특 고압 가공선로. 다만, 중성선 다중접지 방식의 것으로서 전로에 지락이 생겼을 때 2[초] 이내에 자동적으로 이를 전로로부터 차단하는 장치가 되어 있는 것	6[mm²] 이상
이동하여 사용하는 전기기계기구의 금속제 외함 등의 접지 시스템	특 고압. 고압 전기설비용 접지도체 및 중성점 접지용 접지도체	10[mm²] 이상
	저압 전기설비용 접지도체	1.5[mm²] 이상

6 보호도체

⒜ 보호도체의 최소 단면적

선도체의 단면적 S (mm², 구리)	보호도체의 최소 단면적(mm², 구리)	
	보호도체의 재질	
	선도체와 같은 경우	선도체와 다른 경우
S ≤ 16	S	$(k_1/k_2) \times S$
16 < S ≤ 35	16[a]	$(k_1/k_2) \times 16$
S > 35	S[a]/2	$(k_1/k_2) \times (S/2)$

여기서, k_1 : 상도체에 대한 k값, k_2 : 보호도체에 대한 k값, a : PEN 도체의 최소단면적은 중성선과 동일하게 적용

(나) 보호도체의 종류

① 다심 케이블의 도체

② 충전도체와 같은 트렁킹에 수납된 절연도체 또는 나도체

③ 고정된 절연도체 또는 나도체

④ ①, ② 조건을 만족하는 금속 케이블 외장, 케이블 차폐, 케이블 외장, 전선묶음, 동심도체, 금속관

7 저압수용가 인입구 접지

(가) 인입구

수용장소 인입구 부근에서 다음의 것을 접지 극으로 사용하여 변압기 중성점 접지를 한 저압전선로의 중성선 또는 접지 측 전선에 추가로 접지공사를 할 수 있다.

종류	저항 값	굵기
수도관로, 건물철골	3[Ω] 이하	6[mm²] 이상

(나) 주택 등 저압 수용장소

중성선 겸용 보호도체(PEN)는 고정 전기설비에만 사용할 수 있고, 그 도체의 단면적이 구리는 10[mm²] 이상, 알루미늄은 16[mm²] 이상이어야 하며, 그 계통의 최고전압에 대하여 절연되어야 한다.

8 변압기의 중성점 접지

접지 대상	접지 저항 값
일반사항	$\dfrac{150[V]}{1선\ 지락전류[I_o]}$[Ω] 이하
고압, 특 고압 측 전로 또는 사용전압이 35[kV] 이하의 특 고압 전로가 저압 측 전로와 혼촉하고, 저압전로의 대지전압이 150[V]를 초과하는 경우	$\dfrac{300[V]}{1선\ 지락전류[I_o]}$[Ω] 이하 단, 1[초] 초과 2[초] 이내에 자동차단
	$\dfrac{600[V]}{1선\ 지락전류[I_o]}$[Ω] 이하 단, 1[초] 이내에 자동차단

* 단, 전로의 1선 지락전류는 실측값에 의한다. 다만, 실측이 곤란한 경우에는 선로정수 등으로 계산한 값에 의한다.

9 공통접지 및 통합접지

(가) 고압 및 특 고압과 저압 전기설비의 접지 극이 서로 근접하여 시설되어 있는 변전소 또는 이와 유사한 곳에서는 다음과 같이 공통접지시스템으로 할 수 있다.

① 저압 전기설비의 접지 극이 고압 및 특 고압 접지극의 접지저항 형성영역에 완전히 포함되어 있다면 위험전압이 발생하지 않도록 이들 접지 극을 상호 접속하여야 한다.

② 접지시스템에서 고압 및 특 고압 계통의 지락사고 시 저압계통에 가해지는 상용주파 과전압은 아래에서 정한 값을 초과해서는 안 된다.

저압설비 허용 상용주파 과전압

고압계통에서 지락고장시간[초]	저압설비 허용 상용주파 과전압[V]	비 고
> 5	$U_0 + 250$	중성선 도체가 없는 계통에서 U_0는 선간전압을 말한다.
≤ 5	$U_0 + 1,200$	

1. 순시 상용주파 과전압에 대한 저압기기의 절연 설계기준과 관련된다.
2. 중성선이 변전소 변압기의 접지계통에 접속된 계통에서, 건축물외부에 설치한 외함이 접지되지 않은 기기의 절연에는 일시적 상용주파 과전압이 나타날 수 있다.

10 기계기구의 철대 및 외함의 접지

(가) 전로에 시설하는 기계기구의 철대 및 금속제 외함(외함이 없는 변압기 또는 계기용변성기는 철심)에는 규정 140에 의한 접지공사를 하여야 한다.

(나) 다음의 어느 하나에 해당하는 경우에는 제1의 규정에 따르지 않을 수 있다.

① 사용전압이 직류 300 V 또는 교류 대지전압이 15 V 이하인 기계 기구를 건조한 곳에 시설하는 경우

② 저압용의 기계 기구를 건조한 목재의 마루 기타 이와 유사한 절연성 물건 위에서 취급하도록 시설하는 경우

③ 저압용이나 고압용의 기계기구, 규정 341.2에서 규정하는 특 고압 전선로에 접속하는 배전용 변압기나 이에 접속하는 전선에 시설하는 기계기구 또는 규정 333.32의 1과 4에서 규정하는 특 고압 가공전선로의 전로에 시설하는 기계 기구를 사람이 쉽게 접촉할 우려가 없도록 목주 기타 이와 유사한 것의 위에 시설하는 경우

④ 철대 또는 외함의 주위에 적당한 절연대를 설치하는 경우

⑤ 외함이 없는 계기용변성기가 고무·합성수지 기타의 절연물로 피복한 것일 경우

⑥ 「전기용품 및 생활용품 안전관리법」의 적용을 받는 이중절연구조로 되어 있는 기계 기구를 시설하는 경우

⑦ 저압용 기계기구에 전기를 공급하는 전로의 전원 측에 절연변압기(2차 전압이 300[V] 이하이며, 정격용량이 3[kVA] 이하인 것에 한한다)를 시설하고 또한 그 절연변압기의 부하 측 전로를 접지하지 않은 경우

⑧ 물기 있는 장소 이외의 장소에 시설하는 저압용의 개별 기계기구에 전기를 공급하는 전로에 「전기용품 및 생활용품 안전관리법」의 적용을 받는 인체감전보호용 누전차단기(정격감도전류가 30[mA] 이하, 동작시간이 0.03초 이하의 전류동작 형에 한한다)를 시설하는 경우

⑨ 외함을 충전하여 사용하는 기계기구에 사람이 접촉할 우려가 없도록 시설하거나 절연대를 시설하는 경우

11 중성점을 접지하는 목적

(가) 보호 장치의 확실한 동작확보

(나) 이상전압 억제

(다) 대지전압 저하

- 중성점 직접 접지 식 전로에 접속하는 Δ형 결선으로 된 변압기의 최대 사용전압이 345[kV] 이라면 변압기의 시험전압은 220,800[V]이다.

12 계통접지의 방식

(가) 저압전로의 보호도체 및 중성선의 접속 방식에 따라 접지계통은 크게 분류하면 다음과 같다.

① TN 계통   ② TT 계통   ③ IT 계통

(나) 계통접지에서 사용되는 문자의 정의는 다음과 같다.

① 제1문자 ➡ 전원계통과 대지의 관계

　T : 한 점을 대지에 직접 접속

　I : 모든 충전부를 대지와 절연시키거나 높은 임피던스를 통하여 한 점을 대지에 직접 접속

② 제2문자 ➡ 전기설비의 노출도전부와 대지의 관계

　T : 노출도전 부를 대지로 직접 접속. 전원계통의 접지와는 무관

　N : 노출도전 부를 전원계통의 접지 점(교류 계통에서는 통상적으로 중성점, 중성점이 없을 경우는 선 도체)에 직접 접속

③ 그 다음 문자(문자가 있을 경우) ➡ 중성선과 보호도체의 배치

　S : 중성선 또는 접지된 선 도체 외에 별도의 도체에 의해 제공되는 보호 기능

　C : 중성선과 보호 기능을 한 개의 도체로 겸용(PEN 도체)

(다) 각 계통에서 나타내는 그림의 기호는 다음과 같다.

기호 설명	
———／•	중성선(N), 중간도체(M)
———━	보호도체(PE)
———━	중성선과 보호도체겸용(PEN)

(라) 중성선 및 보호도체(PE 도체)의 배치 및 접속방식에 세분하면 다음과 같다.

① TN-S   ② TN-C   ③ TN-C-S   ④ TT   ⑤ IT

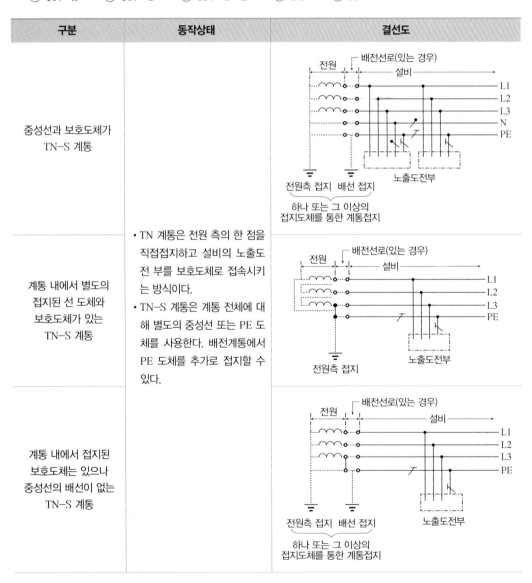

구분	동작상태	결선도
중성선과 보호도체가 TN-S 계통		
계통 내에서 별도의 접지된 선 도체와 보호도체가 있는 TN-S 계통	• TN 계통은 전원 측의 한 점을 직접접지하고 설비의 노출도전 부를 보호도체로 접속시키는 방식이다. • TN-S 계통은 계통 전체에 대해 별도의 중성선 또는 PE 도체를 사용한다. 배전계통에서 PE 도체를 추가로 접지할 수 있다.	
계통 내에서 접지된 보호도체는 있으나 중성선의 배선이 없는 TN-S 계통		

구분	동작상태	결선도
TN-C 계통	그 계통 전체에 대해 중성선과 보호도체의 기능을 동일도체로 겸용한 PEN 도체를 사용한다. 배전계통에서 PEN 도체를 추가로 접지할 수 있다.	전원 / 배전선로(있는 경우) / 설비 / L1 L2 L3 PEN / 전원측 접지 배선 접지 / 노출도전부 / 하나 또는 그 이상의 접지도체를 통한 계통접지
TN-C-S 계통	계통의 일부분에서 PEN 도체를 사용하거나, 중성선과 별도의 PE 도체를 사용하는 방식이다. 배전계통에서 PEN 도체와 PE 도체를 추가로 접지할 수 있다.	전원 / 배전선로(있는 경우) / 설비 / L1 L2 L3 N PE / PEN / 전원측 접지 배선 접지 / 노출도전부
설비 전체에서 별도의 중성선과 보호도체가 있는 TT 계통	전원의 한 점을 직접 접지하고 설비의 노출도전 부는 전원의 접지전극과 전기적으로 독립적인 접지 극에 접속시킨다. 배전계통에서 PE 도체를 추가로 접지할 수 있다.	전원 / 배전선로(있는 경우) / 설비 / L1 L2 L3 N PE / 전원측 접지 설비의 보호접지 / 노출도전부
설비 전체에서 접지된 보호도체가 있으나 배전용 중성선이 없는 TT 계통		전원 / 배전선로(있는 경우) / 설비 / L1 L2 L3 PE / 전원측 접지 설비의 보호접지 / 노출도전부

구분	동작상태	결선도
IT 계통	• 충전부 전체를 대지로부터 절연시키거나, 한 점을 임피던스를 통해 대지에 접속시킨다. • 계통 내의 모든 노출도전부가 보호도체에 의해 접속되어 일괄 접지되어 있다. 배전계통에서 추가접지가 가능하다.	

1. 접속함의 출력전압이 360[V]이고, 인버터 입력 단에서의 전압이 352[V]일 때 전압 강하률을 구하시오.

2. 옥내에서 옥내 분전반 간의 배선 시 모듈에서 접속함까지 직류배선의 길이가 80[m], 태양전지 어레이 전압이 460[V], 직류전류가 6[A]일 때 전압강하를 구하시오. (단, 전선의 면적은 10[mm²]이다.)

3. 태양전지 운반 시 주의 사항 3가지를 쓰시오.

4. 전선의 길이가 200[m] 이하 시의 전압 강하률은 얼마인가?

5. 태양광발전 시스템의 22.9[kV]의 특 고압 가공선로 회선에 연계가능 용량은 몇 [MW] 미만인가?

6. 계통연계 시 주요기기 4가지를 쓰시오.

7. 지중 전선로의 시설에서 사용되는 케이블 매설방식 3가지를 쓰시오.

8. 케이블트레이 시공방식의 장·단점을 쓰시오.

9. 저압 배선방식 3가지를 쓰시오.

10. 기기단자와 케이블의 접속 시 주의사항 3가지를 쓰시오.

11. 제1종 접지공사에서 고압 또는 특 고압 가공선로의 전로와 저압전로를 변압기에 의해 결합하는 경우 접지선의 공칭 단면적은 얼마 이상으로 해야 하는가?

12. 접지극과 보조전극과의 간격은 (   )[m] 이상이고, 접지극의 매설깊이는 (   )[m]이다. (   ) 안에 알맞은 내용을 쓰시오.

13. 접지 극 4가지를 쓰시오.

14. 접지방식 5가지를 쓰시오.

15. 중성점을 접지하는 목적 3가지를 쓰시오.

16. 전선의 식별 색상에서 중성점(N)의 색상은?

17. 전압의 종별 구분에서 저압 직류의 전압범위는 몇 [V] 이하인가?

18. 중전원의 한 점을 직접 접지하고, 설비의 노출 도전 부는 전원의 접지전극과 전기적으로 독립적으로 접 지시키는 계통접지 방식은?

chapter 12

태양광발전 설계 감리

 **설계 감리**

1 감리의 정의

발주자의 위탁을 받은 감리업자가 전력 시설물의 설치, 보수공사의 계획, 조사 및 설계가 관계 법령에 따라 적정하게 시행되도록 관리하는 것을 감리라 한다.

2 설계 감리와 공사감리

(가) **설계 감리** : 전력시설물의 설치, 보수의 계획, 조사, 설계의 적정시행, 품질, 공사관리, 안전관리

(나) **공사감리** : 시설물 안전공사의 적정성, 품질확보, 종합적 시공규정

3 설계 감리 계약서 문서

(가) 설계 감리 계약서

(나) 설계 감리용역 입찰 유의서

(다) 설계 감리계약 일반조건

(라) 설계 감리계약 특수조건

4 설계도서 검토관련 도서 5가지

(가) 설계도면 및 시방 서

(나) 구조계산서 및 각종 계산서

(다) 계약내역서 및 산출근거

(라) 공사 계약서

(마) 명세서(표준, 특기, 설계)

5 설계도서의 우선순위

특별시방서 ▶ 설계도면 ▶ 일반 시방서 ▶ 표준시방서 ▶ 수량 산출서 ▶ 승인된 시공도면

6 설계 감리업체 기준

(가) 특급 기술자 3명 보유업체(종합 설계 업 등록자) : 전기분야 기술사, 고급 기술자 또는 고급 감리 원(경력수첩)

(나) 공사 감리업자로서 특급관리원 3명 이상을 보유 : 전기분야 기술사, 고급 감리원(경력수첩)

7 **전기설비 감리의 용량 및 전압기준**

(가) 80만[kW] 이상 : 발전설비

(나) 30만[V] 이상 : 송전 및 변전설비

(다) 10만[V] 이상 : 수전설비, 구내배선설비, 전력사용설비

(라) 21층 이상이거나 연면적 5만[m²] 이상인 거축물의 전력시설물

12-2 설계 감리원의 업무

1 **설계 감리 원이 수행하여야 할 업무**

(가) 주요설계 용역 업무에 대한 기술자문

(나) 사업기획 및 타당성 조사

(다) 시공 성 및 유지관리의 용이성 검토

(라) 설계도서의 누락, 오류, 불명확한 부분에 대한 추가 및 정정지시 및 확인

(마) 설계업무의 공정 및 기성관리의 검토 및 확인

(바) 설계 감리 결과 보고서의 작성

2 **설계 감리 관련업무의 범위**

(가) 사용자재의 적정성 검토

(나) 설계의 경제성 검토

(다) 설계공정관리에 관한 검토

(라) 설계내용의 시공가능성에 대한 사전검토

(마) 공사기간 및 공사비의 적정성 검토

(바) 설계도면 및 설계 설명서 적정성 검토

3 **상주 감리원의 임무**

(가) 공사현장에서 운영요령에 따라 배치일수 동안 상주해야 하며, 부득이한 사유에도 1일 이상 현장에 있어야 한다.

(나) 법에 따른 교육훈련이나 민방위 기본법이나 향토예비군 설치법에 따른 교육 또는 근로기준 법에 따른 유급휴가로 현장을 이탈하게 되는 경우에는 감리업무에 지장이 없도록 직무대행 자를 지정하여 업무 인계·인수 등의 필요한 조치를 해야 한다.

(다) 발주자의 요청이 있는 경우에는 초과근무를 해야 하며, 공사업자의 요청이 있을 경우에는 발주자의 승인을 받아 초과근무를 해야 한다. 이때 대가지급은 운영요령 또는 국가를 대상으로 하는 계약에 관한 법률에 따른 회계예규에서 정하는 비에 따른다.

(라) 감리업자는 감리현장이 원활하게 운영될 수 있도록 감리용역비 중 직접경비를 감리대가 기준에 따라 적정하게 사용해야 하며 발주자가 요구할 경우 직접경비의 사용에 대한 증빙서를 제출해야 한다.

4 비 상주감리원이 수행하여야 할 업무

(가) 설계도서 등의 검토

(나) 상주감리원이 수행하지 못하는 현장 조사, 분석 및 시공 상의 문제점에 대한 기술검토와 민원사항에 대한 현지조사 및 해결방안 검토

(다) 중요한 설계변경에 대한 기술검토

(라) 실세변경 빛 계약금액 조정의 심사

(마) 정기적으로 현장 시공 상태를 종합적으로 점검·확인·평가하고, 기술지도

(바) 공사와 관련하여 발주자가 요구한 기술적 사항 등에 대한 검토

(사) 그 밖에 감리업무 추진에 필요한 기술지원 업무

12-3 시공 및 착공 감리

감리원은 공사가 설계도서 및 관계규정 등에 적합하게 시공되는지 여부를 확인하고, 공사업자가 제출한 시공계획서, 시공 상세도의 검토·확인 및 시공 단계별 검사, 현장 설계변경 여건처리 등의 시공관련 업무를 통하여 공사목적물이 소정의 공기 내에 우수한 품질로 완공되도록 철저히 업무를 수행하여야 한다.

1 시공계획서 포함내용

(가) 현장 조직 표

(나) 공사 세부 공정표

(다) 주요공정의 시공절차 및 방법

(라) 시공일정

(마) 주요장비 동원계획

(바) 주요 기자재 및 인력 투입계획

(사) 품질, 안전, 환경관리 대책

2 설비의 설치 및 공정관리 계획서의 제출

(가) '설비의 설치 계획서'는 받은 날로부터 30일 이내에 타당성을 검토 후 그 결과를 설치의무기관의 장(산통장관)에게 제출해야 한다.

(나) 감리원은 공사 시작일 30일 이내에 공사업자로부터 '공정관리 계획서'를 제출받은 날로부터 14일 이내에 검토, 승인하여 발주자 및 공사업자에게 통보하여야 한다.

3 착공신고서의 제출서류

감리원은 공사가 시작된 경우에는 공사업자로부터 다음의 각 호의 서류가 포함된 착공 신고서를 제출받아 적정성 여부를 검토하여 7일 이내에 발주자에게 보고 하여야 한다.

(가) 시공관리 책임자 지정통지서(현장관리 조직, 안전관리자)

(나) 공사 예정공정표

(다) 공사도급 계약서 사본 및 산출 내역서

(라) 품질관리 계획서

(마) 공사 시작 전 사진

(바) 현장 기술자 경력사항 확인서 및 자격증 사본

(사) 안전관리 계획서

(아) 작업인원 및 장비투입 계획

(자) 그 밖에 발주자가 지정한 사항

12-4 공사감리 보고 및 준공 시 제출서류

1 제출 및 보고

(가) 감리원은 공사업자로부터 가능한 한 준공예정일 1개월 전까지 '준공 설계도서'를 제출받아야 한다.

(나) '최종 감리보고서'는 감리 종료 후 14일 이내에 발주자에게 제출해야 한다.

(다) 감리원은 감리용역 완료 시 '공사감리 완료보고서'를 협회에 15일 이내에 제출해야 한다.

2 설계 감리의 기성, 준공 시 제출하는 서류

(가) 근무 상황 부

(나) 설계 감리일지

(다) 설계 감리 지시 부

(라) 설계 감리 기록 부

(마) 설계 지시사항 협의사항 기록 부

(바) 설계 감리 용역 관련 수·발신 공문서 및 서류

(사) 설계 감리 의견 및 조치서

(아) 설계 감리 주요검토결과

(자) 설계도서 검토 의견서

(차) 설계 도서를 검토한 근거서류

1. 전력시설물의 설치. 보수공사의 계획·조사 및 설계가 전력기술기준과 관계법령에 따라 적정하게 시행되도록 관리하는 것을 무엇이라고 하는가?

2. 감리원의 업무 4가지를 쓰시오.

3. 시공계획서의 작성기준에 포함되는 주요내용 6가지만 쓰시오.

4. 감리원이 착공신고서의 적정여부를 검토한 내용이다. 이 내용에 해당하는 것은 무엇인가?

   - 작업 간 선행. 동시 및 완료 등 공사 전·후 간의 연관성이 명시되어 작성되었는지 확인
   - 예정 공정률에 따라 적정하게 작성되었는지 확인

5. 설계 감리를 받아야 하는 전력시설물의 설계도서는 다음에 해당하는 전력시설물의 설계도서로 하여야 한다. 다음 사항을 보고 ( )안에 알맞은 내용을 쓰시오.
   ① 용량 ( )[kW] 이상의 발전설비
   ② 전압 ( )[V] 이상의 송전. 변전설비
   ③ 전압 ( )[V] 이상의 수전 설비, 구내배전 설비, 전력사용설비
   ④ 21층 이상이거나 연면적 ( ) 이상인 거축물의 전력시설물

6. 설계 감리용역 계약서에 포함되는 서류 5가지만 쓰시오.

7. 감리기관은 감리용역 완료 시 공사감리 완료보고서를 협회에 며칠 이내에 제출해야 하는가?

8. 설계 감리의 업무범위 4가지만 쓰시오.

9. 공사현장에서 운영요령에 따라 배치일수 동안 상주해야 하며, 부득이한 사유로 1일 이상 현장 이탈하는 경우에는 반드시 감리일지에 기록해야 하고, 발주자의 승인을 받아야 하는 것은 누구의 임무인가?

10. 준공 후 현장문서 인수·인계목록 중 6가지만 쓰시오.

태양광발전 운영

13-1 태양광발전 사업개시

1 사업개시 신고

(가) 전기설비의 설치 완료 후 사용 전 검사가 완료되면 준공 후 전기사업법에 의거하여 사업개시 신고를 하여야 한다.

(나) 신고기관은 허가기관과 동일하다.

    ① 3,000[kW] 초과 : 산업통상자원부장관

    ② 3,000[kW] 이하 : 시·도지사

(다) 처리기한은 14일이다.

2 사업개시 신고 처리절차

신고서 작성 및 제출 ▶ 접수 ▶ 내용검토 ▶ 신고수리

3 사업개시 신고 첨부 서류

(가) 발전전력 수급 계약서

(나) 안전 관리자 선임신고 증명서

(다) 사용 전 검사필증

(라) 준공사진

4 전력수급 계약

(가) 1,000[kW] 초과 발전 사업자 : 한국전력거래소

(나) 1,000[kW] 이하 발전 사업자 : 한국전력거래소 또는 한국전력공사

5 사업개시 신고서의 사업내용에 기입되는 사항

(가) 태양전지 모듈 용량과 매수

(나) 인버터의 용량과 수량

13-2 SMP 및 REC 정산관리

1 전력거래

(가) 전기사업자는 전력시장을 통해 전력을 거래해야 한다.

(나) 1,000[kW] 이하의 발전설비를 갖추고 생산된 전력을 판매하는 경우 전력시장에 참여하거나 한국전력공사와 전력 수급계약(PPA)을 체결하여 거래할 수 있다.

2 SMP(계통한계 가격)와 REC(공급 인증서)

SMP는 한국전력(한전)이 민간 발전사업자에게 지급하는 발전구매단가이다. 거래일 하루 전날 전력수요 예측 량을 산정하여 1시간 단위로 발전회사로부터 공급가능한 발전용량을 입찰 받는다. 이 입찰결과를 바탕으로 전력거래소에서 시간대 별로 수요에 맞게 발전계획을 수립하여 저렴한 비용을 제시하고 발전기와 발전량을 확인하여 해당시간대의 발전비용이 가장 비싼 발전소의 발전단가를 시장가격으로 결정하는 방식이다.

(가) SMP 결정 절차

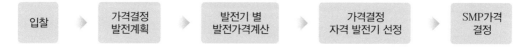

(나) RPS(Renewable Portfolio Standard)제도는 500 MW이상의 발전설비를 보유한 18개 발전사업자(공급의무자)에게 총 발전량의 일정비율 이상을 신·재생 에너지를 이용하여 정부에 공급하도록 의무화하는 일종의 '의무 할당제'를 말한다.

(다) REC(Renewable Energy Certificate)란 공급의무자가 신·재생 에너지를 이용하여 전기를 생산하여 공급하였음을 증명하는 인증서이다. 의무공급량을 REC로 이행해야 하는 공급의무자는 의무공급량보다 자체에서 발전소를 신규로 추가로 설치하는 발전량이 모자라므로 외부 발전사로부터 REC를 매입하여 충당할 수밖에 없다. 개인 사업자나 대여발전 사업자가 REC를 신·재생 에너지 공급의 무자에게 판매하고, 공급 의무자는 이를 정부에게 제출하는 과정을 나타낸다.

〈주〉 화살표 시작이 판매 측이고, 화살표 끝이 구매 측이다.

한편 개인사업자가 발전소를 건설하여 발급받은 REC를 현금화하는 방법은 아래의 두 가지가 있다.

> - 공급의무자와 '고정가격계약'에 의해 20년간 고정가격의 REC를 판다.
> - 거래시장에서 REC를 판다.

따라서 공급의무자는 개인사업자로부터 매입한 REC를 다시 매입하여 충당하는 방법과 소규모의 태양광발전 대여사업을 하는 다른 발전사가 확보한 REP를 매입하는 두 가지의 방법으로 공급의무 량을 채워야 한다. 만일 공급의무 량을 다 채우지 못한다면 미달용량에 대해서는 과징금을 정부에 납부하여야 한다. 아래에 발전사업허가 후 REC 발급 및 거래까지의 절차를 표로 나타낸다.

발전사업 허가	발전소 준공	사용 전 검사
3천[kW] 이하 : 지자체 3천[kW] 초과 : 상통자원장관	전기사업에 의해 준공	전기안전공사

전력수급계약 체결	발전사업 개시	RPS설비 확인	REC 발급 및 거래
전력거래소	해당 지자체에 사업개시 신고	사용전 검사일로부터 1개월 이내에	신·재생 에너지센터/ 전력거래소

(라) REC(공급인증서)를 발급받은 자는 그 REC를 거래하려면 공급인증서 발급 및 거래시장 운영에 관한 규칙으로 정하는 바에 따라 공급인증기관이 개설한 거래시장에서 거래하여야 한다.

(마) REC의 유효기간은 3년으로 한다.

(바) REC의 가중치

구분	공급인증서 가중치	대상 에너지 기준	
		설치유형	세부기준
태양광 에너지	1.2	일반부지에 설치하는 경우	100[kW] 미만
	1		100[kW] 부터
	1.2		3,000[kW] 초과부터
	0.7	임야	
	1.5	건축물 등 기존시설물을 이용하는 경우	3,000[kW] 이하
	1.0		3,000[kW] 초과부터
	0.7	유지의 수면에 부유하여 설치하는 경우	

13-3 태양광발전 시스템 운영

태양광발전소의 운영은 발전전력의 생산성 향상과 장기간 운영 시 설비의 점검과 보호에 중점을 두어야 하며 고장 발생 시 신속한 조치를 취함으로써 전력계통에 끼치는 영향과 손실을 줄여야 한다.

1 태양광 운영 시 비치서류

(가) 시스템 계약서 사본

(나) 시스템 관련 도면

(다) 시스템 시방 서

(라) 구조물의 계산서

(마) 운영 매뉴얼

(바) 한전계통 연계관련 서류

(사) 핵심기기의 매뉴얼

(아) 준공검사서

(자) 유지관리 지침서

2 유지관리 필요서류

(가) 주변지역의 현황도 및 관계서류

(나) 지반보고서 및 실험보고서

(다) 준공시점에서의 설계도, 구조계산서, 설계도면, 표준시방서, 견적서

(라) 보수·개수 시의 상기 설계도서류 및 작업 기록

3 성능평가를 위한 측정요소

성능평가 분석은 태양광발전 시스템의 전반적인 사이트 개요, 설치가격, 발전성능, 신뢰성 등으로 분류하여 평가·분석하며, 시스템의 전체성능과 구성요소의 성능으로 분류하여 평가·분석할 필요가 있다.

(가) 구성요인의 성능 신뢰성

(나) 사이트

(다) 발전성능

(라) 신뢰성

(마) 설치비용(경제성)

성능 평가방법

　(가) 시스템 설치단가

　(나) 태양전지 설치단가

　(다) 인버터 설치단가

　(라) 어레이 가대 설치단가

　(마) 계측표시장치 단가

　(바) 기초공사 단가

　(사) 부착시공 단가

5 전기설비에서 전류 고장 발생 요인

　(가) 절연불량

　(나) 전기적 요인

　(다) 기계적 요인

　(라) 열적 요인

13-4 태양광발전 모니터링

태양광발전 시스템의 계측기구나 표시장치는 시스템의 운전상태 감시, 발전 전력량 파악, 성능평가를 위한 데이터의 수집 등을 목적으로 설치한다. 검출기, 신호변환기, 연산 장치, 기억장치 등이 있다.

1 계측시스템의 요소

　(가) **검출기(센서)** : 전압, 전류, 주파수, 일사량, 기온, 풍속 등의 전기 신호 검출

　(나) **신호 변환기** : 센서로부터 검출된 데이터를 5[V], 4~20[mA]로 변환하여 원거리 전송

　(다) **연산 장치** : 계측 데이터를 적산하여 평균값 또는 적산 값을 연산

　(라) **기억장치** : 데이터를 저장

2 계측표시의 목적

(가) 시스템의 운전상태 감시하기 위한 계측 또는 표시

(나) 시스템에 의한 발전량을 알기 위한 계측

(다) 시스템 기기 또는 시스템 종합평가를 위한 계측

(라) 운전상황을 견학하는 이들에게 보여주기 위한 계측표시(시스템 홍보)

3 모니터링 시스템의 구성 요소

(가) PC   **(나)** 모니터   **(다)** 공유기   **(라)** 직렬서버

(마) I/O 통신 모듈   **(바)** 각종 센서 류

4 모니터링 시스템의 프로그램 기능의 목적

(가) 데이터 수집

(나) 데이터 분석

(다) 데이터 저장

(라) 데이터 통계

5 모니터링 설비 요구사항

계측설비		요구사항
인버터(CT)		정확도 ±3[%]
온도센서	$-20[^\circ\text{C}]\sim100[^\circ\text{C}]$ 이내	정확도 $\pm1[^\circ\text{C}]$
전력량계		정확도 ±1[%]

13-5 태양광발전 시스템 비정상 시 대처 및 조치

1 태양광발전 시스템 운전 시 조작방법

(가) Main VCB 반 전압확인

(나) 태양광 인버터 상태 확인(정지)

(다) 한전 전원 복구여부 확인

(라) 인버터 DC 전압 확인 후 운전 시 조작방법에 의해 재시동

2 태양광발전 시스템 정전 시 조작방법

(가) Main VCB 반 전압확인

(나) 접속 반, 인버터 DC진압 확인

(다) AC 측 차단기 on, DC 차단기 on

(라) 5분 후 인버터 정상동작 여부확인

3 태양광발전설비 부 작동 시 응급처치

(가) 접속함 : 내부 차단기 개방

(나) 인버터 : 개방 후 점검

(다) 점검 후 인버터 : 접속함 차단기 투입

4 수·변전설비 조작

(가) 고압 이상의 개폐기 및 차단기의 조작은 잭임자의 승인을 받고 담당자가 조작 순서에 따라 조작한다. 책임 분계 점에서 부하까지의 조작순서는 아래와 같다.

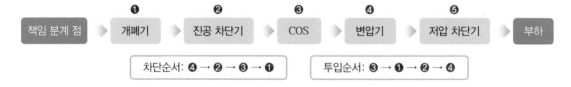

(나) 고압 이상의 개폐기 조작은 반드시 무 부하상태에서 실시하고, 개폐기 자작 후 잔류 전하 방전상태를 검전기로 필히 확인한다.

(다) 고압 이상의 전기설비는 반드시 고무장갑, 안전화 등 안전장구를 착용한 후 조작한다.

(라) 비상용 발전기 가동 전 비상전원 공급구역을 반드시 재확인하여 역 송전으로 인한 감전사고에 주의 한다.

(마) 작업 완료 후 전기설비의 이상 유무를 확인한 후 통전한다.

1. 태양광발전의 사업개시 신고 첨부 서류 4가지를 쓰시오.

2. 1,000[kW] 이하의 발전용량의 전력수급 계약 기관은 어디인가?

3. 1,000[kW] 이하의 발전설비를 갖추고 생산된 전력을 판매하는 거래처는?

4. 태양광발전 성능 평가방법 4가지만 쓰시오.

5. 태양광발전 계측시스템의 요소 4가지를 쓰시오.

6. 3,000[kW] 이하의 발전용량인 경우 건축물에 태양광발전소를 설치 시 REC 가중치는 얼마인가?

7. 모니터링 설비 요구사항에서 전력량계의 정확도는?

8. 태양광발전 시스템 운전 시 조작방법 4가지를 쓰시오.

9. 태양광발전 시스템에서 계측표시의 목적 4가지를 쓰시오.

10. 전기설비에서 전류 고장 발생 요인 4가지를 쓰시오.

태양광발전 유지보수

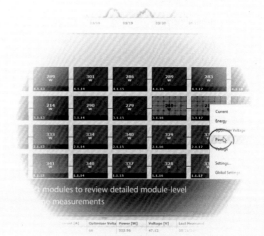

modules to review detailed module-level
measurements

14-1 유지관리 개요

1 유지보수

태양광발전설비는 시간이 경과함에 따라 경년열화 및 고장이 발생하므로 초기에 결함을 정확히 파악하여 적절한 대책을 수립하여 정기검사와 정기적인 유지보수를 실시해야 한다.

2 유지보수 목적

(가) 발전설비의 장기수명 보장을 통한 수익의 안정성을 확보한다.

(나) 전기안전사고와 시설 추가투자비를 절감시킨다.

(다) 발전소의 안정적인 운영과 신뢰성을 확보할 수 있다.

3 유지관리 필요서류

(가) 주변지역의 현황도 및 관계서류

(나) 지반보고서 및 실험보고서

(다) 준공시점에서의 설계도, 구조계산서, 설계도면, 표준시방서, 견적서

(라) 보수, 개수 시의 상기 설계도서류 및 작업기록

(마) 공사계약서, 시공도, 사용재료의 업체 명 및 품명

(바) 공정사진, 준공사진

(사) 관련 인·허가서류

4 유지관리 지침서

(가) 시설물의 규격 및 기능 설명서

(나) 시설물의 관리에 대한 의견서

(다) 시설물 관리법

(라) 특기사항

5 유지보수 점검의 종류

태양광발전 시스템의 점검은 크게 준공 시 점검(사용 전 검사), 일상점검, 전기점검으로 나눌 수 있지만 유지보수의 관점에서 볼 때는 아래와 같이 **일상점검, 정기점검, 임시점검**으로 분류한다.

(가) 일상점검 : 일상점검은 주로 육안점검에 의하며 상태가 운전 중이고, 매월 1회 정도 실시한다.

(나) 정기점검 : 정기점검은 주로 시스템 정지상태에서 제어운전 장치의 기계점검, 절연저항 측정 등의 점검이며 정기점검 주기는 설비용량에 따라 월 1~4회 실시한다.

(다) 임시점검 : 일상점검 등에서 이상을 발견한 경우 및 사고가 발생한 경우의 점검이며 사고원인의 영향분석 및 그 대책을 수립하여 보수조치를 해야 한다.

6 점검 작업 시 안전상 주의 사항

(가) 안전사고에 대한 예방조치 후 2인 1조로 보수를 실시한다.

(나) 응급처치방법 및 설비기계의 안전을 확인한다.

(다) 무 전압상태 확인 밑 안전조치

① 관련된 차단기, 단로기를 열어 무 전압상태를 만든다.

② 검전기를 사용하여 무 전압상태를 확인하고, 필요한 개소는 접지를 실시한다.

③ 특 고압 및 고압차단기는 개방하고, '점검 중'이라는 표찰을 부착한다.

④ 단로기는 쇄정시킨다.

⑤ 수·배전반 또는 모선 연결 반은 전원이 되돌아와서 살아있는 경우가 있으므로 차단기나 단로기를 필히 차단하고, '점검 중'이라는 표찰을 부착한다.

⑥ 점검 후 안전을 위해 접지선은 반드시 제거한다.

14-2 일상점검

구분		점검항목	점검요령
태양전지 어레이	외관확인 (육안점검)	(a) 표면의 오염 및 파손	현저한 먼지 및 파손이 없을 것
		(b) 가대 부식 및 녹	부식 및 녹이 없을 것
		(c) 외부배선(접속 케이블) 손상	접속 케이블에 손상이 없을 것
접속함	외관확인 (육안점검)	(a) 외함의 부식 및 파손	부식 및 파손이 없을 것
		(b) 외부배선(접속 케이블) 손상	접속 케이블에 손상이 없을 것
인버터	외관확인 (육안점검)	(a) 외함의 부식 및 파손	외함의 부식, 녹이 없고, 충전부가 노출되어 있지 않을 것
		(b) 외부배선(접속 케이블) 손상	인버터에 접속되는 배선에 손상이 없을 것

구분		점검항목	점검요령
인버터	외관확인 (육안점검)	(c) 통풍 확인(통기공, 환기필터 등)	통기공을 막지 않을 것 환기필터(있는 경우)가 막히지 않을 것
		(d) 이음, 이취, 발연 및 이상과열	운전 시 이상 음, 이상한 진동, 이취 및 이상한 과열이 없을 것
		(e) 표시부의 이상 표시	표시부에 이상코드, 이상을 나타내는 램프 점등, 점멸 등이 없을 것
		(f) 발전 상황	표시부의 발전상황에 이상이 없을 것
축전지	육안점검	변색, 변형, 팽창, 손상, 액면저하, 온도상승, 이취, 단자 부 풀림	부하에 급전한 상태에서 실시할 것

정기점검

1 정기점검 시행주기

용량[kW]	100미만	100 이상	300 이상	500 미만
횟수	연 2회 이상	격월 1회	월 1~4회	월 2회

* 3[kW] 미만의 소 출력 태양광발전소는 정기점검을 하지 않아도 된다.

2 정기점검

구분		점검항목	점검요령
태양전지 어레이	육안점검	접지선의 접속 및 접속단자의 풀림	접지선에 확실한 접속, 볼트의 풀림이 없을 것
접속함	육안점검	(a) 외함의 부식 및 파손	부식 및 파손이 없을 것
		(b) 외부의 손상 및 접속단자의 풀림	배선이상 및 풀림이 없을 것
		(c) 접지선의 손상 및 접지단자의 풀림	접지선의 이상 및 풀림이 없을 것
	측정 및 시험	절연저항	태양전지-접지선 : 0.2[MΩ] 이상 DC 500[V] 출력단자-접지간 : 1[MΩ] 이상 DC 500[V]
		개방전압	규정의 전압일 것, 극성이 올바를 것

구분		점검항목	점검요령
인버터	육안점검	(a) 외함의 부식 및 파손	외함의 부식, 녹이 없고, 충전부가 노출되어 있지 않을 것
		(b) 외부배선의 손상 및 접속단자 풀림	인버터에 접속되는 배선에 손상이 없을 것
		(c) 외부배선의 손상 및 접속단자 풀림	통기공을 막지 않을 것, 환기필터(있는 경우)가 막히지 않을 것
		(d) 환기확인(환기구, 환기필터 등)	과열이 없을 것
		(e) 운전 시의 이상 음, 진동 및 악취	운전 시 이상 음, 이상한 진동, 악취가 없을 것
	측정 및 시험	(a) 인버터 입출력단자 간 절연저항	1[MΩ] 이상, 측정전압 DC 500[V]
		(b) 표시부의 동작확인(표시부 표시, 충전전력 등)	표시상황 및 발전상황에 이상이 없을 것
개폐기	육안점검	태양광발전용 개폐기 접속단자의 풀림	볼트의 풀림이 없을 것
	측정	절연저항	1[MΩ] 이상, 측정전압 DC 500[V]

3 정기점검 요령

(가) 태양광발전설비의 소유자 또는 점유자는 전기설비의 공사. 유지 및 운용에 관한 안전관리업무를 수행하기 위해 전기사업법 제73조에서 규정하고 있는 안전 관리자를 선임해야 하며 태양광발전설비로서 용량 1,000[kW] 미만인 경우는 업무를 외부에 대행시킬 수 있다.

(나) 일반 가정 등에 설치하는 3[kW] 미만의 소 출력 태양광발전 시스템의 경우에는 일반용 전기설비로 법적으로는 정기점검을 하지 않아도 되지만 자위적으로 점검하는 것이 바람직하다.

(다) 점검시험은 원칙적으로 지상에서 하지만 개별 시스템에서의 설치환경이나 그 외의 이유에 따라 점검자가 필요하다고 판단한 경우에는 안전을 확인하고, 지붕이나 옥상에서 점검을 실시한다. 만약 이상이 발생되면 제작사나 전문 기술자에게 기술자문을 받는 것이 중요하다.

(라) 태양광발전설비의 자체점검 주기는 설비용량에 따라 1~4회 실시한다.

14-4 사용 전 검사(준공 시 점검)

1 사용 전 검사에 필요한 서류

(가) 사용 전 검사 신청서

(나) 태양광발전설비 개요

(다) 태양광전지 규격서

(라) 공사계획 인가서

(마) 단선 결선도

(바) 각종 시험 성적서

2 사용 전 점검 및 검사대상

구분	검사 종류	용량	비고
일반용	사용 전 점검	10[kW] 이하	대행업자 미 선임
자가용	사용 전 검사(저압설비 공사계획 미신고)	10[kW] 초과	대행업자 대행
사업용	사용 전 검사(시·도에 공사계획 신고)	전 용량 대상	대행업자 대행

3 사용 전 검사에서 모듈 인가서의 내용과 일치하는 지 확인 요소

(가) 용량

(나) 온도

(다) 크기

(라) 수량

4 사용 전 검사(준공 시 검사) 시스템 준공 후 점검

구분	점검항목		점검요령
태양전지 어레이	외관확인 (육안점검)	(a) 표면의 오염 및 파손	오염 및 파손의 유무
		(b) 프레임 파손 및 변형	파손 및 두드러진 변형이 없을 것
		(c) 외부배선(접속 케이블) 손상	접속 케이블에 손상이 없을 것
		(d) 가대의 부식 및 녹 발생	부식 및 녹이 없을 것
		(e) 가대의 고정	볼트 및 너트의 풀림이 없을 것
		(f) 가대의 접지	배선공사 및 접지접속이 확실할 것
		(g) 코킹	코킹의 망가짐 및 불량이 없을 것
		(h) 지붕재의 파손	지붕재의 파손, 어긋남, 뒤틀림, 변형이 없을 것
	측정	접지저항	100[Ω] 이하(제3종 접지)

구분		점검항목	점검요령
접속함 (중간단자함)	외관확인 (육안점검)	(a) 외함의 부식 및 파손	부식 및 파손이 없을 것
		(b) 방수처리	입구가 실리콘으로 방수처리가 되어 있을 것
		(c) 배선의 극성	태양전지의 배선극성이 바뀌지 않을 것
		(d) 단자 내 나사의 풀림	견고한 취부 및 나사의 풀림이 없을 것
	측정	(a) 태양전지–접지 간 절연저항	0.2[MΩ] 이상, 측정전압 DC500[V](각 회로)
		(b) 접속함 출력단자–접지 간 절연저항	1[MΩ] 이상, 측정전압 DC500[V]
		(c) 개방전압 및 극성	규정전압이고, 극성이 바를 것(각 회로마다)
인버터	외관확인 (육안점검)	(a) 외부의 부식 및 파손	외함의 부식, 녹이 없고, 충전부가 노출되어 있지 않을 것
		(b) 취부	① 견고한 고정 ② 유지보수를 위한 충분한 공간 확보 ③ 습기, 연기, 가스, 먼지, 염분, 화기가 없는 곳 ④ 눈이 쌓이거나 침수우려가 없을 것 ⑤ 인화물이 없을 것
		(c) 배선의 극성	① 태양전지 : P(+), N(−) ② 계통 측 배선 : 단상 220[V], 3상 380[V] ③ 0 : 중성선, 0–W 간 220[V]
		(d) 단자 대의 나사풀림	확실한 고정, 나사풀림 없을 것
		(e) 접지단자와의 접속	접지와 바르게 접속
개폐기, 전력량계, 인입구, 개폐기	육안점검	(a) 전력량계	발전사업자의 경우 한전에서 지급한 전력량계
		(b) 주 간선 개폐기(분전반 내)	역 접속 가능 형, 볼트의 단단한 고정
		(c) 태양광발전용 개폐기	'태양광발전용'이라 표시
운전정지 발전전력	조작 및 육안점검	(a) 보호계전기능의 설정	전력회사 정정 값을 확인할 것
		(b) 운전	운전 스위치에 '운전'에서 운전할 것
		(c) 정지	운전 스위치에 '정지'에서 운전할 것
		(d) 투입저지시한 타이머 동작시험	인버터가 정지하여 5분 후 자동 기동할 것
		(e) 자립운전	자립운전에 전환할 때 자립운전용 콘센트에서 제조업자가 규정전압이 출력될 것
		(f) 표시부의 동작확인	표시가 정상적으로 표시되어 있을 것
		(g) 이상 음 등	운전 중 이상 음, 이상진동, 악취 등의 발생 없을 것
		(h) 태양전지 발전전압	태양전지의 동작전압이 정상일 것
	육안점검	(a) 인버터의 출력표시	인버터 운전 중 전력표시부에 사양과 같이 표시

구분		점검항목	점검요령
운전정지 발전전력	육안점검	(b) 전력량계(거래용 계량기 송전 시)	회전을 확인할 것
		(c) 전력량계(수전 시)	정지를 확인할 것

측정

1 태양광발전 시스템에서 태양전지 어레이 측 개방전압 측정

(가) 접속함의 출력개폐기를 개방(off)한다.

(나) 접속함의 각 스트링의 단로 스위치를 모두 개방(off)한다(단로 스위치가 있는 경우).

(다) 각 모듈이 음영이 있는 지를 확인한다(단, 아침과 저녁의 낮은 량의 일사조건은 피한다).

(라) 측정하는 스트링의 단로 스위치만 도통(on)시키고, 직류전압계로 각 스트링의 P($+$), N($-$) 단자의 전압을 측정한다.

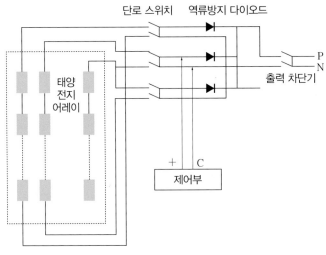

그림 14-1 개방전압 측정

2 태양광발전 시스템에서 어레이 출력 측 절연저항 측정

(가) 측정 시 유의 사항

① 태양전지는 주간에 항상 전압을 발생하고 있으므로 각별히 주의를 기울여 절연저항을 측정해야한다.

② 측정할 때는 뇌 보호를 위해 어레스터 등의 피뢰소자가 태양전지 어레이의 출력 단에 설치되어 있는 경우가 많으므로 이 때는 필요하다면 그 소자의 접지 측을 분리시킨다.

③ 절연저항은 기온이나 습도에 영향을 받기 때문에 절연저항 측정 시의 기온, 온도 등의 기록과 동시에 기록해 둔다.

(나) 절연저항 측정순서

그림 14-2는 태양광 어레이의 절연저항 측정 회로이다.

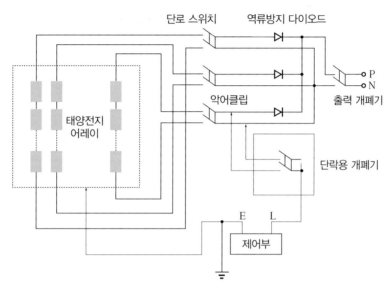

그림 14-2 태양전지 어레이 절연저항 측정

3 태양광발전 시스템에서 어레이 출력 측 절연저항 측정

(가) 측정기구로 500[V]의 절연저항계를 사용한다. 인버터의 정격전압이 300[V]를 초과하고, 600[V] 이하인 경우는 1,000[V]의 절연저항계를 사용한다. 측정 개소는 인버터의 입력회로 및 출력회로로 한다.

(나) 절연저항 측정순서

  (a) 입력회로

    ① 태양전지회로를 접속함에서 분리(차단기 off)

    ② 분전반 내의 차단기 개방(off)

    ③ 직류 측의 모든 입력 단 및 교류 측의 출력 단을 단락(on)

    ④ 직류단과 대지 간의 절연저항을 측정

(b) 출력회로

① 태양전지회로를 접속함에서 분리한다.

② 분전반 내의 분가 개폐기를 개방(off)한다.

③ 직류 측의 모든 입력단자 및 교류 측의 모든 출력단자를 각각 단락(on)한다.

④ 교류단자와 대지 간과의 절연저항을 측정한다.

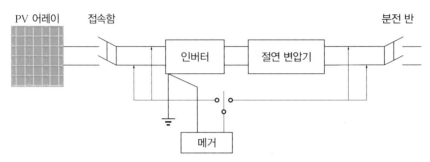

그림 14-3 태양전지 어레이 절연저항 측정

4 접지저항의 측정

(가) 접지저항계, 접지전극 및 보조전극 2개를 사용하여 접지저항을 측정한다.

(나) 접지저항계의 접지저항 측정순서

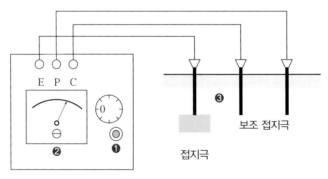

그림 14-4 접지저항 측정

① 계측기를 수평으로 놓는다.

② 보조 접지 극을 10[m] 이상의 간격으로 박아 놓는다.

③ E 단자의 리드 선을 접지 극에 접속한다.

④ P, C 단자를 보조 접지 극에 접속한다.

⑤ 푸시버튼(❶)을 누르면서 다이얼을 돌려 검류계의 눈금이 0 지시 때 다이얼의 값을 읽는다.

5 후크 온 미터(클램프 미터)의 전류 측정

① 레인지 절환 탭을 돌려 전류의 최대치에 놓는다.

② 클램프를 개방하여 도체를 클램프 철심의 중앙에 오도록 한다.

③ 지시치가 작을 때는 아래 레인지로 돌려 측정한다.

④ 눈금을 읽기 어려운 장소에서 측정할 때는 지침 스톱버튼을 움직여 지침을 정지시킨 후에 분리하여 눈금을 읽는다.

6 항목에 따른 가장 알맞은 측정 계측기

① 배전선의 전류 : 후크 온 미터

② 변압기의 절연저항 : 메가(절연 저항계)

③ 검류계의 내부저항 : 휘트스톤 브리지

④ 전해액의 저항 : 클라우시 브리지

⑤ 절연재료의 고유저항 : 메가(절연 저항계)

1. 태양광발전소 유지관리 필요서류 5가지만 쓰시오.

2. 유지관리 지침서 4가지를 쓰시오.

3. 태양전지 어레이의 외관(육안)검사 항목 3가지를 쓰시오.

4. 접속함의 육안검사 항목 3가지를 쓰시오.

5. 인버터의 정기점검 항목 5가지를 쓰시오.

6. 인버터의 측정 및 시험에서 인버터의 입출력단자 간의 절연저항과 전압은?

7. 사용 전 검사에서 모듈 인가서의 내용과 일치하는지 확인 요소 4가지를 쓰시오.

8. 태양전지 어레이의 절연저항 측정순서를 4단계로 쓰시오.

9. 접지저항의 측정에서 보조 접지 극은 얼마 이상으로 하는가?

10. 배전선의 전류측정에 사용하는 측정 장비는?

태양광발전 안전관리

15-1 태양광발전 안전관리

안전관리의 목표는 공사를 안전하게 성공적으로 수행하기 위하여 시공과정의 위험요소를 사전에 검토하고, 안전대책을 수립하는 동시에 개선책을 적용함으로써 인명과 재산상의 손실을 최소화 하여 무재해 현장을 실현하는 것이다.

1 전기 작업의 안전

전기설비의 점검. 수리 등의 작업을 할 경우에는 정전시킨 후 작업을 하는 것이 원칙이며 부득이한 사유로 정전시킬 없는 경우에는 활선상태에서 작업을 실시한다.

(가) 작업의 준비
① 작업 책임자를 임명하여 지휘체계 하에서 작업, 인원배치, 상태확인, 작업순서 설명, 작업지휘를 한다.
② 작업자는 책임자의 명령에 따라 올바른 작업순서로 안전하게 작업한다.

(나) 정전 작업 시 안전수칙
① 작업 전 전원차단
② 전원투입 방지
③ 작업장소의 무 전압여부 확인
④ 단락접지
⑤ 작업장소 보호

2 안전장비 정기점검, 보관요령

(가) 월 1회 이상 책임 감독자가 점검
(나) 청결, 습기가 없는 장소에 보관
(다) 보호구는 사용 후 깨끗이 손질 후 보관
(라) 세척 후 건조

3 전기기술기준의 안전원칙 3가지

(가) 감전, 화재, 그 밖에 사람에게 위해를 주거나 손상이 없도록 시설
(나) 사용목적에 적절하고, 안전하게 작동해야 하며 그 손상으로 인하여 전기공급에 지장을 주지 않도록 시설
(다) 다른 전기설비, 그 밖의 물건의위 기능에 전기적 또는 자기적 장해를 주지 않도록 시설

4 **한국전기안전공사의 사업**

(가) 전기안전에 관한 조사

(나) 전기안전에 대한 기술개발 및 보급

(다) 전기안전에 관한 전문교육 및 정보의 제공

(라) 전기안전에 대한 홍보

(마) 전기설비에 대한 검사, 점검 및 기술지원

(바) 전기안전에 관한 국제기술협력

(사) 전기사고의 재발방지를 위한 전기사고의 원인, 경위 등에 대한 조사

5 **전기안전공사 대행**

(가) 대행 사업자

① 1[MW] 미만의 전기수용설비

② 1[MW] 미만의 태양광발전설비

③ 300kW 미만의 발전설비 (단, 비상용 예비발전설비 : 500 kW 미만)

  ❖ 둘 이상의 합계가 1,050 kW 미만

(나) 개인 사업자

① 500 kW 미만의 전기수용설비

② 250 kW 미만의 태양광발전설비

③ 150 kW 미만의 발전설비(단, 비상용 예비발전설비 : 300 kW 미만)

6 **전기안전 관리자**

(가) 20 kW 이하 : 미선임

(나) 20 kW 이상 : 안전 관리자 선임

(다) 1,000 kW 미만 : 대행자

7 **전기안전관리업무 실태조사 : 년 1회 이상**

8 **월차(순시) 안전교육**

(가) 월 1시간 이상

(나) 분기 1.5시간 이상

9 안전관리 정기점검 주기 : 월 1~4회

15-2 태양광발전 안전장비 관리

1 태양광발전 설비에 사용되는 안전장비 관리요령

(가) 정기적인 점검을 한다.

(나) 청결하고, 습기가 없는 곳에 보관한다.

(다) 보호구 사용 후에 깨끗이 손질하여 보관한다.

(라) 세탁 후 완전히 건조시킨다.

2 태양광발전 설비 점검 중 감전방지를 위해 사용하는 절연용 보호구

(가) 절연 안전모

(나) 절연장갑

(다) 절연 화

3 전기안전 작업수칙

(가) 작업자는 시계, 반지 등 금속 체 물건을 착용해서는 안 된다.

(나) 정전 작업 시 안전표찰을 부착하고, 출입을 제한시킬 필요가 있을 시 구획로프를 설치한다.

(다) 고압 이상의 전기설비는 필히 안전 보장구를 착용한 후 조작한다.

(라) 비상용 발전기 가동 전 비상전원 공급구간을 반드시 재확인한다.

(마) 작업 완료 후 전기설비의 이상 유무를 확인 후 통전한다.

4 감전대책 3가지

(가) 작업 전 태양전지 모듈표면에 차광막 씌운다.

(나) 저압 절연장갑을 착용한다.

(다) 절연 처리된 공구를 사용한다.

연습문제

1. 안전관리의 목표를 쓰시오.

2. 전기기술기준의 안전원칙 3가지를 쓰시오.

3. 안전관리업무를 외부에 대행시킬 수 있는 태양광발전 설비의 용량은 얼마인가?

4. 몇 [kW] 이하일 때 전기안전 관리자를 미 선임해도 되는가?

5. 전기안전관리업무 실태조사는 년 몇 회 이상을 해야 하는가?

6. 태양광발전설비에 사용되는 보호구 보관방법 4가지를 쓰시오.

7. 태양광발전 설비 점검 중 감전 방지를 위해 사용하는 절연 보호 3가지를 쓰시오.

8. 감전대책 3가지를 쓰시오.

2편

신·재생 에너지

chapter 1

신·재생 에너지의 배경

1-1 지구의 온난화

1 지구의 온난화의 정의

지표면의 온도가 장기적으로 상승하는 현상

2 지구 기후변화의 영향

(가) 기온 상승 ◐ 대형 산불, 잦은 홍수, 지구의 사막화

(나) 온실가스 증가 ◐ 미세먼지 유발, 질병 발생

(다) 생태계 변화초래 ◐ 생물들의 멸종 및 돌연변이 출현, 해충발생 증가

(라) 해양 온난화 ◐ 해수의 열팽창, 해수면 상승

3 지구 온난화의 원인

(가) 화석연료 사용

(나) 공장 및 자동차 매연

(다) 대기 오염물질

(라) 폐기물이나 축사로부터의 메탄가스

1-2 국제기후변화 협약

국제기후협약의 시작은 1992년 채택된 유엔기후변화협약(UNFCCC : United Nations Framework Convention Climate Change)이다. 1992년 브라질 리우데자네이루에서 154개국이 유엔기후변화협약에 서명하였다. 1997년 일본 교토에서 열린 유엔기후변화협약 당사국 총회(COP3)에서 기후변화에 관한 국제연합규약의 교토 의정서가 채택되었으며 2005년 2월 16일에 공식 발효되었다. 교토 의정서의 주 내용은 배출권 거래제도, 공동이행제도, 청정개발제도의 도입과 EU, 일본 등 지구 온난화에 역사적으로 책임이 있는 선진국이 제1차 의무 배출가스 감축기간인 2008년~2012년의 5년 동안에 1990년 배출수준 대비 평균 5.2[%] 줄이는 것이었다. 2015년 12월 프랑스 파리에서 열린 제21차 유엔기후변화협약 당사국 총회에서 파리협약은 2021년 1월부터 새 기후변화체계 수립을 위한 최종합의문으로서 지구 평균 기온상승을 2[℃]보다 상당히 낮은 수준으로 유지키로 하고, 1.5[℃] 이하로 제한하기 위한 노력을 추구하기로 하였다.

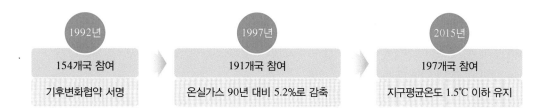

1992년	1997년	2015년
154개국 참여	191개국 참여	197개국 참여
기후변화협약 서명	온실가스 90년 대비 5.2%로 감축	지구평균온도 1.5℃ 이하 유지

1-3 신·재생 에너지의 필요성

석탄, 석유 등 화석연료의 고갈에 따른 대책으로 지구 온난화방지 및 청정 환경, 지속가능한 ,무한 에너지인 신·재생 에너지는 선택이 아닌 필수가 될 수밖에 없다.

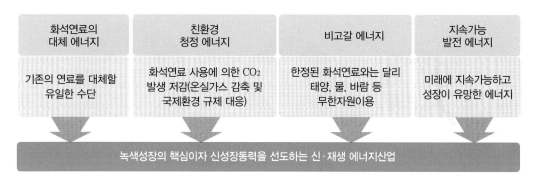

화석연료의 대체 에너지	친환경 청정 에너지	비고갈 에너지	지속가능 발전 에너지
기존의 연료를 대체할 유일한 수단	화석연료 사용에 의한 CO₂ 발생 저감(온실가스 감축 및 국제환경 규제 대응)	한정된 화석연료와는 달리 태양, 물, 바람 등 무한자원이용	미래에 지속가능하고 성장이 유망한 에너지

녹색성장의 핵심이자 신성장동력을 선도하는 신·재생 에너지산업

그림 1-1 신·재생 에너지의 필요성

세계 각국의 온실가스 감축목표에 대한 정책을 간단히 정리해보면 아래의 표와 같다.

구분	기준년도	목표년도	감축비율
미국	2005	2025	26~28%
EU	1990	2030	40%
일본	2013	2030	26%
중국	2005	2030	60~65%

〈참고〉 한국정부는 최근(2020. 10. 27) 국무회의에서 2018년 대비 2050년에 온실가스 감축 목표를 40%로 조정하였다.

1-4 정부의 3020 정책 개요

정부가 2017년 11월 발표한 신·재생 에너지 3020정책은 2030년까지 신·재생 에너지의 전력 생산비율을 20%까지 끌어올리겠다는 계획이다. 그 요지를 간략히 요약하면 아래와 같다.

1 2030년까지 신·재생 에너지에 대한 정책 개요

(가) 투자 및 발전량을 63.8 GWh로 늘리고(2017년 : 15,1 GW, 2018~2030 : 48.7 GW)

(나) 에너지 원 별 발전단가를 하락시키며

(다) 신·재생 에너지 원 가운데 태양광과 풍력발전을 핵심으로 육성한다(아래의 도표 참조).

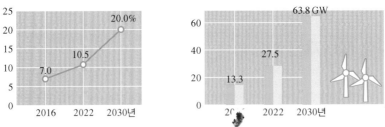

그림 1-2 2018~2030 신규발전설비

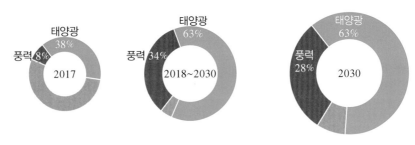

그림 1-3 전체 에너지 대 비중

(라) 연도별 발전원별 비중과 연도별 신·재생 에너지 설비투자는 다음과 같다.

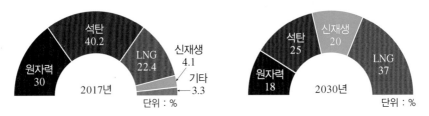

그림 1-4 연도별 발전원별 비중

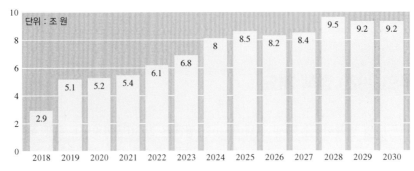

그림 1-5 연도별 재생 에너지 설비투자

2 계획입지제도

태양광 및 풍력 산업단지를 조성한다.

3 주민참여 형 사업 확대

(가) 2030년까지 19.9 GWh로 확대

(나) 주민참여 형 협동조합 100 kW 미만의 발전량을 한전 자회사가 의무 구입

(다) 농업용 태양광발전에 대한 금융융자를 5년 거치 10년 상환, 연 금리 1.75%(변동금리)로 혜택

4 입지규제 완화

(가) 농업진흥지역 외 유휴농지를 태양광발전으로 허가

(나) 염해농지를 태양광부지로 20년간 허용

5 장애요인 제거

(가) 지자체 조례에 의한 규제 개선

(나) 계통접속 설비 증설(인프라 구축)

(다) 농업 진흥구역 내 염해간척지, 농업용 저수지 태양광설치, 유휴국유재산 활용(농작물법 개정)

6 협동사업 및 시민참여 추진사업의 가중치 부여

(가) 1MW 이상의 태양광사업에 주민 5인 이상이 참여 시

① 지역주민의 지분 10% 이상이고, 총 사업비의 2% 이상 일 때 REC 0.1% 추가해준다.

② 지역주민의 지분 20% 이상이고, 총 사업비의 4% 이상 일 때 REC 0.2% 추가해 준다.

7 영농 복합형사업 계획추진

8 개량 형 FIT제도의 도입

(가) 공기업 6개사가 협동조합, 농민 등 소규모 사업자가 생산한 전력을 20년간 의무적으로 구매

(나) 이상과 같은 3020계획에서 신규설비에 소규모 발전사업자 융자와 자가용 태양광 보급사업 등에 18조원으로 공기업 51조원, 민간기업 41조원, 총 110조원의 투자예산이 투입될 예정이다.

1. 지구 기후변화의 영향 4가지를 쓰시오.

2. 지구온난화의 원인 4가지를 쓰시오.

3. 2015년 세계 197개국이 참여하여 지구평균온도 1.5[℃] 이하유지하기로 한 협약의 명칭은?

4. 우리나라의 2030년 신·재생 에너지의 생산비율 목표는 몇 [%]까지인가?

5. 우리나라의 국내 투자 및 발전량 목표를 63.8[GWh]로 잡은 연도는?

6. 신·재생 에너지 투자액을 8.5조 원으로 확대하기로 한 목표연도는?

7. 1[MW] 이상의 농촌 형 태양광 사업에 주민 몇 명 이상이 참여해야 가중치를 부여해 주는가?

신 에너지

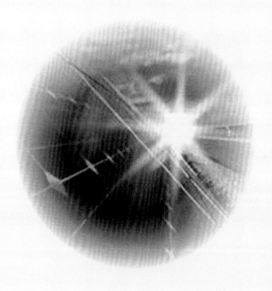

대체 에너지의 필요성

화석연료(식탄, 식유, 석유가스)는 그 동안 산업발전에 크게 기여하여왔지만 중장기적으로 볼 때 이들의 다량 소비국인 미국과 경제성장이 급속히 성장하는 중국이나 인도를 비롯하여 개발 도상 국들의 급속적인 소비증가를 예상하면 머지않아 석유수요 증대로 가격상승과 고갈염려를 하지 않을 수 없다. 화석연료 에너지는 환경오염을 증대시키고, 지구온난화로 여러 가지 지구환경을 악화시킬 우려가 대두되기 시작하였으므로 선진국들은 기존의 화석연료를 대체할 새로운 에너지를 찾을 수 밖에 없었으며 이것이 신 에너지와 재생 에너지 두 가지이다. 또한 신 에너지와 재생 에너지를 통합하여 신·재생 에너지라 한다.

 신 에너지

'신 에너지'란 기존의 에너지원인 화석연료에 새로운 기술을 도입하여 얻어내는 에너지를 말하며 '신 에너지 및 재생 에너지의 개발·이용·보급 촉진법 제2조'에는 화석연료를 변환시켜 이용하거나 수소·산소 등의 화학반응을 통하여 전기 또는 열을 이용하는 에너지로서 다음 각 목의 어느 하나에 해당하는 것을 말한다.

- 수소 에너지
- 연료전지
- 석탄을 액화·가스화 한 에너지 및 중질잔사유(重質殘渣油)를 가스화한 에너지로서 대통령령으로 정하는 에너지
- 그밖에 석유·석탄·원자력 또는 천연가스가 아닌 에너지로서 대통령령으로 정하는 에너지

2-3 수소 에너지

1 수소의 제조

물을 전기분해하면 수소와 산소를 얻을 수 있다. 수소는 물이나 유기물, 화석연료 등 에 화합물 형태로 대량으로 존재하는 수소를 분리하여 수소 에너지를 얻을 수 있으며, 수소 에너지의 원료가 되는 물은 지구상에 풍부하게 존재한다. 수소 에너지는 화석연료를 대체할 가능성이 높은 에너지 중의 하나이다. 물이나 유기물질에 결합한 수소를 원료로 사용하는 수소 에너지는 이때 연

료로 사용된 수소는 사용 후 다시 물로 순환되기 때문에 자원의 고갈이 없을 뿐만 아니라 극소량의 질소 산화물을 제외하면 공해물질을 배출하지 않으며, 이산화탄소를 전혀 배출하지 않는 친환경 에너지이다. 수소의 제조방식은 다음과 같이 세 가지가 있다.

그림 2-1 수소의 제조방식

⒜ **전기분해 :** 대체 에너지(태양광, 풍력, 폐기물 등)를 이용하여 물을 전기분해하는 방식으로 많은 에너지를 필요로 하므로 경제성이 낮은 편이다.

⒝ **화석연료 개질 :** 화석연료(석탄, 석유, 천연가스)에서 수증기개질, 열분해 등을 통해 수소를 분해하는 방식으로 화석연료를 사용하기 때문에 이산화탄소를 발생시키는 단점이 있다.

⒞ **부생수소 :** 석유화학, 제철의 생산 공정에서 부산물로 발생하는 수소를 이용하는 방식이며 역시 이산화탄소를 발생시키는 단점이 있다.

2 수소의 저장

⒜ 초 저온 수소저장

⒝ 고압기체 수소저장

⒞ 액체저장

⒟ 고체저장

3 수소의 운송

⒜ 기체수소 : 봄베, 집합용기, 트레일러

⒝ 액화수소 : 소형 콘테이너, 탱크로리

4 수소의 응용

⒜ 수소자동차

⒝ 수소열차

(다) 수소선박

(라) 연료전지

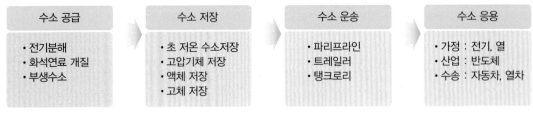

그림 2-2 수소의 응용 개념도

5 수소 에너지의 특성

① 공해물질을 배출하지 않는 청정 에너지이다.

② 에너지밀도가 높다.

③ 지속적이고, 자동공급이 가능한 에너지이다.

④ 자동차나 열차에 이용 시 소음이 적다.

2-4 연료전지

1839년 영국의 법률가이자 물리학자인 윌리엄 그로브(Wiliam Robert Grove)가 연료전지를 최초로 발명하였으며, 당시 제작된 연료전지 본체는 상부의 작은 전지에 있는 물을 수소와 산소로 전기분해하기 위하여 필요한 전기를 만들고자 하부에 각각 수소와 산소를 포함하는 4개의 대형전지를 사용하였다. 그 뒤 1952년 F.T. 베이컨이 베이컨 전지를 개발하여 특허를 취득하였다. 이후 미국에서 이 특허를 개량하여 연료전지의 본격적인 실용화는 1965년 미국의 우주선 제미니 3호, 1969년 아폴로 우주선의 전원으로 활용이 되면서부터가 실용적인 활용이라고 할 수 있다. 이후 미국의 에너지 기술자들은 1970년대부터 본격적인 민간 전력사업용으로 이용하려는 연구개발을 시작하였으며, 일본은 1980년대 초부터 본격적인 개발에 착수하며, 개발을 선도하였다. 한국은 1988년부터 선도기술 사업(G7)으로 추진하였다. 2012년 미국, 일본, 유럽 등은 니켈을 전해질로 이용한 용융탄산염 연료전지(MCFC)를 상용화하였으며, 특히 미국은 2012년 2월에 세라믹을 전해질로 이용한 차세대 고체산화물 연료전지(SOFC)의 상용화에 성공하였다. 현재 세계 각국은 차세대 에너지원으로 활용될 연료전지의 연구개발을 활발히 진행하고 있다. 연료전지에는 초기에 사용된 알칼리 전해질을 쓰는 알칼리 형(AFC), 저온 동작 형으로 열병합 발전 시 고효율을 얻는 인산 형(PAFC), 고온 동작 형으로 대규모 설비에 쓰는 용융탄산염(MCFC), 다양한 촉매의 사용이 가능한 고체산화물 형 등 다양 등 다양한 종류가 있으며 연료전지 시스템은 그림 2–3과 같이 연료 개질기(reformer), 연료 전지 본체, 전력변환 장치(인버터), 열 회수시스템으로 구성된다.

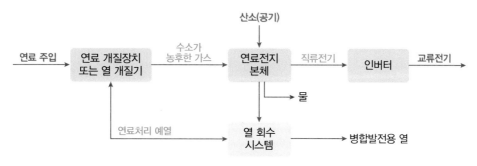

그림 2-3 연료전지 시스템의 구성도

1 연료전지의 종류

㈎ 알칼리 형 연료전지

알칼리 형 전지는 초기에 개발된 연료전지 중의 하나로 우주선에서 전기와 물을 생산하기 위하여 미국 우주프로그램에 널리 사용되었다. 그림 2–4는 알칼리 형 연료전지의 동작원리를 나타낸다. 그 반응식은 다음과 같다.

$$\text{캐소드} : 2H_2 + 4H^+ + 4e^-$$
$$\text{애노드} : 4H^- + O_2 + 2e^- \rightarrow H_2O$$

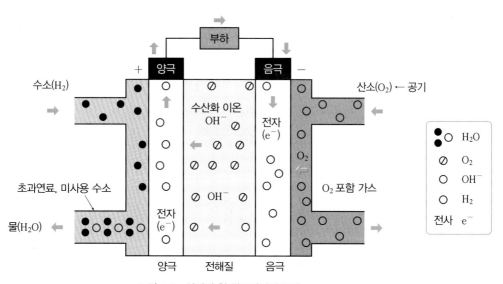

그림 2-4 알칼리 형 연료전지의 동작

전해질로 수산 화 칼륨 수용액을 사용하고, 양극과 음극에서 촉매로 값이 싼 금속을 사용할 수 있다. 최근에 개발된 알칼리전지는 저온에서 동작하며 효율도 50~70[%]로 높은 편이며 연료전지 중에서 제작단가가 가장 저렴하다.

(나) 인산 형 연료전지(PAFC : Phophoric Acid Fuel)

인산 형 연료전지는 1970년대 개발된 제1세대 연료전지이며 가장 최초로 상용화한 연료 전지로서 같은 중량과 부피에서 다른 연료전지보다 출력이 적고, 일반적으로 대형이며, 무겁지만 안정성은 좋다.

① 인산 형 연료전지의 동작원리

인산 형 연료전지는 전해질로 액체인산을 사용한다. 그림 2-5는 연료전지(MCFC)의 동작원리를 나타내며, 이온 전도성이 좋은 전해질을 사이에 두고 2개의 다공성 전극으로 구성된다. 양극에서 수소가 전자를 내어놓고 전해질을 통해 이동해온 산소이온과 만나 물과 열을 생성시킨다. 양극에서 생성된 전자는 외부 부하를 통해서 직류전류를 만들면서 양극으로 이동하며, 음극에서 산소와 만나 산소이온이 되고, 생성된 이온은 전해질을 통해 음극으로 이동하게 된다.

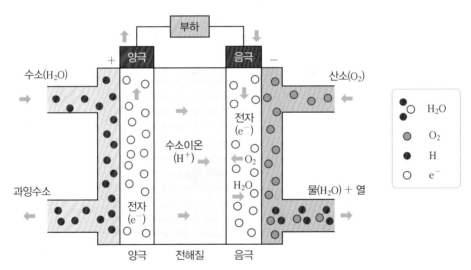

그림 2-5 인산 형 연료전지의 동작원리

이와 관련되는 화학 반응식은 다음과 같다.

$$\text{애노드} : H_2 \rightarrow 2H^+ + 2e^-$$
$$\text{캐소드} : \frac{1}{2}O_2 + 2H^+ + 2e^- \rightarrow H_2O$$

② 인산 형 연료전지의 특성

- 일반적으로 대형이며 무겁다.
- 일산화탄소(CO)에 대한 내구성이 크다.
- 안정성이 우수하다.
- 열 병합 대응이 가능하다.
- 백금촉매를 사용해야 하므로 가격이 비싸다.

(다) **용융탄산염 연료전지**(MCFC : Molten Carbonate Fuel Cell)

용융탄산염 연료전지는 현재 개발 중에 있는 전지이다. 인산 형보다 고온에서 동작하도록 되어 있으며 효율이 높고, 전해질은 리튬-칼륨(Li-K) 탄산염을 사용한다. 그림 2-6은 용융탄산염 연료전지의 동작을 나타낸다. 수소는 탄산염과 반응하여 물과 이산화탄소를 발생한다. 전자는 이동하여 부하를 거쳐 전기를 만들고 음극판으로 되돌아온다. 공기의 산소와 양극판으로부터 재생된 이산화탄소는 전자와 반응하여 전해질을 보충하는 탄산염 이온을 형성하고, 전해질을 통하여 이온전도를 제공한 후 순환을 마친다. 용융탄산 형 연료전지는 600[℃] 이상의 고온에서 동작하기 때문에 양극에 값이 비싼 백금 대신에 값이 저렴한 니켈을 사용하기 때문에 제작단가가 낮아진다. 또한 알칼리, 인산 형의 고분자 전해질 연료전지와는 달리 높은 에너지 밀도를 갖는 연료를 수소로 변환시키기 위하여 외부 개질기를 필요로 하지 않는다. 다음은 용융탄산염 연료전지의 반응식을 나타낸다.

$$\text{캐소드} : O_2 + 2CO_2 + 4e^- \rightarrow 2CO_3^2$$
$$\text{애노드} : 2H_2 + 2CO_3^2 \rightarrow 2H_2O + 2CO_2 + 4e^-$$

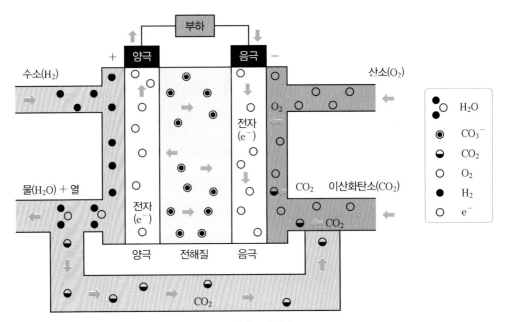

그림 2-6 용융 탄산염 연료전지의 동작원리

㈜ 고체산화물 형 연료전지(SOFC : Solid Oxide Fuel Cell)

제3세대 연료전지라고 하는 고체산화물 형 연료전지는 전해질로 이온 전도성 세라믹을 사용한다. 고체와 기체상태의 연료만 사용하므로 다른 연료전지에 비해 단순하고, 높은 온도 (700~1,000[℃])에서 동작하므로 저온 연료전지에서 필요한 고가의 귀금속 촉매가 필요가 없어 제조가격을 낮출 수 있을 뿐만 아니라 효율이 높다. 동작원리는 그림 2-7과 같으며 음극에서 산소의 환원반응에 의해 생성된 산소이온이 전해질을 통해 양극으로 이동하여 양극에서 공급된 수소와 반응함으로써 물(H_2O)을 생성한다. 음극과 양극에서의 반응식은 다음과 같다.

$$음극 : O_2 + 4e^- \rightarrow 2CO_3^2$$
$$애노드 : H_2 + O_2 \rightarrow H_2O + 2e^-$$

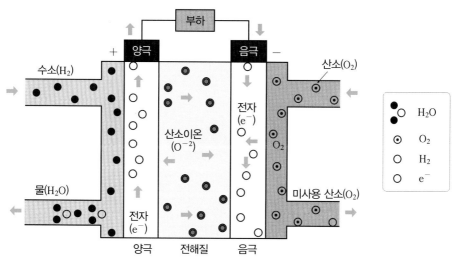

그림 2-7 고체산화물 형 연료전지의 동작원리

㈒ 연료전지의 동작과 특성의 비교

4가지 연료방식의 양극에서의 연료 입·출력방향과 전해질을 정리하면 그림 2-8과 같다.

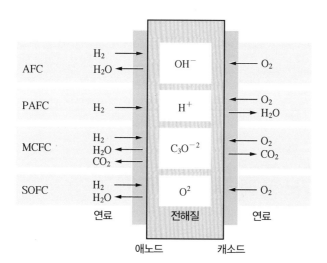

그림 2-8 연료전지의 동작

구분		알칼리(AFC)	인산 형(PAFC)	용융탄산염(MCFC)	고체산화물(SOFC)
전해질		알칼리	인산(H_3PO_4)	용융탄산염	세라믹
전하전달 이온		OH^-	H^+	CO_3^{-2}	O^{-2}
전극	음극	C/Pt	Pt	Ni/Al, Cr	NiO/ZO_2
	양극	C/Pt	다공질 카본지	NiO/Li	$LaMnO_3$
촉매		백금	백금	니켈	세라믹
연료		수소(H_2)	수소(H_2)	H_2, CO 또는 CH_4	H_2, CO 또는 CH_4
반응	음극	$2H_2O + 2e^-$	$1/2O_2 + 2H^+ + 2e^-$ $= H_2O$	$H_2O + CO_2 + 2e^-$	$1/2O_2 + 2e^- = O$
	양극	$H_2 + 2OH$ $= 2H_2O + 2e^-$	$H_2 = 2H^+ + 2e^-$	$H_2O + CO_2$ $= H_2O + CO_2 + 2e^-$	$H_2O + O$ $= H_2O + 2e^-$
동작온도[℃]		50~100	150~220	600~700	700~1,000
발전출력 [kW]		5	50~200	10~300	10~220
발전효율[%]		50	40~45	40~50	45~60
용도		우주용, 특수용	열 복합 발전, 산업용 분산전원	MW급 발전, 산업용	열 복합 발전, 산업용
특징		• 제작비가 비싸다. • CO_2에 쉽게 오염	• 전해질부식 감소 • 값이 싼 전해질 이용 • 열 병합 대응 가능	• 고온동작으로 촉매 불요 • 고 효율 • 연료 유연성	• 열효율 좋음 • 복합발전 가능 • 연료의 유연성

연료전지의 특성 비교

 ## 2-5 석탄액화·가스화 에너지

1970년대 남아프리카 공화국의 사솔(Sasol)사가 세계 최대 규모로 액체액화연료를 생산하기 시작하였으며 2010년 이후 석탄액화·가스화의 핵심기술인 석탄가스 복합기술(IGCC : Integrated Gasfication Combined Cycle)은 미국의 주도하에 활발히 진척되었으며 현재 IGCC의 핵심공정인 가스화의 원천기술은 Shell, GE, Uhde, Conoco-Phillips, 미쓰비시 중공업 등이 보유하고 있다. 우리나라도 2007년부터 한국에너지기술연구원이 석탄액화기술을 개발하기 시작한 이래 한국석유발전이 운영하는 태안의 가스화복합발전소가 2016년 준공 후 2020년 8월 14일부터 복합발전소 연속운전기록 4,000시간을 넘기는 신기록을 세웠으며 300[MW] 급 복합발전소를 운영하고 있다. 전 세계의 시장규모 또한 비약적으로 발전하고 있으며 우리나라 또한 천연자원이 부족한 여건에서

원유가격의 급등이나 천연자원 수급에 차질이 있을 경우 석탄의 액화. 가스화의 역할은 필요성이 더욱 커질 것으로 예상된다.

1 석탄 액화

고체연료인 석탄을 휘발유 및 디젤유 등의 액체연료로 전환시키는 것으로 고온(500℃ 전후). 고압(200~700 기압)의 상태에서 용매를 사용하여 전환시키는 직접액화 방식과 석탄 가스화한 뒤 촉매 상에서 액체연료로 전환시키는 간접액화 방식이 있다.

2 석탄(중질잔사유) 가스화

석탄 또는 중질잔사유 등의 저급원료를 고온. 고압의 가스화기에서 수증기와 함께 한정된 산소로 불완전연소 및 가스 화시켜 일산화탄소(CO)와 수소(H_2)가 주성분인 합성가스를 만들어 정제공정을 거친 뒤 가스터빈 및 증기터빈을 구동하여 발전기로 전력을 생산하는 것이 석탄가스화이다.

3 석탄 액화·가스화 구성도

그림 2-9는 석탄액화·가스화 개념을 나타내는 구성도이다.

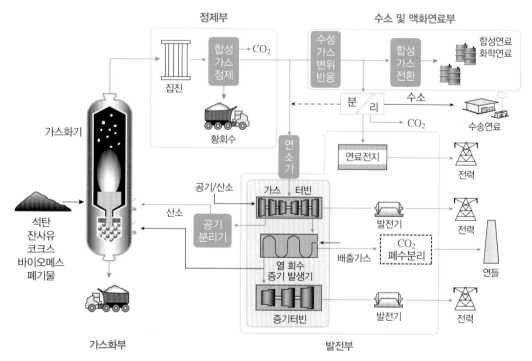

그림 2-9 석탄 액화·가스화의 구성도

4 석탄액화·가스화 에너지의 특징

(가) 장점

① 직접연소발전과 비교하여 황산화율 90[%], 질소산화물 75[%], 이산화탄소 25.6[%] 이상의 저감으로 오염문제가 줄어든다.

② 다양한 저급연료(석탄, 중질잔사유, 폐기물) 등을 활용한다.

(나) 단점

① 소요면적을 넓게 차지한다.

② 초기 투자비가 높고, 시스템 설치비가 높다.

③ 설비의 구성과 제어가 복잡하다.

1. 대체 에너지는 기존의 어떤 에너지를 대체하기 위해 필요한가?

2. 신 에너지 3가지를 쓰시오.

3. 수소의 제조법 3가지를 쓰시오.

4. 수소의 응용 4가지를 쓰시오.

5. 수소 에너지의 장점 4가지를 쓰시오.

6. 다음 중 연료전지의 구성과 관계가 먼 것은?
   ① 연료개질 장치   ② 열 회수 시스템   ③ 발전기   ④ 인버터

7. 연료전지의 종류 4가지를 쓰시오.

8. 제1세대 연료전지로서 최초로 상용화한 연료전지는?

9. 연료전지 중 동작온도가 가장 높은 것은?

10. 석탄액화·가스화 에너지의 장·단점 중 각 2가지를 쓰시오.

11. 석탄액화·가스화 에너지의 장·단점 중 각 2가지를 쓰시오.

태양열 에너지

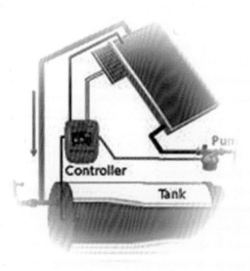

3-1 재생 에너지란?

재생 에너지란 자연에너지의 특성과 이용기술을 활용하여 화석연료와 원자력을 사용하는 기존의 에너지를 대체할 수 있는 에너지로서 태양열 및 태양광 에너지, 풍력, 지열 에너지, 수력, 해양 에너지, 폐기물 에너지, 바이오 에너지를 말한다. 기후변화, 환경오염, 화석연료 고갈 등의 대체 에너지로 날이 갈수록 그 중요성과 비중이 커지고 있다. 19세기 초 유럽에서 석탄을 본격적으로 사용하기 전까지 재생 에너지는 인류에게 필요한 대부분의 에너지를 공급하였으나 석탄, 석유, 천연가스, 원자력 이 대부분의 공급하게 된 20세기에 들어서는 수력발전 이외의 재생 에너지는 관심 밖으로 밀려났다. 그러다가 20세기 말부터 다시 부상하여 중요 에너지로 그 비중이 커지고 있다.

그림 3-1 국내 재생 에너지 목표

참고로 연도별 의무 공급량의 비율산업통상자원부가 최근에 공고한 신·재생 에너지 공급의무자별 의무 공급량과 증감은 다음과 같다.

올해 공급의무자별 의무공급량 증감 비교

구분		2020년 의무공급량	2021년 의무공급량
그룹 1	한국수력원자력	4,815,568	6,666,591
	한국남동발전	5,040,384	5,395388
	한국중부발전	3,497,402	5,159,228
	한국서부발전	3,660,845	4,037,401
	한국남부발전	4,039,843	4,535,876
	한국동서발전	4,029,422	4,798,108
그룹2	한국지역난방공사	733,562	851,932
	한국수자원공사	50,344	61,533
	SK E&S	530,982	628,700
	GS EPS	439,172	592,527
	GS 파워	285,389	387,493
	포스코에너지	849,368	1,146,696
	씨지앤율촌전력	438,908	532,720
	평택에너지서비스	279,010	230,814
	대륜발전	62,734	61,239
	에스파워	317,796	350,614
	포천파워	179,939	249,678
	동두림파워	371,572	426,217
	파주에너지서비스	822,405	942,961
	GS동해전력	481,919	670,249
	포천민자발전	270,956	295,544
	신평택발전	114,481	500,547
	나래에너지	(신규)	404,956
합계		31,301,999	28,926,912

단위 : MWh

2016. 12.05 개정

연도별 의무공급량의 비율

연도	2012	2013	2014	2015	2016	2017	2018	2019	2020	2021	2022	2023~
비율	2.0%	2.5%	3.0%	3.0%	3.5%	4.0%	5.0%	6.0%	7.0%	8.0%	9.0%	10%

또한 2014년 기준 국가별 및 국내 재생 에너지 비중과 2017년 말 기준 세계 에너지원별 발전량 비율은 다음과 같다.

(2014년 기준)[%]

국가 별 재생 에너지 비중

순위	국가	비중	순위	국가	비중
1	아이슬란드	89.3	7	핀란드	29.6
2	노르웨이	43.5	8	덴마크	27.8
3	뉴질랜드	39.1	9	포르투갈	24.6
4	스웨덴	34.4	10	스위스	21.2
5	칠레	32.4	16	독일	11.4
6	오스트리아	30.8			

구분	에너지원 분류	범위
재생가능에너지	태양 에너지(Solar Energy)	태양광, 태양열
	풍력(Wind Energy)	전기 에너지
	수력(Hydro Energy)	전기 에너지
	해양 에너지(Tide, Wave, Ocean)	전기 에너지
	지열(Geothermal)	발전, 직접 열 이용
	고체 바이오연료(Solid Biofuels)	목재연료, 흑액, 동물 폐기물 등
	바이오가스(Biogases)	매립지가스, 하수가스, 기타 혐기성 소화 바이오 가스 등
	액체 바이오연료(Liquid Biofuels)	바이오 가솔린, 바이오 디젤 등
	재생 도시폐기물(Municiple waste, Renewables)	생분해성을 가진 도시 폐기물
비재생폐기물 에너지	비재생폐기물 에너지(Non-Renewable Wastes)	산업폐기물, 비재생 도시폐기물

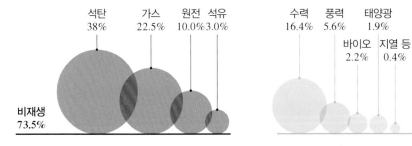

그림 3-2 2017년 말 전 세계 에너지원별 발전량 비율

3-2 태양열 발전

태양은 3.8×10^{23}[kW]의 에너지를 우주에 발생하는 거대한 에너지원이며, 지구는 태양으로부터 지표면 1[m²] 당 340[W]의 에너지를 받게 되는데 이는 전 인류가 1년간 소비하는 에너지의 약 7,000배에 달하는 것이다. 태양 에너지의 이용방법에는 열(태양열)과 빛(태양광)의 두 가지가 있다.

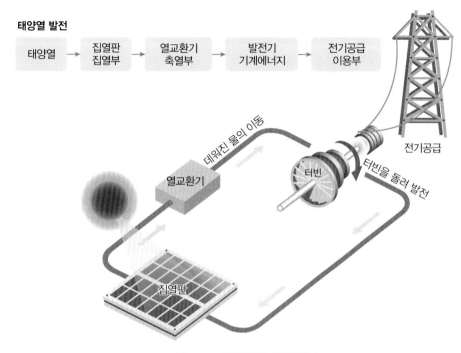

그림 3-3 태양열 발전의 동작원리

태양열발전 시스템 구성의 개요는 빛의 변환에 의한 열 공급에서 열 배출까지의 과정은 다음과 같다.

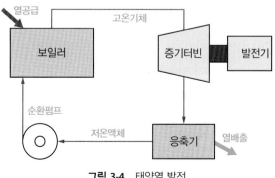

그림 3-4 태양열 발전

태양 집열기(solar collector)를 이용한 난방기를 통한 열에너지의 이용과정은 다음과 같다.

집열기 ➡ 열 생산 ➡ 물 순환 ➡ 물탱크에 저장 ➡ 열에너지 교환

태양열 시스템은 크게 설비 형 태양열 시스템과 자연 형 태양열 시스템의 두 가지로 구분된다.

1 설비 형 태양열 시스템

설비 형 태양열 시스템이란 기계적인 동력을 이용하여 강제적으로 태양열을 저장하는 방식을 말한다. 축열 탱크에 있는 물을 이용하여 이 뜨거운 물로는 약 3일간의 난방 및 온수 이용이 가능하지만 흐린 날이나 태양열이 부족한 경우에 대비해 보조열원을 지하실에 설치해 놓는다.

그림 3-5 태양열 에너지의 구성도

㈎ 설비 형의 단점

① 설치비가 비싸다.
② 제어가 어렵다.

2 자연 형 태양열 시스템

건축에 있어서 태양광은 중요한 자연환경조건 중의 하나이며, 건강한 생활환경의 필수요소이다. 햇볕을 받을 수 있는 남향집은 최고로 여겼다. 태양광은 실내의 환경에 영향을 미칠 뿐만 아니라 건물의 습기방지 등에 효과가 있으며, 우리나라의 기후 특성상 건물을 남쪽으로 배치하면 겨울에는 태양광을 되도록 많이 이용하고 여름철에는 강한 일사를 피할 수 있다. 이러한 의미에서 자연 형 태양열 시스템을 적용한 태양열 건축개념이 출현했고 오늘날의 지구온난화 등 친환경문제 때문에 자연에너지의 개발 필요성 및 환경을 고려한 생태건축의 연구가 선진국에서 이루어지기 시작하였다.

㈎ 자연 형 태양열 시스템의 구성 요소

① 집열 부

② 축열 부

③ 이용 부

④ 기타 : 자연통풍, 구조 체에 의한 냉방

㈏ 자연 형 태양열 시스템의 특징

① 남향으로 유리창 면적 최대

② 지붕의 기울기 : 창 면적 대비 내부 공간 최소화, 대류로 인한 열손실 면적 최소

③ 충분한 단열재, 이중창 설계로 난방손실 감소

㈐ 설비 형 태양열 시스템과의 비교 시 장점

① 설계 및 시공의 단순

② 작동 및 사후관리의 용이

③ 건물자체를 시스템요소로 활용함으로써 초기투자비 저렴.

④ 반영구적

⑤ 개수의 용이성

⑥ 우수한 외관 미

설비 형과 자연 형의 비교

구분	설비 형			자연 형
	중온	고온		저온
온도	100℃ 이하	300℃ 이하	300℃ 이상	60℃ 이하
집열 부	평판 형 집열기	• 진공관 형 집열기 • PTC 형 집열기 CPU형 집열기	• Dish형 집열기 • Power형 집열기	• 자연 형 시스템 • 공기 식 집열기
축열 부	중온 축열(현열, 잠열)	중온 축열(현열, 잠열)	고온축열(화학)	Tromb Wall (자갈, 현열)
이용분야	냉난방급탕, 농수산 (건조, 난방)	건물 및 농수산분야, 냉난방, 담수화, 산업공정열, 열 발전	산업 공정 형, 열발전, 광화학, 신물질 제조	건물공간 난방
	태양열 온수급탕, 태양열 냉난방	태양열 산업공정열 시스템, 태양열 발전시스템		

3-3 태양열 난방

태양열 온수. 난방시스템은 태양열을 모으는 집열기는 건물 옥상이나 남쪽 벽면 등에 설치하여 얻어진 열원을 축열탱크에 저장하였다가 필요시에 온수 및 난방 등에 사용하는 시스템으로 집열기, 축열탱크, 열교환기, 순환펌프, 배관 및 보온재, 자동제어장치 등으로 구성된다.

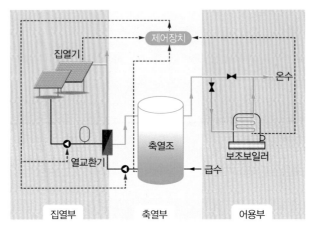

그림 3-6 태양열 에너지 시스템의 개요도

㈎ 집열기의 분류

① 평판 형 : 집열기가 평판 형 형태이며 투과체, 흡수판, 열매체관, 단열재로 구성되어 있다. 전 세계적으로 가장 많이 보급된 방식이다.

그림 3-7 평판 형

② 진공관 형 : 투과체 내부를 진공관 형으로 만들어 그 내부를 흡수판을 위치시킨 집열기로 단일 및 이중 진공관 형이 있다.

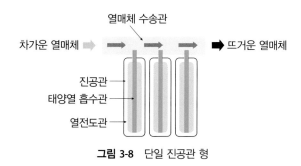

그림 3-8 단일 진공관 형

③ 구유 형 : 현재 가장 많이 이용되는 방식으로 집열관 내의 가열된 열매체가 파이프를 통
해 터빈/발전기에서의 사용을 위해 열교환기로 수송되어 증기로 만들어져 전기를 생산하
는 시스템

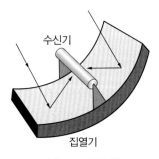

그림 3-9 구유 형

④ 타워 형 : 타워 형 시스템은 기존 전력망에 전기를 공급하기 위하여 햇빛을 청정전
기로 변환한다. 현재는 접시 형이 앞서고 있지만 앞으로는 타워 형이 그 점유율을 높여갈
것으로 예상된다.

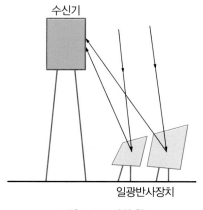

그림 3-10 타워 형

⑤ 접시 형 : 태양광 이동을 따라 움직이며 태양열을 최대로 흡수하는 시스템

(나) 평판 형과 진공관 형의 비교

구분	주 용도	취득온도	장점	집열량[kcal/일m²]
평판 형	저온 분야 (난방, 급탕)	100[℃] (주로 60[℃])	• 낮은 온도에서 고효율유지 • 가격 저렴 • 직달 및 분산일사 모두가능	1,500 이상(인증기준)
진공관 형	중고온 분야	80~200[℃]	• 중온에서 고효율 • 진공을 통한 열손실 차단 • 설치면적 30[%] 절감 • 경량이며 설치용이	1,500 이상 (인증기준)

(다) 구유 형, 타워 형, 접시 형 집열기의 비교

종류	구유 형	타워 형	접시 형
특징	• 500[MW] 이상급 대규모 상업용 발전 • 기술개발 포화, 상용화 보급단계	• 120[MW]급 대규모 상업용 발전 • 기술개발 포화, 상용화 초기단계	• 25[kW]급 스털링 발전 • 기술개발 완료, 상용화 추진
효율	27%(최대)	27%(최대)	30%(최대)
가동률	50%	50%	22%
열저장 성	열저장 가능	열저장 가능	열저장 불가능

(라) 태양열 집열판의 종류

① 공기 가열 식

② 물 가열 식

- 자연 순환방식

- 펌프 강제 순환방식

- 열 교환 온수 간접가열 방식

- 진공튜브 형

- 선형 포물면 형(구유 형)

(바) 저장방식에 따른 분류

① 일체 형(자연 대류 형)

② 설비 형(강제 대류 형)

⑷ **태양열 온수기의 종류**

　① 판넬(평판) 형 : 수관 형, 히트 파이프 형

　② 진공관 형 : 일체 형, 매니 홀더 형

　그 밖에 열대류방식에 따라 축열벽체와 트롬브벽이 있다.

⑻ **축열벽체**

　밀폐된 공간에 유리로 된 벽과 단열재와 비슷한 형태와 재질을 갖는 축열재를 사용하여 낮
동안 햇빛으로 밀폐된 공간의 공기와 축열재를 데워서 공기에 열을 축적하여 해가진 후에
저장된 열, 즉 축열에 의해 난방을 하는 방법이다.

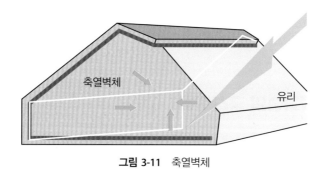

그림 3-11　축열벽체

⑼ **트롬브(Tromble)벽**

　실내공기의 대류현상을 이용해 난방을 하는 방법으로 넓은 유리창이나 유리문을 이용해 통
과된 빛의 열을 비교적 좁은 공간에 설치한 측열벽체를 이용해 저장하고, 반대편의 실내에
공기온도에 따른 밀도차를 이용해 대류에 의한 순환으로 실내온도를 일정하게 유지하는 방
법이다.

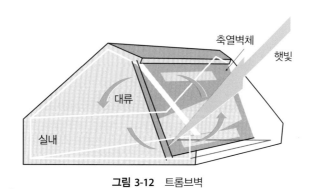

그림 3-12　트롬브벽

㈜ 공기 가열식 집열판

집열 장치는 복사에너지를 모아 밀도를 높이기 위해 고안된 장치로 직사광선 형태의 복사에너지를 집광하며 태양 에너지의 이용률을 극대화하기 위해 장치의 표면에 내려쬐여지는 흡수율과 표면반사율을 다르게 하여 열을 모아 냉난방에 선택적으로 사용할 수 있도록 제조한 방법이다.

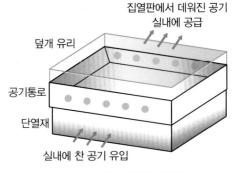

그림 3-13 공기 가열식 집열판

집열기 ▶ 열 생산 ▶ 물 순환 ▶ 물탱크에 저장 ▶ 열에너지 교환

3-4 태양열 핵심기술의 국산화율

핵심기술	비중[%]	국산화율[%]	
		설계	제작/생산
집열기	30	81.5	78.0
축열조	15	78.2	80.3
제어, 설계	10	78.7	80.4
활용분야, 시스템	45	74.1	73.5
전체 태양열 분야의 국산화율		77.4	76.6

3-5 태양열 에너지의 장·단점

장점	단점
• 무공해이며 무제한 청정에너지 • 기존의 화석에너지에 비해 지역적 편중이 적음 • 다양한 적용 성 • 유지보수비 저렴	• 에너지밀도가 낮고, 간헐적임 • 유가의 변동에 따른 영향을 크게 받음 • 초기 설치비가 많이 듦 • 봄, 여름은 일사조건이 좋지만 겨울에는 조건이 불리함

1. 태양열발전의 순서에 알맞은 용어를 적어 넣으시오.

| 태양열 | → | (ㄱ) | → | (ㄴ) | → | 발전기 |

2. 다음에서 태양열 변환순서에 해당하는 (ㄱ), (ㄴ)을 쓰시오.

| 집열기 | → | (ㄱ) | → | 물탱크에 저장 | → | (ㄴ) |

3. 자연 형 태양열 시스템의 구성요소 3가지를 쓰시오.

4. 설비 형 태양열 시스템의 장점 4가지를 쓰시오.

5. 태양열 집광장치의 대표적인 3가지를 쓰시오.

6. 태양열 난방에서 집열기에 따른 분류가 아닌 것은?
① 평판 형
② 열 회수 형
③ 진공관 형
④ 집관 형

7. 태양열 집광 판을 크게 2가지로 분류하면?

8. 태양열의 저장방식에 따른 2가지를 쓰시오.

9. 다음 중 효율이 큰 순으로 맞는 것은?

(ㄱ) 접시 형	(ㄴ) 타워 형	(ㄷ) 구유 형

① (ㄱ) > (ㄴ) > (ㄷ)

② (ㄱ) > (ㄴ) = (ㄷ)

③ (ㄴ) > (ㄱ) > (ㄷ)

④ (ㄱ) = (ㄴ) > (ㄷ)

10. 축열재를 데워서 하는 태양열 난방방식은?

태양광 에너지

4-1 태양광발전

1 태양전지의 동작원리

금속표면에 파장이 짧은 빛을 비추면 전자가 튀어 나오는 광전효과를 이용한 것이다. 태양전지는 n형 반도체와 p형 반도체를 접합하면 n형 반도체는 일부의 Si원자를 p형 원자로 바꿔 놓은 것으로 전자가 1개 부족한 형태(정공)가 된다. 반도체가 빛을 흡수하면 n형과 p형 반도체의 접합부분에 정공과 전자가 발생한다. 전자는 n쪽으로 정공은 p형 쪽으로 이동하여 n형의 음극에, 전자가 p형의 양극에 모이게 된다. 양극에 부하를 연결하면 p형 반도체의 전자가 부하를 따라 p형 반도체의 정공으로 향해 이동하게 된다.

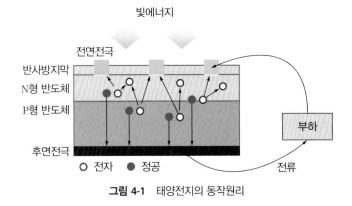

그림 4-1 태양전지의 동작원리

2 태양광발전 시스템

태양광발전은 빛 에너지를 전기 에너지로 변환하는 광전현상에 의한 발전을 의미하며, 독립 형과 계통연계 형으로 구분된다. 다음의 구성 도에서 점선 부와 같이 한전계통에 연결되지 않고, 독립적으로 직류(DC)나 교류(AC)를 얻는 방식이 독립 형 태양광발전 시스템이고, 교류(AC)출력을 한전의 계통으로 연결하는 것을 계통연계 형 태양광발전 시스템이라 한다.

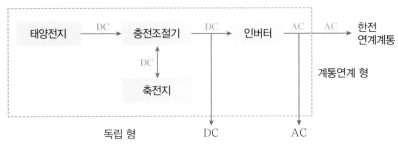

그림 4-2 태양광발전 시스템

4-2 태양광 에너지의 이용

1 태양광의 이용

태양광은 광전현상을 이용하여 발전을 한다든가, 열, 연료, 조명, 냉·난방 등 다양하게 활용되며, 다음과 같이 크게 자연이용과 변환이용으로 구분할 수 있다.

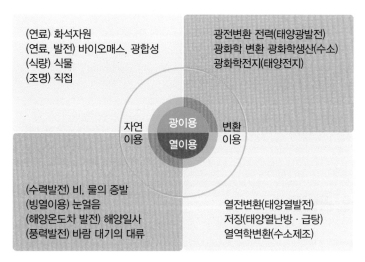

그림 4-3 태양 에너지의 이용

2 태양 복사 에너지와 지구의 복사 에너지

지구에 도달하는 태양 복사 에너지와 지구에서 방출하는 지구 복사 에너지는 다음과 같다.

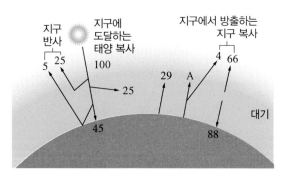

그림 4-4 태양 복사 에너지와 지구 복사 에너지

3 태양광발전의 장·단점

(가) 장점

① 무한정 에너지이다.

② 청정에너지이다.

③ 수명이 반영구적이다.

④ 햇볕이 잘 비추이는 곳이면 설치가 가능하다.

⑤ 유지비용이 적게 든다.

(나) 단점

① 일사량과 계절에 따라 발전량이 다르다.

② 에너지밀도가 낮다.

③ 초기 투자비가 많이 든다.

4-3 수상 태양광발전소

산지나 육지를 활용한 태양광발전은 산림훼손, 토사유출, 농경지 감소, 지형 및 경관악화 등의 문제점을 야기함에 따라 그 대안으로 저수지나 담수호, 바다 등의 물위에 발전소를 설치하는 수상 태양광발전은 수면 위 냉각효과로 약 10[%]의 발전효율을 높일 수 있으므로 관심을 갖기 시작하였다. 다음은 수상태양광발전의 개념도이다.

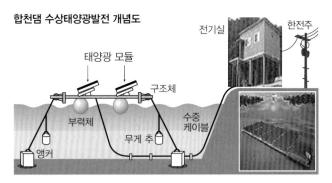

그림 4-5 수상 태양광발전의 개념도

4-4 세계 각국 태양광발전의 현황

태양광산업과 기술을 활성화 시키는 중요한 근간은 세계 각국의 신·재생 에너지 정책이라고 볼 수 있다. 태양광발전은 연 평균 작동한 태양광발전 용량은 800억[kW]로 2천만 가정에 공급할 수 있는 량이다. 계통연계 형 태양광용량은 2007년에 7.6[GW], 2008년에 167.6[GW], 2009년에 237.6[GW], 2010년에 407.6[GW]로 증가하였다. 누적 기준 태양광발전 시설량은 독일, 일본, 미국이 압도적인 우위였으나 최근에는 중국이 2011년 연간 생산량이 약 290[MW]로 독일을 제치고 세계 1위인 생산국가로 도약하였다. 이 국가들은 태양광과 관련된 기술과 정책들을 수행한 결과 그 기술이 크게 향상되었으며 태양전지 모듈의 가격인하 및 변환효율의 증가로 보급도 활발히 증가추세를 보이고 있다.

 4-5 태양광발전 제조제품 세계시장 점유율

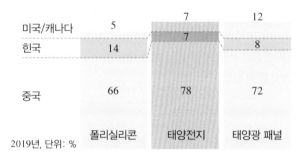

그림 4-6 태양광발전 제조제품 세계시장 점유율

연습문제

1. 태양광 에너지의 기본 동작원리는?
    ① 펠티어 효과
    ② 광전효과
    ③ 코로나 효과
    ④ 합성효과

2. 태양광발전의 이용에 알맞지 않은 것은?
    ① 조명
    ② 광화학 생산
    ③ 기전효과
    ④ 열전변환

3. 태양광발전의 장점 3가지를 쓰시오.

4. 설비 형 태양열 시스템의 장점 4가지를 쓰시오.

5. 태양광발전의 구성요소가 아닌 것은?
    ① 인버터
    ② 변성기
    ③ 축전지
    ④ 태양전지

지열 에너지

5-1 지열 에너지

지열 에니지는 지구의 땅 밑에서 발생되는 에너지로 시구 시각의 땅속온노는 약 200°C에서 1,000°C로 추정되며, 지열은 수증기, 온수 및 화산분출 등에 의해 지각표면으로 전달된다. 지열은 지구 중심부 깊은 곳에서 생성되며, 지표면 아래 약 6,400[km] 지점에서 발생한다. 지표면의 지각은 산소, 규소, 철, 알루미늄, 나트륨, 칼륨, 마그네슘으로 구성되며 대부분 규산염 형태로 존재한다. 지구는 지각(crust), 마그마(magna : 암석이 녹은 것)와 암석으로 이루어진 맨틀(mantle), 고온의 마그마로 이루어진 외핵, 고체상태의 내핵으로 구성되어 있다. 다음은 지구내부의 구조를 나타낸다. 특징은 화학에너지를 환하여 운용하는 것이 아니라 물이나 매개체를 이용시켜 시스템에 있는 공기회로, 열 유체회로, 온수회로를 이용하는 시스템이라는 점이다.

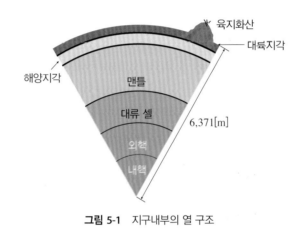

그림 5-1 지구내부의 열 구조

1 지각

지표에서 약 25~65[km] 깊이까지를 말하며, 산이 높은 곳이 지각이다. 이는 지각의 무게로 맨틀을 눌러 밀어내기 때문에 맨틀 위에 지각이 부유하는 형태이다.

2 맨틀

두께 2,900[m]로 분포되며, 맨틀은 암석층과 온도와 압력에 의해 매우 유연한 층인 연약층으로 구성되어 있다. 구성 물질로는 마그네슘, 철, 알루미늄, 실리콘, 산소 등으로 되어 있다.

● 맨틀의 대류 운동

맨틀은 지하 2,900[km]까지 지구 전체 부피의 83[%]를 차지한다. 그리고 맨틀의 하층부로 갈수록 온도가 상승하여 맨틀의 아래쪽 부근에 이르면 온도가 무려 4,000[°C]나 된다. 그런

데 맨틀 내에서는 방사성 물질이 붕괴하면서 열이 발생하고 핵에서도 열이 공급되어 같은 깊이라도 온도분포가 다르다. 이러한 온도차이로 인해 고체 상태의 맨틀은 오랜 시간에 걸쳐 서서히 붕괴된다. 즉, 높은 곳에서는 맨틀이 서서히 상승 운동을 하는 반면 온도가 낮은 곳에서는 하강 운동을 한다. 이처럼 맨틀은 고체상태의 물질이지만 대류운동을 하며 맨틀 내부의 열은 대류운동을 통해 다른 곳으로 전달된다.

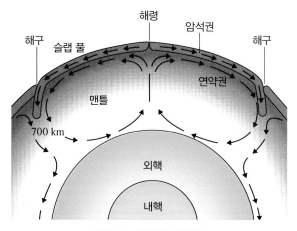

그림 5-2 맨틀의 대류운동

3 내핵과 외핵

내핵과 외핵을 합친 반경은 약 3,470[km] 정도이며, 핵의 주요성분은 철이다. 지구 중심부에 있는 내핵은 압력에 의해 고체로 되어 있으며, 외핵은 지구내부의 고온의 열에 의해 액체상태로 되어 있다. 그림 5-3은 지열발전의 개념도이다.

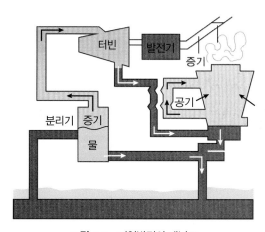

그림 5-3 지열발전의 개념도

5-2 지열발전의 종류

지열발전은 150~350℃의 고열온수나 증기로 디빈을 구동하여 전기를 생산하는 발전의 한 형대이다. 건증기, 습증기, 바이너리발전 등으로 구분된다.

1 건증기(dry steam) 지열발전

역사가 가장 오래된 방식으로 고온의 증기가 풍부한 지역에서만 활용할 수 있기 때문에 널리 보급된 방식은 아니다. 건증기 방식은 완전포화상태 또는 과열상태의 건증기를 하나 또는 여러 개의 보어 홀에서 추출한 후 지상배관을 통해 플랜트의 터빈으로 직접 보내어 전기를 생산하는 방식이다. 증기의 건도(degree of dryness)란 증기 속에 포함되어있는 물의 양으로 100[%]−포함되어있는 물의 질량을 말한다. 지열관정에서 발생하는 증기의 온도가 150℃ 이상으로 충분히 높으면 증기의 건도가 100[%]로 증기 중에 액체상태인 물이 없다. 이 상태에서는 시스템 구성에서 분리기가 필요하지 않으며 증기가 바로 증기터빈에 들어가서 터빈을 회전시켜 발전할 수 있다. 터빈에서 나온 증기는 응축기에서 액체로 응축되고 다시 지열관정에 보내져 가열되어 고온의 증기가 생성되도록 한다. 이러한 순환을 통해 외부의 도움없이 영구적으로 발전할 수 있다.

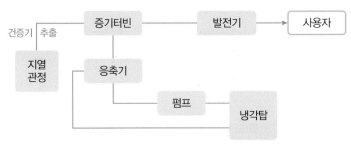

그림 5-4 건증기 지역발전 방식

2 습증기(wet steam) 지열발전

현재 가장 널리 보급된 방식으로 고온의 기체와 액체를 직접 추출 분리하여 증기만 활용하여 전기를 생산하는 방식이다. 건증기 방식과 비교 시 보호 홀 출구에 기체와 액체 분리기를 설치한다는 점을 제외하면 큰 차이가 없으나 건증기보다 더 많은 고온물질을 활용할 수 있다는 장점이 있다.

그림 5-5 습증기 지역발전 방식

3 바이너리 사이클(binary cycle steam) 지열발전

바이너리 사이클 방식은 앞선 두 방식과는 다소 차이가 있으며 지하에서 추출한 100~120℃의 저온 지열 수는 터빈과 직접 접촉하지 않는다. 대신 중간에 설치한 열교환기에서 비등점이 지열수보다 상대적으로 낮은 2차 유체를 증발시킨 후 이 증기를 이용하여 터빈을 구동한다. 2차 유체로는 냉매계열 프로판, 펜탄,, 부탄, 암모니아 등을 사용한다.

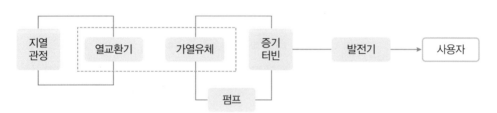

그림 5-6 바이너리 사이클 지역발전 방식

5-3 지열발전의 특징

(가) 장점

① 친환경 청정에너지이다.

② 경제성이 높다.

③ 반영구적이다.

(나) 단점

① 초기 투자비가 타 방식보다 많이 든다.

② 시공이 어려운 장소가 있다.

③ 재생 불가능한 에너지이다.

5-4 지열 히트펌프

지열 히트펌프린 지하 300[m] 이내 10~20℃의 지열을 여름에는 땅속으로부터 찬 공기를, 겨울에는 따뜻한 공기가 실내로 유입되도록 하는 펌프 시스템을 말한다.

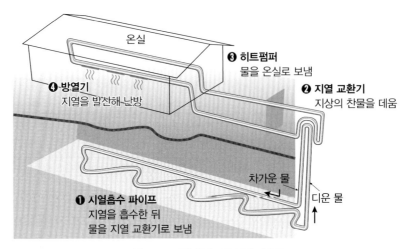

그림 5-7 지열 열펌프의 동작 개요도

지열 히트펌프 시스템은 그림 5-8과 같이 지열펌프, 지중 열교환기, 지열 열 배분 부 등으로 구성된다.

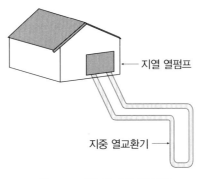

그림 5-8 지열 히트펌프의 구성

지열 히트펌프란 지열과 같은 저온의 열원으로부터 열을 흡수하여 고온의 열원에 열을 주는 장치로서 열을 빼앗긴 저온 측은 여름철 냉방에, 열을 받은 고온 측은 겨울철 난방에 이용할 수 있는 설비이다.

1 지열 히트펌프의 유형

㈎ 밀폐 형 : 지표수열원이나 토양열원을 이용하는 펌프로 수평 형과 수직 형이 있다.

㈏ 개방 형 : 지하수열원을 이용하는 펌프로 연못/호수 형과 개방회로 형이 있다.

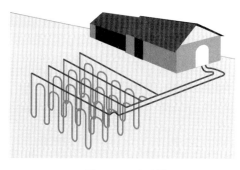

그림 5-9(a) 수평 형

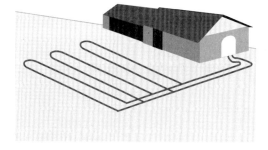

그림 5-9(b) 수직 형

2 지열 히트펌프의 비교

구분	수직 밀폐형	수평 밀폐형	SCW 공법
방식	지하의 열을 이용하는 방식	지하표층의 열을 이용하는 방식	지하수를 직접 이용하는 방식
장점	• 유지관리가 용이	• 수직형 보다 공사비 저렴 • 천공이 필요 없는 시공법	• 비교적 저렴 • 면적이 좁은 곳에 유리
단점	• 설치비용이 비교적 많다	• 부지면적이 가장 많이 소요 • 지중배관과 루프길이가 길다 (누수 등 유지관리대책 필요) • 외기 기온의 영향을 받음	• 지하수 부족 시 주변지역 민원 발생 우려 • 연중 일정수온이 유지되는 풍부한 지하수 필요

3 지열 히트펌프의 이용

㈎ 직접이용 : 직접이용의 가장 큰 부분을 차지하는 것은 10~30℃의 저온 지열엔지를 효율적으로 활용하는 지열 열펌프 시스템이다. 그 밖에 건물난방, 시설원예 난방 농산물 건조, 산업이용, 도로 융설 등이 있다.

㈏ 간접이용 : 땅에서 추출한 150~350℃의 고열온수나 증기로 플랜트를 구동하여 전기를 생산하는 것을 말한다. 화산지대나 고 지열 지질구조의 시스템에서 유리하기 때문에 지리적 제항이 매우 크다는 단점이 있다.

4 지열 히트펌프의 장점

(가) 기존 냉난방 시스템보다 전기를 20~50[%] 절약할 수 있다.

(나) 연소과정이 필요가 없다.

(다) 청정에너지이다.

(라) 습기가 많은 지역에 효과적이다.(내구성과 신뢰성이 높다.)

 5-5 활용 방식별 전 세계 지열 에너지 직접이용 현황

	시설용량 (capacity), MWt			이용량 (utilization), TJ/year			가동률 (capacity factor)		
	1995	2000	2005	1995	2000	2005	1995	2000	2005
지열 열펌프 (Geothermal heat pumps)	1,854	5,375	15,384	14,617	23,375	87,503	0.25	0.14	0.18
지역난방(Space heating)	2,579	3,263	4,366	38,230	42,926	55,256	0.47	0.42	0.40
온실난방 (Greenhouse heating)	1,085	1,246	1,404	15,742	17,854	20,661	0.46	0.45	0.47
양식업(Aquaculture)	1,097	605	616	13,493	11,733	10,976	0.39	0.61	0.57
농산물 건조 (Agricultural drying)	67	74	157	1,124	1,038	2.013	0.53	0.44	0.41
산업 이용(Industrial uses)	544	474	484	10,120	10,220	10,868	0.59	0.68	0.71
온천 및 수영 (Bathing and swimming)	1,085	3,957	5,401	15,742	79,546	83,018	0.46	0.64	0.49
제설(Snow melting)	115	114	371	1,124	1,063	2,032	0.31	0.30	0.18
기타(Others)	238	137	86	2,249	3,034	1,045	0.30	0.70	0.39
합계	8,664	15,145	28,269	112,441	190,699	273,372	0.41 (평균)	0.40 (평균)	0.31 (평균)

5-6 EGS(Enhanced Geothermal System) 기술

1 EGS의 개념

EGS(인공 저류생성기술)은 땅속의 뜨거운 암반에 물을 인공적으로 집어넣어 데운 후 빼어내 발전에 사용하는 방식으로 고온 건조 암에 인공 파쇄대를 형성하거나 6[km] 이상의 매우 깊은 시추공을 건설한 후 시추공에 물을 주입하여 열을 추출한다. 강화 지열발전이라 불리기도 한다. 그림 5-10은 EGS의 개념도를 나타낸다.

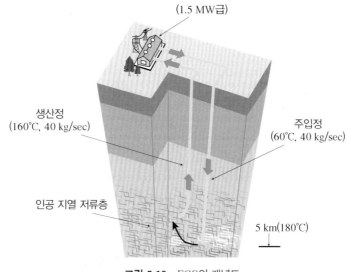

그림 5-10　EGS의 개념도

이 시스템은 물을 주입하는 수압 파쇄용 시추공, 인공 저류 층 및 뜨거운 물을 퍼 올리기 위한 생산 정 등으로 구성된다. 전체 시스템은 밀폐 형으로 형성되며 화산지대가 아닌 지역에서 지열발전이 가능하기 때문에 세계적인 기술개발 프로젝트로 관심을 받고 있다.

2 EGS 기술

EGS기술은 세계의 지열발전 분야확대에 많은 공헌을 할 것으로 기대하고 있으며, 고온의 지열 자원이 부족한 국내에서도 적용 가능한 기술로 간주하고 있다. 그러나 지질학자들은 EGS공법을 사용할 경우 물을 주입하는 과정에서 지진을 유발할 수 있다고 우려하고 있다. 이러한 우려는 해외에서 뿐만 아니라 국내에서도 2010년 12월에 착공된 포항 EGS 지열발전소가 2018년 완공예정으로 진행 도중 2017년 11월 15일 발생한 규모 5.4의 지진으로 중단상태에 있다.

5-7 지열 에너지의 국내외 시장규모

구분	2020	2021	2022	2023	2024
세계시장	20,775	22,853	25,138	27,652	30,417
국내시장	3,859	4,052	4,254	4,467	4,690

5-8 세계 지열발전 설비능력 추이 및 전망

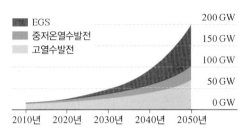

그림 5-10 세계 지열발전 설비능력 추이 및 전망

5-9 지열발전과 기술개발에 의한 국내외 경쟁력 확보

대용량 지열원 냉난방 및 저온 지열발전 기술개발을 통한 국내시장 확대 및 해외경쟁력 확보 주요목표				
지표	현재수준(2011)	단기(2015)	중기(2020)	장기(2030)
국산화율(%)	20	30	85	100
기술수준(%)	30	50	80	100
세계 시장 점유율(%)	−	1.0	5.0	10.0

5-10 지열 에너지의 미래

지열 에너지의 미래는 수요와 공급, 비용, 가용성, 신뢰성 등의 측면에서 다른 재생 가능한 자원 중에서 경쟁력이 우수한 편이며, 인구의 증가와 더불어 지열 에너지에 대한 수요는 더욱 증가할 것으로 예상된다. 지열 에너지의 최대 이용국가는 미국, 필리핀, 인도네시아, 멕시코, 이탈리아, 뉴질랜드 등이다. 독일의 경우 2025년까지 150개의 지열발전소 건설계획을 세울 예정이며 미국의 경우 2050년까지 총 12,00[MW]의 지열발전 계획을 발표하였다. 또한 IPCC보고서에 따르면 2050년까지 지열발전 시스템은 약 1,760억 달러에 이를 것이며 이로 인해 이산화탄소의 감소가 약 5억 톤에 달할 것으로 예측하고 있다.

1. 지구내부의 약 수천[km]에서 온도 4,200[℃]로 철과 마그네슘의 액체상태로 존재하는 것은?

2. 지구내부의 열 구조를 이루는 4가지 요소는?

3. 대표적인 지열발전 방식 3가지를 쓰시오.

4. EGS 지열발전에 대해 간단히 설명하시오.

5. 지구의 맨틀(mantle)이란 무엇인지를 간단히 설명하시오.

6. 땅에서 추출한 150~350[℃]의 고열 온수나 증기의 열에너지로 터빈을 생산하는 발전 형태가 아닌 것은?
   ① 습증기
   ② 건증기
   ③ 양수식 발전
   ④ 바이너리 발전

7. 지열발전의 장점이 아닌 것은?

    ① 친환경적

    ② 경제성

    ③ 재생가능 에너지

    ④ 반영구적

8. 인공 저류생성기술의 영문 약자는?

9. 국내에서 2010년 12월에 착공하여 지진으로 중단된 발전소는?

10. 주입정 시추 → 수리자극 → 생산 정 시추 → 지역발전소 구축 단계의 인공저류 생성 기술은 무엇인가?

11. 지열 에너지의 직접이용으로 관련이 먼 것은?

    ① 지열 히트펌프

    ② 온실, 난방

    ③ 인공강우

    ④ 농산물 건조

chapter **6**

수력 에너지

수력 에너지는 간단히 말해서 흐르거나 떨어지는 물의 힘을 이용하는 에너지로서 하천이나 호수 등
에서 수차를 이용하여 위치에너지를 회전에너지로 변환 후 이를 전기에너지로 변환하는 것이며, 낙
차(H)와 유량에 의해 그 발전용량이 결정된다.

 ## 6-1 수력발전의 개요

낙차(H)는 상부에서 하부로 이용 가능한 최대 수직거리이며 유량(Q)은 단위시간당 수차를 통과하
는 물의 양(m^3/s)을 말한다. 이론적인 수력(P)과 수력발전의 흐름 도는 다음과 같다.

$$P = 9.8 \times Q \times H \times \eta[\text{kW}]$$

P : 이론수력, Q : 사용수량, H : 유효낙차, η : 종합효율(수차 × 발전기 효율)

댐, 저수지	▷	수압관로	▷	수차 발전기	▷	계통연계장치	▷	한전 송전선로

그림 6-1 수력발전 흐름도

 ## 6-2 수력발전의 동작원리

다음은 수력발전의 동작원리를 나타내는 개념도이다.

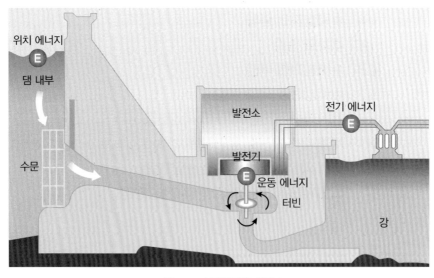

그림 6-2 수력발전의 개념도

하천 또는 수로에 댐이나 보를 설치하고 물을 이송하는 수압관로, 물의 위치에너지를 기계적 회전에너지로 변환하는 수차, 전기를 생산하는 발전기, 생산된 전기를 공급하기 위한 송·변전설비, 출력제어를 위한 감시제어설비로 구성된다.

댐 또는 저수지 ▶ 수압관로 ▶ 수차 발전기 ▶ 제어시스템 ▶ 변압기 ▶ 송전계통

그림 6-3 수력발전 흐름도

 ## 6-3 수력발전의 잠재량

수력발전의 잠재량은 이론적 잠재량, 지리적 잠재량. 기술적 잠재량, 시장 잠재력으로 구분되며, 이론적 잠재량은 전체 유역 표면상에 강수된 물이 가지는 총 에너지의 합으로 다음 식과 같다.

$$E_r = \int_0^{H_{max}} gQdH = \int_0^{H_{max}} gLAdH$$

Q : 표고상의 유량(m³/s), H_{max} : 지표 최고점의 높이, L : 지역 내 평균 강수 고[m], A : 등고 상의 면적[m²]

- ㈎ **지리적 잠재량** : 이론적 잠재량에서 국립공원 유역을 제외하고, 유역의 특성에 따른 유출량을 고려한 잠재량
- ㈏ **기술적 잠재량** : 지리적 잠재량에서 시스템 효율과 가동률을 고려한 잠재량
- ㈐ **시장 잠재량** : 기술적 잠재량에서 4대강 본류 유역, 동서남해안 인근 및 도서지역을 제외한 유역의 잠재량

우리나라의 수계 별 수력 잠재량은 낙동강, 한강, 금강, 섬진강 순으로 분포되어 있다.

 ## 6-4 수력발전의 종류

1 취수방법에 따른 분류

- ㈎ **댐 식** : 댐을 쌓아 수차를 이용하는 방식, 하천의 경사가 작고, 유량이 큰 지점
- ㈏ **수로 식** : 강을 상류에서 막아 취수구를 만들고 물을 수차로 흘려보내는 본류와의 낙차를 이용하는 방식, 하천의 경사가 급한 중·상하지역
- ㈐ **댐 수로 식** : 댐식과 수로식의 장점을 이용하여 낙차를 높이는 방식

⒜ 유역 변경 식 : 강의 흐름을 바꿔 낙차의 크기를 늘리는 방식

⒨ 터널 식 : 하천의 형태가 오메가(Ω)인 지점을 이용하는 방식

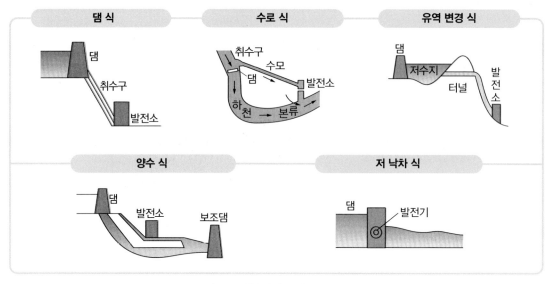

그림 6-4 취수방법에 따른 수력발전

2 낙차에 따른 분류

⒤ **저 낙차** : 2~20[m]

⒥ **중 낙차** : 20~150[m]

⒦ **고 낙차** : 150[m] 이상

 **수차의 종류**

수차는 크게 충동 수차와 반동 수차로 분류되며 다음과 같다.

구분	충동 수차	반동 수차		
	펠톤 수차	프란시스 수차	사류 수차	플로펠라 수차
유효낙차[m]	200 이상	40~600	40~200	2~90
비속도[kW.m]	8~25	50~350	100~400	200~1,200

1 충동 수차

물의 위치에너지를 노즐에 의해 전부 속도에너지로 바꾸어 날개에 대고 충동력에 의해 임펠러를 회전시키는 수차이며 분출하는 물의 이동을 이용한다. 주로 200[m] 이상의 고낙차에 이용된다.

① 펠톤 수차

② 류고 수차

③ 클로우 수차

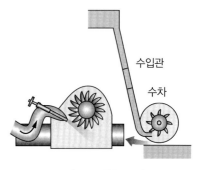

그림 6-5 충동 수차

2 반동 수차

물의 이동에너지와 압력에너지를 이용하여 회전시킬 수 있는 수차이다.

① 프란시스 수차

② 사류 수차

③ 프로펠라 수차

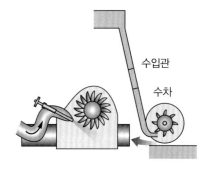

그림 6-6 반동 수차

6-6 수력발전의 특징

• 친환경 에너지이다.

• 단기건설이 가능하며, 유지보수가 용이하다.

• 전력공급량의 조정이 가능하다.

• 공급 안정성이 좋다.

• 전력망이 없는 지역에서는 이용이 불가능하다.

수력발전의 국내 현황

우리나라는 2015년 초 기준 청평, 화천, 팔당 등 42개 시설에서 총 발전량 1,595.8[MW]의 일반 수력발전시설을 갖고 있으며, 무주, 양양, 예천 등 203개 지역의 소수력발전시설에서 171.2[MW]의 발전을 하고 있다. 한편 양수발전시설은 전국 16개 시설에서 4,700[MW]의 발전 용량을 갖고 있다. 국내 소수력발전 전문기업 현황은 다음과 같다.

핵심기술		국내 전문기업
수력 자원조사 및 활용		한국에너지기술연구원, 종합엔지니어링(도화, 삼안, 현대)
발전설비의 국산화 및 표준화	수차	(주)두산중공업, 대양전기, 효성에바라, 신한정공, (주)일진전기
	발전기	대양전기, 효성에바라, (주)일진전기, (주)두산중공업, (주)현대중공업
	송배전설비	한국전기조합, LG산전
	강재설비	(주)현대중공업, 금전기업
계통보호 및 자동화		한국자동제어조합, 하니웰, LG산전
수차발전설비 성능평가		한국에너지기술 연구원, 한국수자원공사

 핵심기술의 선진국 대비 국산화율

- 전 세계적으로 수력발전에 대한 보급 잠재량은 150~200[Gw] 정도로 평가되며 2005년 이후 신·재생 에너지 시장의 급격한 성장과 더불어 수력발전은 매년 5[Gw] 정도의 지속적인 추세에 있다.
- 외국의 경우 경제성을 확보하고자 저 낙차 소 용량 수차를 개발.보급하고 있다. 외국의 발전소 1개당 평균발전용량이 1,000[kW]이지만 국내의 경우는 1,800[kW]로 상대적으로 큰 편이다.

핵심기술	비중[%]	국산화율[%]	
		설계	제작 및 생산
수력 자원조사 및 활용기술	30	74.6	72.4
수력발전설비의 국산화 및 표준화기술	60	72.4	73.4
계통보호 및 자동화 기술	10	79.9	81.1
전체 수력 분야의 국산화율		73.8	73.9

6-9 세계 수력발전소 운영현황

국명	용량(W)	국명	용량(W)	국명	용량(W)
아르헨티나	400	이탈리아	2,233	벨기에	60
오스트리아	843	일본	1,700	룩셈부르크	40
브라질	859	한국	65	포르투갈	317
캐나다	1,056	노르웨이	806	영국	68
중국	38,500	파키스탄	107	그리스	60
체코	201	페루	215	아일랜드	37
핀란드	309	루마니아	311	말레이시아	107
프랑스	1,956	스페인	1,700	볼리비아	104
독일	1,600	스웨덴	935	베트남	70
인도	1,694	터키	83	콩고	65
인도네시아	58	미국	3,420	스리랑카	35

6-10 국내 사업자별 수력발전 보급 현황

구 분	설비용량[kW]	점유율[%]
51개소	65,412	100
민간 발전사업자(16개소)	28,609	43.8
한국수자원공사(16개소)	15,434	23.6
한전 및 발전회사(8개소)	14,145	21.6
지자체(5개소)	475	0.7
한국농어촌공사(6개소)	6,749	10.3

6-11 해외 주요국가의 역점 수력발전 기술 분야

그림 6-7 해외 주요국가의 역점 수력 기술 분야

1. (   ) 안에 알맞은 용어를 쓰시오.

> 수력 에너지는 (㉠   )와 (㉡   )에 의해 그 발전용량이 결정된다.

2. 수력발전의 흐름 도와 관련이 없는 것은?

① 수압관로

② 인버터

③ 계통연계장치

④ 수차 발전기

3. 발전방식으로 분류한 수력발전 3가지를 쓰시오.

4. 수차의 종류 중 물의 이동 에너지와 압력 에너지를 이용하여 회전시킬 수 있는 수차는?

5. 수력발전의 장점이 아닌 것은?

① 친환경 에너지이다.

② 단기건설이 가능하며, 유지보수가 용이하다.

③ 무한 에너지이다.

④ 공급 안정성이 좋다.

6. 고 낙차 수력발전의 높이는 몇[m] 이상인가?

7. 유량변동이 심한 수력발전소에 적합한 수차방식은?

8. 수력발전의 특징 5가지를 쓰시오.

chapter **7**

해양 에너지

7-1 해양 에너지의 개요

해양 에너지란 해양의 조류, 파도, 해류, 온도 차 등을 변환시켜 전기 또는 열을 생산하는 에너지이다. 크게 조류발전과 파력발전으로 분류할 수 있으며, 이 둘 모두 바닷물 속에 터빈을 설치하는 방식이다. 이들 방식은 해류 차나 조류 차, 온도차, 염도 차 발전 등이 포함된다. 조력발전은 바다를 제방으로 막아서 바닷물을 가두어 두었다가 흘려보내면서 낙차를 이용하여 터빈을 돌리는 방식이다. 다음은 해양 에너지의 종류와 입지조건이다.

구분	조력발전	파력발전	조류발전	온도차 발전
입지 조건	• 평균조차 : 3 m 이상 • 폐쇄된 만의 형태 • 해저의 지반이 견고 • 에너지 수요처와 근거리	• 자원량이 풍부한 연안 • 육지에서 거리 30 km 미만 • 수심 300 m 미만의 해상 • 항해, 항만 기능에 방해되지 않을 것	• 조류의 흐름이 2 m/s 이상인 곳 • 조류흐름의 특징이 분명한 곳	• 연중 표·심층수와 온도차가 17℃ 이상인 기간이 많을 것 • 어업 및 선박 항해에 방해되지 않을 것

7-1 조력발전

조력발전은 조석간만의 차를 동력원으로 해수면의 상승하승을 이용하여 터빈으로 전기를 생산하는 기술로서 해양 에너지 중 가장 먼저 개발된 방식이다. 다음은 조력발전의 동작 개념을 나타낸다.

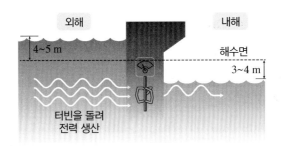

그림 7-1 조력발전의 동작 개념도

　　달의 중력의 힘으로 망(보름달)과 삭(그뭄 달)에는 밀물과 썰물(조수간만)의 차가 크고 이때를 사리라고 한다. 이때는 태양, 지구, 달이 일직선상에 위치하여 조수간만의 차가 가장 커진다. 달이 반달일 때를 상현과 하현이라 하며, 태양, 지구, 달이 직각으로 위치하고, 이때는 조수간만의 차가 가장 작아진다. 다음은 이를 나타내는 그림이다.

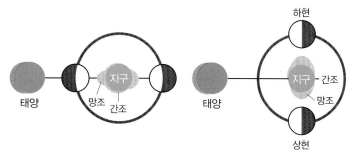

그림 7-2 사리와 조금

조력발전은 고갈될 염려가 없고, 공해가 발생하지 않는 장점이 있으나 조류가 멈추는 동안에는 발전을 할 수 없다는 것과 건설비가 고가라는 단점을 지니고 있다. 우리나라 서해안은 조차가 수 [m]나 될 정도로 매우 크기 때문에 조력발전에 좋은 입지조건을 갖추고 있으며 국내 최초로 2004년 착공되어 2011년 8월에 완공된 경기도 안산의 시화 호 조력발전소는 발전량 254[MHz]로 세계적인 규모의 대표적인 조력발전소이다.

그림 7-3 시화 호 조력발전소 전경

7-3 파력발전

파도의 상하 및 좌우 운동 에너지(파랑)를 변환하여 전기 에너지를 얻는 방식으로 가동 물체 형, 진동 수주 형, 월파 형 방식이 있다. 파력발전은 소규모 개발이 가능하고, 방파제로 활용할 수 있으므로 실용성이 클 뿐만 아니라 한번 설치하면 거의 반영구적이며 공해를 유발하지 않는다. 단점은 기후 및 조류조건에 따라 변동이 크고, 대규모 시설 시 기술적 어려움이 있으며 초기 설치비가 비싸고, 입지선정 또한 어렵다. 현재 파랑 에너지가 풍부한 영국, 일본, 노르웨이 등에서 발전이 이루어지고 있다. 우리나라 연안의 파랑 에너지는 약 500만[kW]로 추산되고 있으며 최근 포항 앞 바다에 파력 발전기를 설치하여 시험발전을 준비하고 있다.

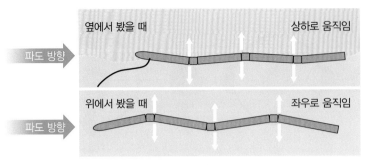

그림 7-4(a) 파력발전의 동작원리

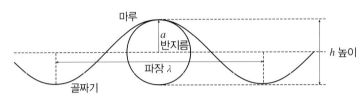

그림 7-4(b) 한 점에서 해수면의 움직임

　　해수면의 움직임은 골짜기가 발생하는 파형의 변화에 따라 원형궤적을 형성하고, 그 원형궤적의 반지름이 a는 파도의 높이 h의 1/2이 된다. 일반적으로 파도의 파장 λ의 2배 이상이 되면 바닷물 입자가 원형으로 움직인다.

7-4 파력발전의 종류

1 조수의 횟수에 따른 분류

　(가) **창조 식** : 밀물 시 와해와 조지의 수위 차를 이용하여 발전을 하고, 썰물 시 조지와 물을 방류하는 방식

　(나) **낙조 식** : 밀물 시 물을 채운 후 썰물 시 조지와 조지의 수위 차를 이용하여 발전을 하는 방식

2 위치에 따른 분류

　(가) 해저 고정 식 : 연해

　(나) 유삭 식 : 중간 깊이

　(다) 부유 식 : 심해

3 형상이나 방향에 따른 분류

    (가) 터미네이터 식

    (나) 어테뉴에이터 식

    (다) 점 흡수 식 파력발전기

7-5 파력발전의 특징

    (가) 무공해, 무한정 에너지이다.

    (나) 안정적인 전력생산이 가능하다.

    (다) 에너지밀도가 낮다.

    (라) 대용량의 발전이 불가능하다.

    (마) 발전량에 비해 시설비가 비싸게 든다.

    (바) 입지조건이 까다롭다.

    (사) 유지보수 비용이 많이 든다.

7-6 해수 온도차 발전

1 해수 온도차 발전의 동작원리

바다의 표층과 저층과의 수온 차를 이용하여, 즉 깊은 얕은 바다의 찬물의 온도 차를 이용하여 에너지를 생산하는 방식이다. 해양은 지구표면적의 약 70[%]를 차지하고 있으므로 해양은 지구 최대의 태양 에너지 수집 원이라고 할 수 있다. 열대부근의 바다는 태양열로 데워진 해수면과 수심 600~700[m]의 바닷물 사이에 20[℃] 이상 온도 차이가 있다. 가열된 바닷물은 파이프라인으로 증기를 끓어 증기를 만드는 장치에 보내면 바닷물이, 끓는점이 낮은 암모니아나 프레온을 만들고, 이 증기의 힘으로 터빈을 돌려 발전을 하게 된다. 해수 온도차 발전은 주로 열대나 아열대 지방이 최적지이다.

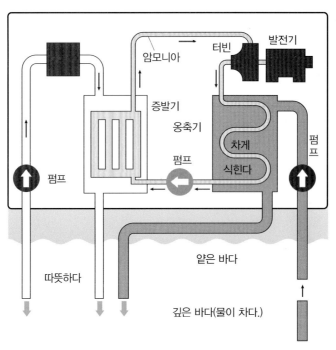

그림 7-5 해수 온도차 발전

2 해수 온도차 발전의 분류

(가) 폐회로 사이클 시스템

표면온수를 사용하여 오존 등을 파괴하지 않는 암모니아를 증기로 만들고, 이 증기의 힘으로 터빈을 발전시키는 방식

(나) 개회로 사이클 시스템

해양표면 온수를 작동유체로 직접 사용하는 방식이다. 표면 온수는 펌프로 증발기에 유입되고, 증발기로 진공펌프로 압력을 낮추어 온수가 상온에서 비등하게 하며 생성된 증기로 저압터빈을 구동시켜 전력을 생산하는 방식

(다) 혼합 형 시스템

폐회로와 개회로 시스템의 장점을 결합한 방식으로 열효율을 최대로 사용하도록 설계하여 전력과 담수를 동시에 얻게 하는 방식

핵심기술과 세부기술의 국내 기술수준

분야	핵심기술	비중(%)	국내수준(%)	세부기술		비중(%)	국내수준(%)
				No.	기술명		
해양	파력발전	20	71.6	1	파력에너지 변환기술	33.3	76.7
				2	파력발전구조물 설계 및 시공기술	33.3	73.3
				3	파력발전 발전시스템 기술	33.3	65.0
	조류발전	20	80.7	4	조류에너지 변환기술	33.3	78.8
				5	조류발전 구조물 설계 및 시공기술	33.3	91.7
				6	조류에너지 적용 기술	33.3	71..7
	조력발전	25	81.3	7	조력에너지 변환기술	33.3	81.7
				8	조력발전 구조물 설계 및 시공기술	33.3	88.3
				9	조력에너지 발전시스템 기술	33.3	73.8
해양	해수온도차 이용기술	15	49.4	10	해수온도차발전 에너지변환기술	33.3	53.3
				11	해수온도차 냉난방시스템 설비기술	33.3	55.0
				12	해수온도차이용 활용기술	33.3	40.0
	발전시스템	20	75.4	13	발전기	25	80.0
				14	전력변환장치	25	75.0
				15	계통연계 장치	25	71.7
				16	증속기	25	75.0
	계	100	73.3				

〈주〉 선진국 기술수준 = 100

핵심기술의 선진국 대비 국산화율

핵심기술	비중[%]	국산화율[%]	
		설계	제작/생산
조력발전	25	69.0	66.8
조류발전	20	65.2	61.5
파력발전	20	59.2	56.9
해수 온도차 발전	15	49.8	47.2
발전 시스템	20	64.6	63.2
계	100	62.5	60.1

해양 에너지의 개발 단계별 추진전략

1단계
(2008~2012)

기술자립/기반구축

12만 TOE/년 보급 목표

- 핵심기술 개발
- 연안역 개발
- 정부주도

2단계
(2013~2020)

기술실증/고도화

15만 TOE/년 보급 목표

- 기술 실용
- 외해역 개발
- 산업체 참여

3단계
(2021~2030)

고부가가치 산업화

30만 TOE/년 보급 목표

- 대규모 상용화
- 복합이용 개발
- 산업체 주도

1. 해양 에너지의 입지조건 설명으로 틀린 것은?

   ① 조력발전은 에너지 수요처와 거리가 멀고, 평균조차는 5[m]이다.

   ② 온도차발전은 온도차가 17℃이상이다.

   ③ 파력발전은 육지에서의 거리가 30[km]미만이다.

   ④ 조류발전에서 조류의 흐름은 2[m/s]이다.

2. 지구, 달이 일직선상에 위치하여 조수간만의 차가 가장 커지는 때를 무엇이라 하는가?

3. 조석간만의 차를 동력원으로 해수면의 상승, 하승을 이용하여 터빈으로 전기를 생산하는 해양 에너지 중 가장 먼저 개발된 발전방식은?

4. 파도의 상하 및 좌우 운동 에너지(파랑)를 변환하여 전기 에너지를 얻는 방식은?

5. 위치에 따른 파력발전의 3가지 방식을 쓰시오.

6. 파력발전의 장점 3가지를 쓰시오.

7. 해수온도차 발전의 최적지는 어느 지역인가?

8. 해수온도차의 종류 3가지에 대해서 설명하시오.

9. 조력발전 중 전력을 생산하는 핵심부품 2가지를 쓰시오.

10. 단위 면적당 조류에너지의 크기를 나타내는 식을 쓰시오.

chapter **8**

풍력발전

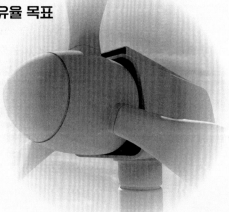

8-1 풍력발전의 구조

풍력발전은 풍차(바람 에너지)를 이용하여 전기 에너지를 생산하는 발전방식으로 수십 와트의 초소형부터 수백만 와트의 초대형까지 다양한 풍력발전기가 개발되어 있으며, 그 구조는 다음과 같이 핵심부품은 날개(Blade), 축(Shaft), 발전기(Generator), 타워(Tower) 등이다.

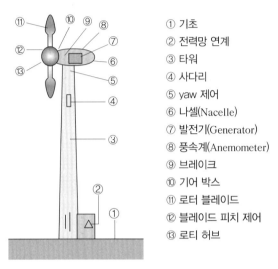

① 기초
② 전력망 연계
③ 타워
④ 사다리
⑤ yaw 제어
⑥ 나셀(Nacelle)
⑦ 발전기(Generator)
⑧ 풍속계(Anemometer)
⑨ 브레이크
⑩ 기어 박스
⑪ 로터 블레이드
⑫ 블레이드 피치 제어
⑬ 로티 허브

그림 8-1 풍력발전기의 구조

풍력발전기는 날개의 회전축에 따라 수평축과 수직축의 두 가지로 분류되지만 수직축은 변환효율이 떨어지므로 사용하지 않고 있다. 수평축 풍력발전기는 좌우에 날개와 발전기가 붙어 있으며 바람이 불면 돌아가고 이 회전력은 축을 통해 발전기를 돌림으로써 전기에너지를 생산한다. 풍력발전 시스템은 에너지를 흡수. 변환하는 운동량 변환장치, 동력 전달장치, 동력 변환장치, 제어장치 등으로 구성된다.

운동량 변환장치 ▶ 동력전달장치 ▶ 동력변환장치 ▶ 제어장치

풍력발전의 발전량은 바람세기의 세제곱에 비례하며 지표면으로부터 높이 올라갈수록 커진다. 온실가스를 발생하지 않는 청정에너지이므로 1990년대부터 서부 유럽에서 널리 보급되기 시작하여 2010년대에 와서는 중국, 미국, 독일, 스페인으로 확대되었다. 이론적 출력과 실제출력은 다음과 같다

$$이론출력 \ P_w = \frac{1}{2}mv^3 = \frac{1}{2}(\rho Av)v^2 = \frac{1}{2}\rho Av^3 [\text{W}]$$

m : 질량[mg], ρ : 공기밀도[kg/m²], A : 로터 단면적, v : 평균풍속[m/s]

(1) 출력계수 $C_P = \dfrac{P}{P_w} = \dfrac{P}{(1/2)\rho Av^3}$ 으로부터

(2) 실제출력 $P = \dfrac{1}{2}C_p\rho Av^3$ 또는 $P = \dfrac{1}{2}\rho\dfrac{\pi D^2}{2}U_0 C_p$

D : 회전날개의 반지름[m], U_0 : 날개 앞 편 풍속[m/s]

다음은 바람속도에 따른 출력과 출력계수의 특성을 나타내는 곡선이다.

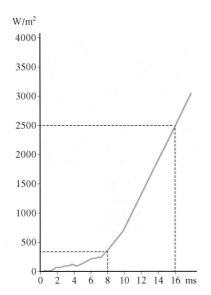

그림 8-2(a) 바람의 속도에 대한 에너지 변화

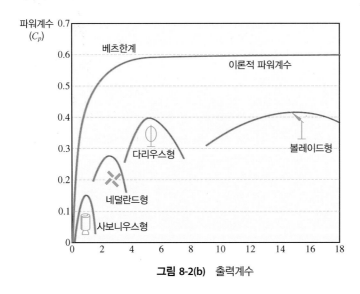

그림 8-2(b) 출력계수

8-2 풍력터빈의 구성요소

풍력터빈의 구성은 크게 회전자, 발전기, 주변기기로 분류할 수 있으나 자세한 구성요소는 다음과 같다.

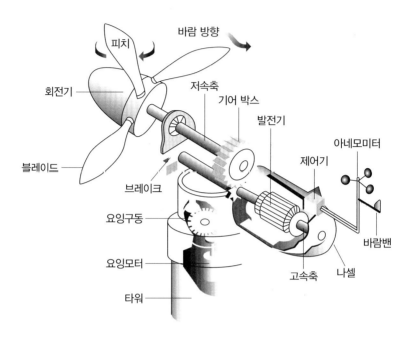

그림 8-3 풍력터빈의 구조

명칭	기능
타워(Tower)	풍력발전기를 지지해주는 구조물
블레이드(Blade)	바람 에너지를 회전에너지로 변환
허브(Hub) 시스템	주축과 블레이드를 연결
회전축, 주축(Main Shaft)	블레이드의 회전운동에너지를 증속기 또는 발전기에 전달
기어 박스(Gear Box)	주축의 저속회전을 발전용 고속회전으로 변환
발전기	기어 박스로부터 전달받은 기계에너지를 전기에너지로 변환
요잉(Yawing) 시스템	블레이드를 바람방향에 맞추기 위해 나셀 회전
피치(Pitch) 시스템	풍속에 따라 블레이드 각도조절
브레이크(Brake)	제동장치
제어(Control) 시스템	풍력발전기 무인운전이 가능하도록 설정, 운영
모니터링(Monitoring) 시스템	원격지 제어 및 지상에서 시스템상태 판별

8-3 해상풍력발전의 투자비용 비중

2018년 기준 해상풍력발전의 분야별 투자비용 비중은 다음과 같다.

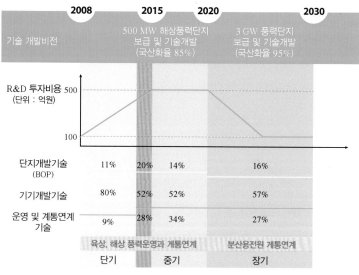

그림 8-4 풍력발전 분야별 투자비중

8-4 국내 풍력발전의 생산량

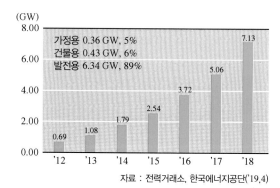

그림 8-5 연도별 국내 풍력발전량

8-5 풍력발전의 분류

1 회전축에 의한 분류

① **수평 형 :** 회전축의 방향이 지면과 평행하도록 설치. 풍속에 관계없이 로터의 회전 속도가 일정하다. 특정풍속에서 최대효율을 낼 수 있다. 네델란드 형이 대표적인 수평 형이다.

② **수직 형 :** S자 형의 한 가운데를 떼어 반대 측에 바람이 벗어나도록 한 사보니우스 형이 대표적인 수직 형이다. 맞바람 형과 뒤바람 형이 있다.

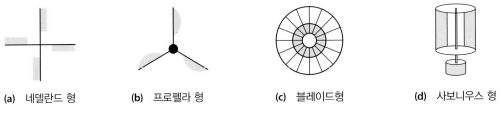

| (a) 네델란드 형 | (b) 프로펠라 형 | (c) 블레이드형 | (d) 사보니우스 형 |

그림 8-6 풍력발전의 종류

2 운전방식에 의한 분류

① **정속 운전방식 :** 풍속에 관계없이 로터의 회전속도가 일정하다. 특정풍속에서 최대 효율 낼 수 있다.

② **실속제어 :** 실속현상을 이용하여 일정풍속 이상에서 블레이드에 작용하는 양력을 유지하거나 줄어들도록 함으로써 로터의 회전을 제어하는 방식

③ **피치 제어 :** 블레이드의 피치 각을 조절하여 출력을 제어하는 방식

3 발전기 종류에 따른 분류

① 유도발전기
② 동기 발전기
③ 초전도 발전기

8-6 국내 풍력발전 설치현황과 사업자별 설비용량 점유율

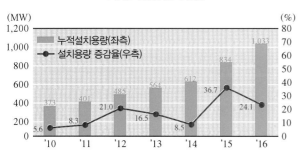

국내 풍력방전 설치 현황

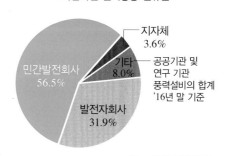

사업자별 설비용량 점유율

자료 : 한국풍력산업협회

그림 8-7 국내 풍력발전 설치현황과 사업자별 설비용량 점유율

8-7 풍력발전의 장·단점

장점	단점
• 설치기간이 짧다. • 소규모발전이 가능하다. • 적절한 풍속만 있으면 발전이 가능하다. • 무공해 에너지이다.	• 초기 투자비용이 많이 든다. • 유지·보수비가 많이 든다. • 바람이 부는 곳이 제한적이다. • 해상사고 유발 가능성이 있다.

8-8 세계 태양광발전 수요현황 및 전망

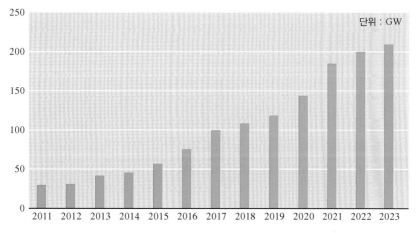

그림 8-8 세계 태양광발전 수요현황 및 전망

세계 각국의 풍력발전 대책

우리나라를 비롯해 세계 각국의 풍력발전에 대한 장기정책은 다음과 같다.

국가	정책 목표	국가	정책 목표
유럽	2030년까지 65 GW~85 GW	인도	2030년까지 30 GW
중국	2020년까지 5 GW	대만	2030년까지 10 GW
미국	2030년까지 22 GW	한국	2030년까지 12 GW

GWEC(Global Wind Energy Council)에 따르면 해상풍력의 경우 2016년까지 세계적으로 14.4[GW]의 용량이 보급되었으며 연평균 신규용량 증가율은 28[%]수준으로 꾸준히 증가하고 있다. 세계 해상풍력설비의 대부분인 12.63[GW]가 유럽지역에 설치되었으며 영 독일 등의 국가들을 중심으로 대규모 풍력단지 개발이 급격히 증가했다. 2018년 국내 풍력발전설비는 1.42[GW]로 미미한 편이다. 재생 에너지 3020 이행계획에 따르면 2030년까지 신·재생 에너지 설치용량은 56.5[GW]로 우리나라 총 발전량 173.5[GW]의 약 34[%]에 달할 것으로 전망된다. 우리나라 풍력발전은 육상의 경우 입지제약으로 인해 물리적인 확대가 어려우나 해상풍력은 상대적으로 3면이 바다이고, 특히 서남해안은 수심이 낮아 입지조건이 상대적으로 양호하다. 단, 해상풍력을 설치하기 위해서는 풍력밀도가 높은 양질의 바람이 필수적이나 이러한 측면에서는 제주, 동남해안 등 일부를 제외하고는 우량 입지가 부족한 실정이다. 2018년 기준 풍력발전 용량 세계 10개국 현황은 다음과 같다.

국가	풍력발전 용량	세계 전체 중 비율[%]
중국	216,870	36.4
미국	96,363	16.2
독일	59,313	9.9
인도	35,017	5.9
스페인	23,494	3.9
영국	20,743	3.5
프랑스	15,313	2.6
브라질	14,490	2.4
캐나다	12,816	2.1
기타	102,138	17.1
세계 전체	596,556	100

8-10 국내 풍력산업의 세계시장 점유율 목표

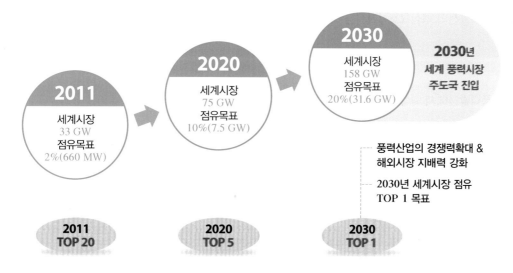

그림 8-9 국내풍력산업의 세계시장의 점유율 목표

🔘 연습문제

1. 풍력발전의 핵심요소 4가지를 쓰시오.

2. 풍력발전에서 나셀(nacelle)의 용도를 쓰시오.

3. 날개를 바람방향에 맞추기 위해 나셀을 회전시키는 것을 무엇이라고 하는가?

4. 회전축에 의한 풍력발전의 2가지 분류를 설명하시오.

5. 운전방식에 따른 풍력발전의 3가지 종류에 대해 설명하시오.

6. 풍력발전의 장·단점 각 3가지를 쓰시오.

7. 풍력발전의 실제출력 관계식을 쓰시오.

8. 우리나라의 2030년까지 풍력발전량의 목표치는?

chapter

9

폐기물 에너지

9-1 폐기물 에너지의 개요

폐기물 에너지는 에너지 함량이 많은 폐기물을 변환시켜 연료 및 에너지를 생산하는 기술을 말한다. 예컨대 종이, 나무, 플라스틱 등의 가연성 폐기물을 파쇄, 분리, 성형 등의 공정을 거쳐 성형 고체연료를 만들거나 자동차 폐윤활유 등의 폐유 들은 이온정제, 열분해 정제, 감압증류를 통하여 생산된 정제유로 만드는 기술, 플라스틱, 합성수지, 고무 등을 열분해하여 연료를 만드는 기술 등이 포함된다. 현재 신. 재생 에너지중 발전량에서 가장 큰 비중을 갖고 있는 분야이기도 하다. 다음은 2016년 에너지 원 별 생산량에 대한 폐기물 에너지의 생산량비중을 나타낸다.

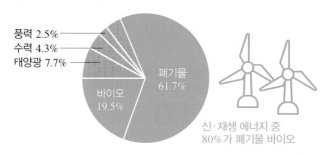

풍력 2.5%
수력 4.3%
태양광 7.7%
바이오 19.5%
폐기물 61.7%

신·재생 에너지 중 80%가 폐기물 바이오

그림 9-1   에너지원 별 생산량 비중

9-2 폐기물 에너지 분야의 국내 기술 분류

고형 연료	열분해 유화	가스 화	소각 열 회수
① 폐기물 선별기술	① PVC 처리기술	① 가스 화 기술	① 연소기술
② 폐기물 건조기술	② 반응기 기술	② 정제기술	②혼소기술
③ 폐기물 성형기술	③ 코킹방지 기술	③ 복합발전기술	③ 열 병합기술
④ RDF 연소기술	④ 열분해 촉매기술	④ 합성가스 이용기술	④ 폐열 발전기술
	⑤ 정제기술	⑤ 용융기술	⑤ 폐열 회수기술

9-3 폐기물 에너지의 국내기술 수준

4개의 핵심기술 가운데 기술개발 역사가 가장 오래되었으며 가장 신뢰성이 높은 기술로 인정되고 있는 소각 열 회수이용 분야의 기술수준이 73[%]로 가장 높고, 1990연대부터 활발히 이루어져 상용화단계로 접어든 고체연료 분야가 66.8[%], 기술개발 후 보급을 위해 실증단계에 있는 열분해 유화 분야가 58.4[%], 최근 소각을 대신할 청정기술로 기대되는 가스화 분야는 55.5[%] 수준으로 조사되어 있다. 재생 에너지 중 비율은 61.7[%]로 가장 크다.

설문조사 결과

핵심기술	고형연료(RDF)	열분해 유화	가스화	소각 열 회수이용
비중(%)	30	20	20	30
국내수준(%)	66.8	58.35	55.5	73
세부기술	선별, 건조, 성형, RDF 성형	PVC처리, 반응기, 코킹 방지, 열분해 촉매, 정제	가스화, 정제, 복합발전, 합성 가스 이용, 용융	연소, 혼소, 열병합발전, 폐열발전, 폐열회수

 ## 9-4 폐기물의 핵심기술별 선진국 대비 국산화율

설문조사 결과

핵심기술		고형연료 (RDF)	열분해 유화	가스화	소각 열 회수이용	전체 국산화율
비중(%)		30	20	20	30	−
국산화율 (%)	설계	72	64	58	61	67.9
	제작/생산	74	65	6	75	69.9

9-5 폐기물 분야의 국내시장 장기 추진 전략

1 폐기물의 연간매출 및 수출액

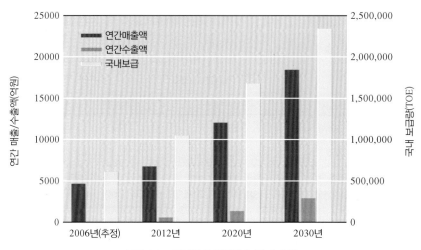

그림 9-2 폐기물의 연간매출 및 수출액

2 실용화 기반기술 개발(2008년~2012년 : 490만 TOE 보급)

- RDF 전용 보일러(10만 MWe)
- 열분해 유화설비(10톤/일)
- 가스화 플랜트(50톤/일)
- 중소형 소각로(30~50톤/일)용의 마이크로 발전시스템 등

3 실용화 보급기술 개발(2013~2020년 : 620만 TOE 보급)

- RDF 혼소기술(200 MW 미분탄 발전소)
- 열분해 유화의 복합 활용 기술(20톤/일)
- 합성가스의 수소 및 화학전환 기술(50톤/일)
- 200톤/일 규모 소각로용 고효율 발전 시스템 등

4 **미래지향형 첨단기술 개발(2021~2030년 : 770만 TOE 보급)**

- 초고효율 신형 RDF 발전 시스템(20 MW),
- 미활용 유기성 폐기물의 열분해 유화기술(30톤/일)
- 복합 가스화 플랜트(300톤/일)
- 산소부화 소각 및 고효율 발전기술(발전효율 40% 이상)

 폐기물 에너지의 선진국 대비 기술수준

1 **폐기물 고형연료(RDF)**

핵심기술(비중)	국외 현황	국외 대비[%]
파봉기술(2)	• 비닐봉투 파봉기술 상용화	90
공정이송기술(3)	• 버켓 엘리베이터 등 상용화	90
파쇄기술(5)	• 고강도 금속재료 제조기술 상용화 • 2축전단식, 4축 전단 식 등 상용화	30
건조기술	• 회전 열풍 식 건조기 상용화	60
비중선별 기술(10)	• 밀폐순환 형 풍력선별기 상용화 • 요동 식 비중선별기 상용화	60
탈취기술(3)	• 열분해 탈취기술 상용화 • 흡착탈취기술 상용화	90
분쇄기술(4)	• 매쉬 스크린 형 분쇄기 상용화 • 고강도 금속재료 제조기술 상용화	50
집진기술(3)	• 여과포 집진기 상용화	80
성형기술(15)	• 링 다이스, 플랫다이스 성형기 상용화	60
시스템 제어기술(2)	• 자동운전 상용화	90
Silo 기술(2)	• 대형 저장조기술 상용화	90
시스템 엔지니어링 기술(5)	• RDF 저장조 기술 상용화	90
탄화기술(20)	• 탄화 플랜트 상용화	50
평균		62.1

2 열분해 유화, 가스화, 소각 열 회수 이용

핵심기술	비중[%]	국내수준[%]	핵심기술	비중[%]	국내수준[%]
열분해 유화	20	58.35	PVC처리기술	25	56
			반응기 기술	30	63
			코킹방지 기술	20	57
			열분해 촉매기술	15	55
			정제 기술	10	58
가스화	20	55.5	가스화 기술	25	60
			정제 기술	20	55
			복합발전 기술	15	53
			합성가스이용기술	25	52
			용융 기술	15	57
소각 열 회수이용	30	73	연소 기술	30	79
			혼소 기술	15	71
			열병합 발전기술	15	71
			폐열 발전기술	20	68
			폐열회수 기술	20	72
합계	100	64.7			

9-7 국내 폐기물 에너지의 장·단점

장점	단점
• 에너지 회수의 경제성이 비교적 높다. • CO_2 감소효과가 크다. • 자연파괴 완화 • 다양한 산업적 용도 및 활용이 가능하다.	• 초기 투자비가 많이 든다. • 악취 및 오염의 염려가 크다. • 산업적 특성에 따라 많은 처리기술이 필요하다.

1. 폐기물 에너지의 핵심기술 4가지를 쓰시오.

2. 다음의 4가지 폐기물 에너지 기술 중 기술수준이 가장 높은 것은?

(ㄱ) 고형연료   (ㄴ) 열분해 유화   (ㄷ) 가스화   (ㄹ) 소각열 회수이용

① (ㄷ), (ㄱ), (ㄴ), (ㄹ)

② (ㄹ), (ㄱ), (ㄴ), (ㄷ)

③ (ㄴ), (ㄹ), (ㄱ), (ㄷ)

④ (ㄴ), (ㄷ), (ㄹ), (ㄱ)

3. 폐기물의 핵심기술별 선진국 대비 국산화율이 가장 높은 기술은 무엇인가?

4. 폐기물 에너지의 장·단점 각 3가지를 쓰시오.

5. 폐기물 에너지 기술별 온실가스 저감효과가 가장 큰 것은?

6. 우리나라의 2030년까지 미래지향형 폐기물의 첨단기술 개발목표는 몇 TOE인가?

바이오 에너지

바이오 에너지는 나무, 작물, 해조류 같은 유기체나 음식물 쓰레기, 폐식용유 같은 유기성 폐기물을 이용하여 만든 연료에서 얻는 에너지를 말한다. 유기성 생물제를 총칭하는 바이오매스(Biomass)를 직접 또는 생. 화학적, 물리학적 변환과정을 거쳐 액체, 가스, 고체연료나 전기 및 열에너지 형태로 이용하는 기술을 말한다. 엄밀히 말하면 폐기물발전도 바이오 에너지에 포함할 수도 있다. 바이오 매스의 정의는 원래 생태학 용어로 살아있는 동물, 식물, 미생물 등의 유기물 총량을 의미한다. 바이오매스는 화석연료와는 달리 재생이 가능하고 풍부하며 적정하게 이용하면 고갈될 염려가 없는 장점을 갖는다. 바이오매스는 고체, 액체, 기체, 바이오매스로 분류된다. 바이오 에탄올은 휘발유에 바이오디젤은 경유연료에 섞어 사용할 수 있으므로 차량연료 대체 에너지로 활용되고 있다. 기체 바이오매스에는 농경 폐기물, 삼림 폐기물 도시의 고형 산업 폐기물, 에너지 농작물 등이 있다.

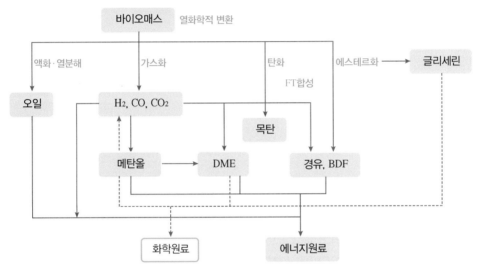

DME : 다이메틸에테르   BDF : 바이오디젤연료
FT합성 : H_2와 CO를 주성분으로 하는 합성가스로부터 탄화수소를 합성한다.

그림 10-1 바이오매스의 열화학변환에 의한 에너지 제조과정

10-1 바이오매스의 전환

1 전통적 바이오매스

- 요리, 난방, 조명
- 열을 위한 나무
- 빛을 위한 동물지방으로 만든 수지양초
- 말과 소를 위한 연료로서의 농업작물

2 산업혁명 이후

• 전통적인 바이오매스를 화석연료가 대체함.

10-2 바이오 에너지의 분류

1 바이오매스 핵심 기술

바이오매스를 에너지로 전환하는 기술로는 크게 직접 연소 법, 열화학적 변환 법, 생물학적 변환 법 등이 있으며, 바이오 에너지의 용도별 분류는 다음과 같다.

(가) **바이오 에탄올** : 생물학적 방법으로 생산
(나) **바이오 디젤** : 해조류를 이용
(다) **바이오 메탄** : 유기질 고형폐수 등을 이용
(라) **바이오 수소** : 미생물 또는 해조류를 이용

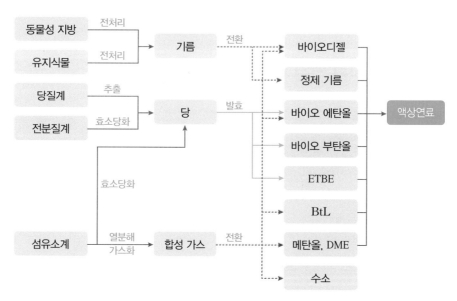

그림 10-2 수송용 바이오 연료 기술 체계도

2 바이오 연료의 용도별 분류

(가) 수송용
(나) 목질계
(다) 유기성 폐자원

10-3 바이오매스 전력생산기술

다음은 각종 바이오 에너지의 다양한 생산과정을 나타낸다.

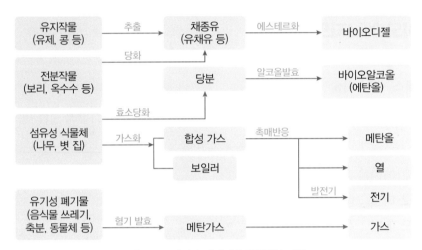

그림 10-3 바이오 에너지의 전력생산 과정

10-4 바이오 에너지의 핵심 기술별 국산화율

핵심기술	비중[%]	국산화율[%]	
		설계	제작/생산
바이오 에탄올	30	64.3	64.9
바이오 디젤	50	76.7	77.5
바이오 메탄	10	43.5	43.4
F-T연료(BtL)	10	43.0	41.6
목질 계 연료 생산 및 가공기술	30	42.6	42.0
연소 시스템	50	45.0	45.6
배출가스 제어기술	20	47.2	45.0
전체 수송용 바이오 에너지 분야의 국산화율		66.3	66.7

10-5 바이오연료의 국내 추진전략

- 단기적으로는 이미 보급중이거나 보급예정인 1세대 바이오연료의 보급 활성화에 필요한 애로 기술개발 및 2세대 바이오연료 상용화를 위한 기반기술 연구추진
- 중기적으로는 2세대 바이오연료 생산기술 개발 및 3세대 바이오연료 생산관련 기반기술 확보
- 장기적으로는 3세대 바이오연료의 상용화를 위한 실증연구 추진

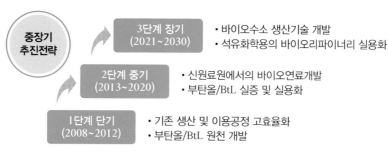

그림 10-4　바이오연료의 국내 추진전략

10-6 미세조류를 이용한 바이오 에너지의 생산

미세조류를 만드는 바이오연료, 미세조류가 섞인 물을 압착장치에 넣어 물기를 빼면 미세조류 덩어리가 생기고, 이를 누르거나 화학적으로 녹이면 미세조류를 차지하는 중성지방에 다른 물질과 함께 나온다. 여기에 촉매, 알코올 따위를 가하면 바이오 연료가 생긴다.

1 미세조류를 이용한 바이오 에너지 생산

미세조류를 이용한 바이오 에너지 생산	미세조류확보 및 바이오 수송연료 생산 기술개발			
	2021	2022	2023	최종목표
바이오 연료물질(지질, 탄수화물) 추출 후 미세조류 부산물을 활용한 고부가 유용물질 생산 및 전환기술		➡		미세조류 유래 고부가 소재산업화
미세조류 오일 이용 바이오 디젤 촉매 및 전환기술		➡		바이오 디젤 반응기의 최적화 및 대규모화
저에너지 미세조류 오일 추출기술		➡		고효율, 저비용의 바이오연료 생산기술을 상용화
미세조류 대량배양을 위한 광생물 반응기 시스템 기술		➡		고효율 미세조류 광생물 반응기 개발

미세조류를 이용한 바이오 에너지 생산	미세조류확보 및 바이오 수송연료 생산 기술개발			
	2021	2022	2023	최종목표
바이오연료용 미세조류 수확공정(화학응징제, 여과막, 기포세척 기술, 생물응집제 등)	➡			고농도 바이오매스 배양기술 및 저에너지 배양, 수확, 추출처리 통합공정
미세조류 및 대용량 배양을 위한 저가 영양배지 제조기술	➡			양산화를 통해 확보된 미세조류 상용화 추진
돌연변이 및 유전자 재조합기술을 이용한 고농도 CO_2 이용, 산소내성, 고지질, 고성장 미세조류 개발 및 무균유도기술	➡			지질분비가 가능한 고 지질 미세균주 상용화

10-7 바이오 에너지의 장·단점

장점	단점
• 자원고갈의 위험이 적다. • 친 환경 에너지이다. • 저장 및 수송이 용이하다.	• 원료확보를 위해 넓은 토지가 필요하다. • 자원 량의 지역적 분포 차이가 크다. • 생산비용과 시간이 많이 소요된다.

10-8 바이오 연료별 연간 생산량

바이오 연료	미세조류	팜(야자 오일)	사탕수수	옥수수	콩
생산 가능량	2,000	650	450	250	50

단위 : 갤런/에이커

10-9 바이오 에너지의 국내외 현황

1 바이오 에너지의 국내외의 현황

전 세계적으로 미국, 유럽, 인도, 브라질에서 바이오 에너지를 생산하고 있다. 특히 브라질은 생산량이 풍부한 사탕수수로 에탄올을 생산하여 자동차연료인 가솔린의 40[%] 가량 줄였고 지금은 에탄올을 수출하는 에너지 자립 국이 되었다. 한편 우리나라에서는 음식물 쓰레기 발전과 매립지 가스 발전에 주력하고 있다. 국내에서도 온실가스 배출 및 기후변화 대응책으로 신·재생 에너지 보급. 확대 정책이 시행되면서 화석연료를 대체할 바이오 에너지 산업이 정부의 정책을 통해서 지속적으로 성장하고 있으며, 특히 전기와 수송용 연료시장 위주로 시장이 활성화되고 있다. 정부는 기존 화석연료(경유)에 바이오 연료를 일정비율 혼합하도록 하는 '신·재생 에너지 연료 혼합의무제도(RFS)'시행을 통해 현재 2.5[%]에 머무르는 혼합률을 24.5[%]까지 끌어 올리면서 지속적으로 바이오 에너지 산업 육성 및 활성화를 계획하고 있다. 국내에서는 바이오 에너지 생산에 활용 가능한 바이오매스 자원이 거의 없기 때문에 에너지화할 수 있는 바이오매스 원료 및 기술개발 등이 상당히 중요한 가운데 최근 GS 칼텍스가 약 500억 원을 투입해 국내 최초로 바이오부탄 생산 공장을 착공계획 중이고, 그 밖에 SK그룹, LG화학 등도 바이오산업에 대한 확대를 밝히면서 기술개발에 노력하고 있다.

2 국내 바이오 에너지의 장기 추진계획

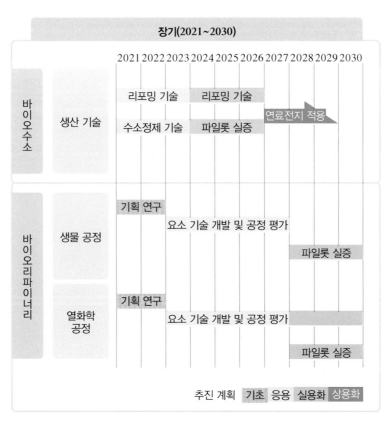

그림 10-5 바이오 에너지의 장기 추진계획

연습문제

1. 바이오매스의 의미를 아주 간략히 설명하시오.

2. 유기성 폐기물 3가지를 쓰시오

3. 바이오 에너지의 생산 원료로 사용하는 4가지를 쓰시오.

4. 폐기물 에너지의 장·단점 각 3가지를 쓰시오.

5. 바이오 에너지의 장·단점을 각 3가지를 쓰시오.

6. 바이오 연료 중 연간 생산량이 가장 많은 것은?

chapter **11**

신·재생 에너지의
제5차 기본계획

제 5차 신·재생 에너지 기술개발 및 이용·보급 기본계획은 촉진법 제5조에 따라 10년 이상으로 5년마다 수립하게 되어 있으나 제5차 기본계획에서의 대상기간은 2030년~2034년까지의 14년이며, 이 기본계획은 2020년 12월 29일 발표되었다.

11-1 기본계획 개요

1 법적 근거

「신 에너지 및 재생 에너지 개발·이용·보급 촉진법」 제5조

2 계획기간 및 주기

10년 이상을 계획기간으로 5년마다 수립·시행, 금번 제5차 기본 계획의 대상기간은 '20~'34년
▶ (1차) '01년~'03년, (2차) '03년~'12년, (3차) '09년~'30년, (4차) '14년~'30년
▶ 법률 개정을 통해 '14년 이후 기본계획 수립주기 5년 명문화

3 목적 및 의의

에너지부문 최상위 계획인 '에너지기본계획'과 연계하여 신·재생 에너지 기술개발 및 이용·보급 촉진을 위한 목표·과제 제시

4 수립절차

관계 중앙행정기관의 장과 협의 후 '신·재생 에너지 정책심의회(長 : 산업부 에너지자원실장)'를 통해 심의
▶ 심의회 구성 : 기재부·과기부·농림부·산업부·환경부·국토부·해수부 국장급 및 민간 전문위원

5 계획의 범위

① 신·재생 에너지원별 기술개발 및 이용 보급 목표
② 총 전력생산량 중 신·재생 에너지 발전량 목표
③ 온실가스 배출 감소 목표
④ 신·재생 에너지 기술수준의 평가와 보급전망 및 기대효과
⑤ 신·재생 에너지 기술개발 및 이용 보급에 관한 지원 방안
⑥ 신·재생 에너지 분야 전문인력 양성 계획
⑦ 직전 기본계획에 대한 평가

6 추진경과

연구용역	목적	보급목표 수립, 기술수준 평가 등 연구
	수행	에너지경제연구원(주관), 에너지기술연구원(참여)
	기간	'18.7~'20.3(21개월)

↓

민간 워킹그룹 구성·운영	목적	민간전문가 중심 기본계획 권고안 마련
	구성	4개 분과 53명 참여 • ① 총괄 ② 보급 ③ 산업 일자리 ④ 참여 분과 • 주요 참여기관 : 산업부, 유관기관(에너지공단, 한전, 거래소), 학계(서울대, 고대, 홍대), 연구계(전기연, 에경연, 에기연), 업계(주요 기업 및 관련 협회), 시민사회단체
	기간	'19.11~'20.3(총 19회)

↓

의견수렴	개요	기본계획(안)에 대한 관계 중앙행정기관 협의 및 대외 의견수렴 실시
	중요내용	① 34년까지의 신·재생 에너지 보급 목표 ② 보급 및 기술개발을 위한 정부 지원방안, ③ 산업 육성 및 인력양성 계획 등
	기간	'20.8~'20.12(총 24회) • 간담회 : 관련 업계, RPS 의무자대상 등 총 24회 • 공청회('20.12.28, 온라인)

↓

정부안 발표 및 심의 확정	확정절차	신·재생 에너지 정책심의회 심의 의결 • 신·재생 에너지법 제5조
	대외공개	정책심의회 심의 의결 직후 발표

제4차 기본계획 평가 및 정책 추진여건

1 제4차 기본계획('14~'30)평가

㈎ 주요내용

① 목표

• 30년까지 1차 에너지의 14.3%, 발전량 중 21.6%를 신·재생 에너지로 공급

▶ 14년 신·재생 에너지는 1차 에너지의 4.1%, 발전량의 4.9%

▶ 14~30년간 신·재생 에너지 증가율은 1차 에너지 기준 10.3%p, 전력기준 16.7%p

- 보급목표 달성시, 14~30년간 온실가스(CO_2) 누적 9.9억톤 감축 전망
  - ▶ 同 기간 폐기물 제외시 6.4억톤 감축 전망

② 기본방향

- 국민의 삶의 질을 높이는 '참여형 에너지체계'로 전환하고, 신·재생 에너지 확산을 에너지산업 육성기회로 적극 활용

③ 6대 정책과제

과제	주요내용
국민참여 확대	• 재생 에너지 신규설비 48.7 GW 보급 위해 자가용, 소규모, 농가 등 확대 • 한국형 FIT 통한 소규모 사업자 수익 안정상 제고 절차 간소화 등
시장 친화적 제도 운영	• RPS 의무비율 상향 및 원별 특성 감안 REC 가중치 조정 • 양방향 REC 거래시스템 도입 및 현물시장 개설주기 확대 등
해외시장 진출 확대	• 해외신출 협의제 통한 대(공)기업-중소중견기업 동반진출 시원 • 진출 대상국의 산업 성숙도 감안 맞춤형 전략수립 등
새로운 시장 창출	• 수송용 연료 신·재생 에너지 연료혼합 의무화 제도 시행 • 민간, 공공기관 중심의 대규모 프로젝트 추진 지원 등
신·재생 R&D 역량 강화	• 미래시장 선도 위한 태양광 풍력 전략적 R&D 및 실증 지원 • 지역 중심 재생 에너지 생태계 역량 강화 위한 클러스터 조성 등
제도적 지원기반 확충	• '18년까지 신·재생 국제표준 44종을 KS에 도입, 산업표준 국제화 • 국공유재산 임대기준 등 규제 개선, 폐기물 처리기반 마련 등

(나) 평가

① 목표 대비 실적

- 제4차 기본계획 수립(14.9) 이후, 1차 에너지 및 발전량 모두 신·재생 에너지 비중 목표치 초과 달성('19년 기준)

1차 에너지 기준 신·재생 에너지 비중 목표 및 실적

구분	'19년 목표	'19년 실적	차이
신·재생 에너지	6.0%(18,405)	6.2%(18,796)	0.2%
재생 에너지	5.4%(16,547)	6.0%(18,089)	0.6%
신 에너지	0.6%(1,857)	0.2%(707)	−0.4%

*( ) : 생산량으로 단위 천

발전량 기준 신·재생 에너지 비중 목표 및 실적

구분	'19년 목표	'19년 실적	차이
신·재생 에너지	9.4%(57,067)	9.8%(57,342)	0.4%p
재생 에너지	8.5%(51,649)	9.2%(54,026)	0.7%p
신 에너지	0.9%(5,148)	0.6%(3,318)	0.3%p

＊( ) : 발전량으로 단위 GWh, 목표에 비재생폐기물이 포함됨에 따라 실적도 비재생폐기물 포함

- 보급목표 초과 달성에 따라, 現 추세를 유지할 경우 온실가스 감축 목표 또한 달성 가능 전망

② 정책과제별 평가

- 신규 제도(한국형 FIT RFS 등) 도입, 규제 개선 등으로 재생 에너지 저변이 크게 확대, 반면, 산업경쟁력 제고 위한 지속적 노력 필요

과 제	성과 / 한계
국민참여확대	(+) 한국형 FIT 신설('18.6) 소규모 사업자 재생 에너지 참여 원활화 (−) 주민 지자체 주도 사업추진 위한 인센티브 보완 필요
시장 친화적 제도 운영	(+) 양방향 REC시스템 도입('17.3) 및 현물시장 주기 확대(2주 → 1주) (−) 해상풍력 등 신규 신·재생 에너지원 확대에 장기간 소요
해외시장 진출 확대	(+) 해외 신·재생 에너지 시장 정보 제공 확대 (−) 본격적인 해외 신·재생 에너지 프로젝트 개발은 초기 단계
새로운 시장 진출	(+) RFS 제도 시행('15.7)으로 수송부문 재생 에너지 확대 기반 마련 (−) 전력 外 타 분야 신·재생 에너지 확대는 제한적
신·재생 R&D 역량 강화	(+) 차세대 태양전지 세계최고 효율 달성('19.9, 한국화학研) (−) 규모의 경제를 앞세운 중국의 공세 심화로 구조조정 압력 증대
제도적 기반 확충	(+) 국유재산 임대기간 연장('20.3) 등 규제 개선 추진 (−) 정보제공/홍보 등 확대 노력에도 사회적 논란 지속

③ 종합평가

- 4차 계획은 역대 가장 도전적인 목표 제시, 아울러, 재생 에너지 3020계획('17.12)과의 연계로 태양광 풍력 등 청정에너지 중심의 에너지 확산 기반 마련
  ▶ 30년 신·재생 에너지 비중 목표(1차에너지/발전량 기준) : (3차 계획) 11%/7%/7% → (4차 계획) 14.3%/21.6%
  ▶ 기존 4차 계획에 3020 이행계획을 반영하여 목표치 등 수정('18.5)
- 3020 계획 수립 이후, 설비목표 초과 달성 발전비중 상승 등 단기간내 재생 에너지 확산이 본격화되는 성과

역대 신·재생 에너지 기본계획 주요 내용

구분		1차('01.2)	2차('03.12)	3차('08.12)	4차('14.9)
계획명		대체 에너지 기술개발, 보급기본계획	제2차 신·재생 에너지 기술개발 및 이용보급 기본계획	제3차 신·재생 에너지 기술개발 및 이용보급 기본계획	제4차 신·재생 에너지 기술개발 및 이용보급 기본계획
계획기간		'01~'03년(3년)	'03~'12년(10년)	'09~'30년(22년)	'14~'30년(17년)
목표	1차 에너지 비중	'03년까지 2%	'11년까지 5%	'30년까지 11%	'30년까지 14.3%
	전력 비중	해당없음 ('10.29 근거규정 신설)	'11년까지 7%	'30년까지 7.7%	'30년까지 21.6%
	온실 가스 감축	해당없음('06.9 근거규정 신설)		'30년까지 누적 11억 tCO_2	'30년까지 누적 9.9억 tCO_2
	달성 여부	달성 • '03년까지 1차 에너지 비중 2.1%	미달성 • '11년 1차 에너지 비중 2.7% • '11년 전력비중 3.5%	미달성 • '13년 1차 에너지 비중 3.5% • '13년 전력비중 4.0% • '13년 CO_2 누적 91 백만톤↓	미달성 • '19년 1차 에너지 비중 6.2% • '19년 전력비중 9.8% • '19년 CO_2 누적 20억 톤↓
주요 정책	보급	• FIT 도입 • 공공기관, 학교 등 설치의무화 추진	• 지역에너지 사업추진 • '12년까지 태양광 10만호, 연료전지 1만호 추진 • 소규모 발전사업 지원	• 그린홈 100만호 추진 • 민간건물 인증제 도입 • RPS 도입 발표 • 폐자원 및 바이오 매스 재생 에너지화 강화	• 한국형 FIT 도입 • 발전소 온배수 등 신규에너지원 발굴 • 태양광 대여사업 신규 추진
	R&D	• 3대 중점분야 (태양광 풍력 연료 전지) 집중지원	• 3대 중점분야 (태양광 풍력 연료전지) 집중지원 • 기타에너지원 R&D 실시	• 3단계 로드맵 제시 (~'30) • 에너지절약 IT 연계 기술개발 전략 • 산업화 중점기술개발	• 보급확대 적정기술 중점개발 • 실증 R&D 강화
계획의미		최초 계획이며, FIT 등 신규제도 제안	중기계획으로 신규 보급 및 인프라 구축 프로그램 제안	• 상위계획과 연계 세부 시나리오 제시 • 시장기능 강화 방안 제시	• 민관 파트너십 기반 시장 생태계 조성 • 에너지전환 비전 반영

* 국제기준에 맞게 신·재생 에너지 법령개정으로 '19.10월 이후 재생 에너지 범위에서 비재생폐기물 제외, 제1차~제4차 기존계획 통계에는 포함

▷ 3020 계획상 재생 에너지 설비 목표/실적(GW) : ('18) 1.7/3.4 ('19) 2.4/4.4 ('20) 2.5/4.6(잠정)

▷ 재생 에너지 발전비중(%, 폐기물 포함/제외) : ('17) 7.6/3.5 → ('18) 8.3/4.2 → ('19) 9.2/5

- 다만, 주요국 대비 아직 재생 에너지 비중은 여전히 낮고, 계획 내용중 재생 에너지 확대에 따른 계통 안정성 등에 대한 고려가 부족

  ▷ OECD 36개국 중 1차 에너지 기준 재생 에너지 비중 최하위(36위, 2.4%), 발전량 비중 35위(5%)
  ('19년 기준, IEA)

- 친환경 에너지이자, 에너지 저장수단으로서 재생 에너지를 보완할 수 있는 수소에 대한 정책방향 제시 미흡

2 정책 추진여건

(가) 대외여건

① 주요국은 탄소중립 등 기후변화 대응과 경기부양을 동시에 달성할 수 있는 핵심수단으로 재생 에너지를 적극 육성중

  ▷ EU 그린딜('19.12)은 화석연료 감축 재생 에너지 확대 등 포함, 美 민주당은 태양광 풍력 등 친환경 에너지에 2조달러 투자계획

- 정책지원 경제성 향상 등에 힘입어 재생 에너지는 제5차 기본계획기간(~'34년) 전후로 세계 각국의 主전원으로 본격 부상할 전망

  ▷ '18년 대비 50년 태양광발전비용은 최대 60%($96/MWh → $38/MWh), 풍력은 최대 27%($55/MWh → $40/MWh) 감소 예상(IRENA, 20)

전세계 월별 발전비중 전망(단위: %) (IEA, 2020)

구분	2019년	2030년	2040년
재생 에너지(수력 제외)	26.6('10.6)	38.2('22.7)	46.9('32.1)
석탄	36.6	28.3	22.4
원자력	10.4	9.4	8.6

- 재생 에너지 확대에 따른 변동성 대응을 위해 주요국은 유연성 자원 확보, 출력예측, 실시간 보조서비스 시장 강화 등을 적극 추진

  ▷ 美(켈리포니아)는 전기판매사업자 등에 ESS 의무화 도입('10), 독일 덴마크 등은 실시단 시장(양수 가스터빈 등 정산주기 단축) 보조 서비스시장(수요관리, ESS 등) 활용

② 한편, 수소는 재생 에너지 저장수단이자, 수송연료·열·원료 등 다방면에 활용 가능 친환경 에너지원으로 주목

- 아직 초기단계인 수소경제 선점을 위해 각국은 수소생산·공급·저장·활용 등 생태계 조성 경쟁에 돌입

▷ 미국('20.11) : 생산 저장 운송 활용 全분야 R&D로 7,500억불 시장 창출

EU('20.7) : '50년까지 500 GW 수전해 설비 목표(독일은 '40년까지 10 GW 목표)

호주('19.11) : 풍부한 재생 에너지를 활용, 아시아시장 3대 수소 공급국가로 도약

일본('19.3) : 국내 수전해 시스템 개발 및 해외 공급망 구축계획 제시

(나) 대내여건

① 우리도 재생 에너지 확대 장기목표를 제시하고 정책노력을 집중

▷ 재생 에너지 발전비중 목표 : (3020 이행계획) '30년 20% → (3차 에기본) '40년 30~35%

▷ 그린뉴딜 전략('20.7)에서 3020 계획上 태양광 풍력 중기(~'25) 설비목표 (29.9 GW → 42.7 GW)

• 정부지원 강화와 공공 민간의 적극적 투자로 향후 빠른 성장이 예상되나, 지속 가능한 재생 에너지 확산을 위한 해결과제도 상존

▷ 태양광에 비해 상대적으로 더딘 풍력보급 확산, 수용성 안전성 환경성 제고, REC 시장의 변동성 확대에 따른 발전사업자의 수익성 저하, 계통 안정성 보강 등

• 재생 에너지 확대에 따른 예상과제에 대한 체계적 준비와 설비 보급−산업생태계 육성 간 선순환 구조 구축이 긴요

▷ '19년 韓 태양광 풍력 비중은 1단계 수준(2.7%) → 34년에는 3단계(약 19%) 도달 예상

재생 에너지 단계별 전력계통 도전과제(17, IEA)

구분	1단계	2단계	3단계	4단계	5~6단계
태양광·풍력 비중	3% 이내	3~15%	15~25%	25~50%	50% 이상
도전과제	전체 계통에 영향 없음	재생 에너지 급전계획 반영 출력예측 도입 검토	출력예측 시스템 구축 유연성 자원 확대	계통관성 확보 회복능력 강화	난방 수송 전기화 전력변환 저장

② 수소분야는 '수소경제 활성화 로드맵('19.1)' 수립을 통해 2040년 수소경제 선도국가 도약 목표를 제시

• 이후 수소법 제정('20.2, 세계 최초), 수소경제안 출범('20.7) 등 추진체계를 정비하고, 수소활용 3대 분야(차량, 충전소, 연료전지) 세계 1위 달성('19년)

▷ '19년 연간 수소차 보급량(대) : (韓) 4,194 (美) 2,089 (日) 644 (獨) 140

▷ 충전소('18 → '19) : (韓) 14 → 34, (日) 102 → 112, (獨) 66 → 81, (英)74 → 70 (*연구용 폐기)

▷ 연료전지 설치량('19년 말, MW) : 韓 408, 美 382, 日 245

• 향후 수소 전주기 원천기술 개발과 더불어, 그린 액화수소 육성 및 연료전지 지원체계 개편 등을 통한 경쟁력 확보 필요

최근 그린뉴딜 전략('20.7) 및 2050 탄소중립 선언('20.10)으로 향후 친환경 신·재생 에너지의 역할과 중요성은 더욱 증대될 전망

 ## 11-3 제5차 기본계획의 목표 및 추진전략

1 목표

㈎ 신·재생 에너지 보급 목표 [최종 에너지]

① 34년 최종 에너지중 신·재생 에너지 비중 13.7%(재생 12.4%, 신 1.3%)

- 이는 상위 계획인 제3차 에너지 기본계획('19.6) 목표 시나리오(최종 에너지)와 제9차 전력수급기본계획(발전, '20.12)과의 적합성 확보
  ▶ 3차 에너지 기본계획 목표 시나리오에서 폐기물을 제외하는 등 수정된 정책환경 반영
- 발전·건물·산업 수송부문별로 최종 에너지 기준 신·재생 에너지 보급목표를 제시하여 정책목표-수단간 연계 등에 활용
  ▶ 발전 : RPS / 건물 산업 : 열 의무화, 인센티브 / 수송 : RFS

'34년 최종 에너지 기준 부문별 신·재생 에너지 보급 목표

구분	2019	2034	증가량
발전	2.5(49%)	12.6(53%)	10.1
건물	0.9(17%)	3.5(15%)	2.6
산업	1.0(20%)	6.2(26%)	5.2
수송	0.7(14%)	1.3(5%)	0.6
합계	5.0(100%)	23.5(100%)	18.5

(단위 : 백만 toe)

제5차 신·재생 에너지 기본계획의 보급목표는 국제추세 및 비교의 용이성을 감안, 기존 1차 에너지 기준에서 최종 에너지 기준으로 변경
❶ 국제추세 : OECD 37개국중 EU 회원국 등 26개국(70%)이 최종 에너지 기준 사용(1차 에너지 기준 사용 국가 : 중 일 등)
❷ 비교의 용이성 : 1차 에너지는 주요국 목표와의 국제비교가 곤란

(나) 신·재생 에너지 발전량 비중 목표

① '34년 발전량 중 신·재생 에너지 비중 25.8%(재생 22.2%, 신 3.6%)

- 동 목표는 제3차 에너지기본계획 및 그린뉴딜('20.7), 제9차 전력수급 계획에 따른 신·재생 에너지 설비 전망 등 적용
  - ▶ 제9차 전력수급기본계획에 따른 34년 신·재생 에너지 설비용량(사업용 + 자가용) 82.2 GW(바이오 혼소 포함시 84.4 GW) 반영

> 재생 에너지 3020 목표범위 내에서 그린뉴딜(~'25)을 통한 보급속도 가속화로 '25년 태양광 풍력 중간목표를 상향 조정 (당초 29.9 GW ◐ 변경 42.7 GW, +12.8 GW)
>
> ➡ 향후 전력수급기본계획 변경 등을 전제로 그린뉴딜 추세로 연장할 경우, 24년 신·재생 에너지 설비용량은 106 GW, 발전비중은 31%(재생 274%, 신 3.6%)로 상승 전망

'34년 발전량 기준 신·재생 에너지 비중 목표

구분	'19년 실적	'34년 목표	증가량
신·재생 에너지	5.6%(19.3 GW)	25.8%(84.4 GW)	20.2%p(65.1 GW)
재생 에너지	5.0%(18.5 GW)	22.2%(80.8 GW)	17.2%p(62.3 GW)
신 에너지	0.6%(0.8 GW)	3.6%(3.6 GW)	3.0%p(2.8 GW)

( ) : 누적 설비용량, 폐기물 제외, 2019년 신·재생 에너지보급통계(한국에너지공단)

(다) 온실가스 배출감소 목표

① '34년 기준, 재생 에너지 보급을 통한 온실가스 감축량 목표는 69백만 tCO_2 ◐ '17년 감축량 14.6백만 tCO_2 대비 4.7배

- ▶ '17년 대비 발전부문 34.7백만 tCO_2, 최종 에너지 19.7백만 tCO_2 추가 감축
- 감축량은 부문별 재생 에너지 보급목표에 대체대상 에너지원의 배출계수를 적용하여 산정
  - ▶ 전력은 9차 전력수급계획의 온실가스 배출계수를 준용

비전 및 추진전략

| 비전 | 지속가능한 신·재생 에너지 확산 기반 구축으로 저탄소 경제 사회로의 이행 가속화 |

신·재생 에너지 보급 시장 수요 산업 인프라 5대 혁신을 통해 2034년 주력 에너지원으로 도약

추진 전략

❶ [보급혁신] **질서 있고 지속 가능한 확산체계 마련**
- 참여주체 입지 다변화 및 보급 확대를 뒷받침하는 규제 개선
- 민간 공공투자 활성화와 더불어 안전을 우선하는 신·재생 확대

❷ [시장혁신] **시장 효율성 제고 및 다양화 촉진**
- RPS 시장의 효율성 제고 및 신 에너지 분리 등 고도화 추진
- 비전력, 분산 에너지로의 저변 확대 병행

❸ [수요혁신] **재생 에너지의 다양한 수요기반 창출**
- RE100을 중심으로 재생 에너지 사용기반 강화
- 자가용 설비, 수요 공급이전 등 신규수요 확보전략 병행

❹ [산업혁신] **R&D 혁신역량 제고 및 생태계 활성화**
- 사업화 연계 R&D로 신·재생 에너지 신시장 창출에 기여
- 기업 경쟁력–고용 확대–세계시장 진출의 선순환 구조 마련

❺ [인프라혁신] **계통 보강 및 운영관리 체계 정비**
- 선제적 계통투자 등을 통한 적기 계통접속 지원
- 계통혼잡 대응 및 변동성 완화를 위한 계통운영 체계 개선

 세부 추진과제

1 [보급혁신] **질서 있고 지속 가능한 확산체계 마련**

- 참여주체 입지 다변화 및 보급 확대를 뒷받침하는 규제 개선
- 민간 공공투자의 활성화와 더불어 안전을 우선하는 신·재생 확대

⑺ 참여주체 및 입지의 다변화 추진

① 주민참여 활성화 및 주민과의 이익공유 제도화

- 태양광·풍력 등 재생 에너지 발전사업에 지역주민 참여시 투자금을 장기처리 융자로 지원하고, 합리적인 이익공유 기준 마련
  - ▶ 국민주주 프로젝트('20년 신규) 확대 및 이익공유 가이드라인 마련 추진('21년)

- 수소발전 의무화제도('21년 입법추진) 도입시, 대규모 연료전지 등을 대상으로 경매 잠여조건에 주민·지역상생 관련 사항 부여 검토.

② 지역 주도의 재생 에너지 확산체계 구축

- 지자체가 수용성 환경성 있는 집적화단지 사업(40 MW) 추진시 인센티브 지원, 중장기 적으로는 인허가 일괄처리 기능 계획입지로 전환
  - ▶ 집적화 단지 입지요건 : 적합한 자원보유, 전원개발 가능, 주민 수용성, 부자 기반시설 확보 등
  - ▶ 인센티브 : ❶ 지자체 REC 추가부여, ❷ 계통연계 지원, ❸ 금융지원 우선실시 등
- 지자체에 「지역에너지센터(가칭)」 설립 등 지역 맞춤형 에너지전환을 위한 지자체 역할 강화(에너지분권) 방안 강구
  - ▶ '21~'22년 지역주도의 시범상업 운영성과를 보아가며, 정식 사업화 등 추진
- 신·재생 에너지 중심의 지역에너지계획 수립 이행실적이 우수한 지자체를 대상으로 정부 인센티브 집중 지원 검토
  - ▶ 인센티브(예시) : R&D 및 보급지원 사업 선정시 가점 부여 등

③ 대규모 프로젝트 활설화를 위한 공공부문 역할 재정립

- 망 중립성 확보 중소사업자 보호 등 공정한 역할정립을 전제로 공동 접속설비 등이 필요한 대규모 프로젝트에 한해 전략공동기업 등 참여 검토
  - ▶ 일정 규모 이상의 대규모 해상풍력 등

④ 구 에너지산업지역을 신·재생 에너지 중심지로 전환

- 수명이 만료된 화력 원전 등의 구 에너지산업지역을 신·재생 에너지 중심의 융복합단지 및 집적화단지로 지정하여 공정한 전환 지원
  - ▶ 석탄폐관 총 394개소 석탄발전 가동 총 51개소, 원전 가동 총 24기
  - ▶ 단지전환시 규제 샌드박스 특례 등을 활용하여 용도변경 등 인허가기간 대폭 단축 추진

⑤ 건물 산단 유휴 국유지 등 입지 맞춤형 보급 지원

- **건물** 제로 에너지 건축물이 에너지자립률 기준을 초과 달성시 설치보조금 지원 등을 통해 추가적인 신·재생 에너지 확대 유도
  - ▶ 에너지자립률 20% 달성시 제로 에너지 건축물 인증 부여중
- **산업단지** 산업단지내 지붕, 주차장 등 유휴부지에 태양광 설치시 비용을 융자 지원 (최대90%)하여 그린 스마트선단 조성에 기여
- **국유지** 신·재생 에너지에 적합한 유휴 국유지 정보제공 플랫폼을 구축(에너지공단, '21년)하여 사업자의 접근성 강화
  - ▶ 산업부 장관은 중앙관서의 장에게 신·재생 에너지 사업에 활용 가능한 국유재산 정보요청 가능('20.10월 신 재생법 시행령 개정)

㈏ 보급 확대를 위한 인허가 규제 개선

① 풍력 인허가 통합기구(One-Stop Shop) 도입

- 「입지 발굴 ➡ 발전지구 지정 ➡ 사업자 선정 ➡ 인허가」등 풍력 전과정을 지원하는 원 스탑샵 도입을 통해 신속성·효율성 제고
  - ▶ 덴마크는 DEA(에너지청)에서 발전기구 발굴, 인허가, 발전단지 경매운영 허가까지 일괄 수행
  - ▶ 풍력 원스탑샵 설치를 위한 '(가칭)풍력발전 보급촉진 특별법' 제정추진 ('21년)

② 부지 임대기간 및 인허가 의제 확대, 이격거리 등 규제 합리화

- 신·재생 에너지 수명 장기화 추세('20년 ➡ '30년 이상)를 고려하여 염해농지 등 일시 사용허가 기간을 확대(현 20년 ➡ 예 : 30년) 검토
  - ▶ 국 공유지는 임대가능 기간을 30년으로 확대('20.3월, 신·재생 에너지법 개정)
- 인허가 의제처리 가능한 태양광 범위를 확대(예 : 40 MW 이하)하고, 추후 의제처리 적용 에너지원 확대도 검토(전기사업법 개정 필요)
  - ▶ 3 MW 이하 태양광은 전기사업 허가시 개발행위허가 등 21개 인허가 의제 가능('20.10월)
- 지자체별로 상이한 이격거리 규제의 합리화·표준화 방안 강구
  - ▶ 신·재생 에너지법에 특례규정 마련 또는 표준조례안 제정 등 검토

③ 자가 생산량에 인센티브 부여를 통해 설비 최적운영 유도

- 10 kW 이하 소규모 자가용 태양광에도 자가소비후 계통에 공급하는 전력에 현금정산 을 허용하여 지속적인 설비유지 보수 등 촉진
  - ▶ (현) 10 kW-1 MW 이하 계통공급량 현금정산 可 → (개정) 10 kW 이하도 허용(전기사업법 개정 필요)

㈐ 신·재생 에너지 분야 민간 공공투자 활성화 지원

① 수요자 유형별 맞춤형 융자제도 운영

- 사업자 유형(농축산 어민), 입지(산단, 공장 지붕, 도시내 유휴부지), 투자 방식(융자, 주주참여)별 맞춤형 융자지원

융자예산 현황

구분	20년 예산(추경포함)	21년 예산	증가액(비율)
농촌태양광	2,785	3,205	420(15.1%)
산단태양광	1,000	1,500	500(50.0%)
주민참여형	365	370	5(1.4%)
도심태양광	-	200	신규

(단위 : 억원)

② 다양한 금융조달 경로 제공으로 신·재생 투자 활성화

- **보증확대** 탄소가치평가 등 기술력중심 평가로 새생 에너지 우수기술을 보유한 기업 및 발전사업자에 금융보증(가칭 : 녹색보증) 제공

  ▶ 에너지공단, 기술보증기금, 시중은행 공동운용('21년 정부예산 500억원 출연)

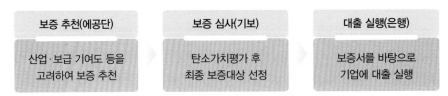

그림 11-1 녹색보증 프로그램 운영절차

- **생태계 펀드** 신·재생 에너지 발전프로젝트, 제조 벤처기업 등 지원을 위한 신·재생 생태계펀드 조성으로 민간의 투자를 유도

  ▶ 사업비 융자, 지분출자, 운영자금 등 기업수요에 따라 다양한 분야에 지원

- **유동화 증권** REC의 미래 현금흐름을 담보로 자산유동화증권을 발행하는 금융삼품 설계 추진

  ▶ 미국 Solar City사는 설비 수익담보 자산유동화 증권 발행(13년간 수익률 4.8%)

⑷ 국민이 안심하는 신·재생 에너지 확산

① 신·재생 에너지 설비의 안정성 환경성 강화

- **태양광** 태풍·집중호우 등 기후변화의 설비영향 최소화를 위한 시공기준 등 개선 및 폐모듈 발생에 대비한 선제적 처리역량 확충

  ▶ 산지태양광 안전관리 강화방안('20.10월) 후속조치도 차질 없이 이행

- **풍력** 블레이드 안전성 제고를 위한 인증기준 강화, 안전점검 매뉴얼 마련 등 추진

  ▶ 내부 이물질 유무 및 접착부 상태점검을 위한 비파괴검사 적용 등

- **수소** 연료전지, 수전해 설비, 수소 추출기 등 저압 수소용품 사용시설 안전관리 강화를 위해 상세 안전기준 마련('22년)

  ▶ 수소용품 및 시설의 배치 구조, 성능 재료, 시험항목 등 규정

② 노후설비 교체 및 안전관리형 기술개발

- 보급사업 등으로 설치한 소용량(자가용) 노후 설비의 고효율 패널 등으로 교체를 지원하고, ICT 기반 안전관리 비즈니스 모델 발굴

  ▶ '04년 태양광주택 10만호 프로젝트를 시작으로 현재까지 자가용 설비 135만개소(196 MW) 설치, '24~'34년간 연평균 노후설비 8,300대소 발생 예상

- 기술개발 및 실증과정에서 중점적인 안전관리가 필요한 과제는 '안전관리형 과제'로 지정하여 별도 관리

▶ (예시) 발전설비 – ESS 등의 화재징후 감지 분석, 발전소 안전진단 예측기법 등

③ 재생 에너지 설비 통합 안전관리 체계 구축

- 재생 에너지 인허가 통합시스템과 연계하여 안전관리를 강화하고, 안전관련 유관기관 협의체 운영 전담조직 확충 등 검토
  ▶ 인허가 통합시스템 : 지자체 인허가 상황 등 파악 가능(현 전북, 경북 → '21년 전국 확대)
  ▶ 에너지공단(재생 에너지 안전총괄), 전기안전공사(태양광, 풍력 등 전력), 가스안전공사(수소연료전지) 등
- 정부 보급설비에 대한 시행기관의 사후관리 계획수립 의무('20.10월 도입) 이행실태 모니터링 강화로 제도 조기 안착

2 [시장혁신] 시장 효율성 제고 및 다양화 촉진

- RPS 시장의 효율성 제고 및 신 에너지 분리 등 고도화 추진
- 비전력·분산 에너지 등 신·재생 에너지 저변 확대 병행

㈎ 신·재생 에너지 공급의무화(RPS) 시장개편

① 사업 수익성 제고를 위해 장기계약 중심으로 RPS 시장 전환

- 현물시장 비중을 축소하고, 경쟁입찰을 통한 장기계약 중심으로 RPS 시장을 개편하여 사업자의 안정적 수익창출 여건 조성
- 경쟁 여건이 형성된 태양광부터 경쟁입찰 계약시장을 확대하고, 현 입찰제도도 시장 참여자 특성 등을 고려하여 개편 추진
  ▶ 탄소인증제 도입 시점을 기준으로 기존 신규 사업자 분리입찰 추진 검토
  ▶ 현재 중·소규모(3 MW 미만) 중심에서 대규모(20 MW 이상) 신규시장 신설('21년)

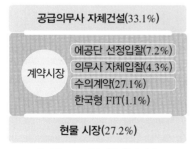

'19년 RES 의무이행 실적 기준

그림 11-2 태양광 REC 거래시장 개편방향

- 향후 풍력 등 다른 에너지원도 경쟁입찰 적용 및 에너지원별 분리 시장 구축 검토

② RPS 의무비율 상향 및 공급의무자 확대 검토

- 신·새생 에너지 보급목표 달성에 필요한 수준으로 RPS 의무비율(싱한 10%) 상향 필요('34년 40% 수준)
  - ▶ '34년 신·재생 에너지 발전비중 목표 25.8%에 필요한 RPS 비율은 38%
- RPS 공급의무 부여기준 조정을 통한 공급의무자 대상 확대 등 검토
  - ▶ 시행령상 발전용량 기준 하향시(500 → 300 MW) 공급의무자 확대('21, 23개 → 30개)

③ REC 가중치 체계 개편

- 에너지원별 경제성과 함께 친환경성, 안전성, 수용성, 계통영향 등을 고려하여 REC 가중치 개편(매 3년 주기, '21년 예정)
  - ❶ 에너지원간 발전원가 격차 확대에 대응, REC 가중치의 기준전원 재설정('18년 개편시 기준전원 : 100 kW~3 MW 태양광, 육상풍력)
  - ❷ 새로운 재생 에너지 설비(BIPV 등)의 기술개발·투자 유인 가능하도록 가중치 신설
  - ❸ 해상풍력, 국내 폐자원 활용 바이오매스 등 정책수요 증가 분야 고려

④ 수소 연료전지 분리를 통한 RPS 시장 고도화

- 수소 연료전지는 별도의 제도(가칭 "수소발전전력 포트폴리오 제도"; HPS)로 분리하여 재생 에너지 중심의 RPS 시장 운영
  - ▶ HPS(Hydrogen Energy Portfolio Standards) : 기본방향을 위한 연구용역('20~) 후 입법추진('21)
- 연료전지의 급격한 증가로 인한 재생 에너지 수요 축소 및 수익성 악화를 방지하고, 연료전지는 맞춤형 지원제도 도입

HPS 제도 도입시 검토사항	
전력구매 사업자	전기판매사업자 또는 현행 RPS 공급의무자
구매방식	경매를 통해 최저가 제시 연료전지 발전사업자 순 구매
구매조건	분산전원/친환경성을 극대화하는 전력구매 원칙 반영, 계통안정화 위해 부하추종 등에 대한 인센티브 부여 등 검토

⑤ RPS 의무 확대에 따른 제반 여건 마련

- 재생 에너지 확대에 따른 비용 증가에 대해 전기소비자의 수용성을 제고하기 위해 전기요금중 RPS 이행비용을 분리하여 고지
- 신기술 활용 REC 거래시스템을 구축하여 계약·대금지급 업무 효율화, REC 지원센터 운영도 검토
  - ▶ 발전 6사 및 거래소·에너지공단 참여, 블록체인 기반 REC 거래서비스 확산사업('21년) 추진
  - ▶ RPS 의무비율 및 경쟁입찰 확대로 공급의무자(발전 6사)의 REC 계약건수 급증 : ('18) 3,990건 → ('19) 11,750건 → ('20.1~11월) 31,826건

⑷ 열·연료혼합 등 비전력 신·재생 에너지원 확산기반 마련

① 신·재생 열 에너지 활용 및 공급 확대

- 비전력 에너지인 '신·재생열' 활용 확대로 에너지의 효율적 이용 및 전환손실 최소화,
전력·열간 균형 있는 신·재생 에너지 보급 추진
  ▶ 최종 에너지 소비기준 전력과 열 비율은 4.3 : 5.7 수준이나, 신·재생 에너지 생산은 7.3 : 2.7 수준
  으로 신·재생의 '전력·열'간 보급 불균형 발생('19년p 기준)

- 신·재생 열에너지 보급 활성화를 위한 제도 도입방안(대상 범위, 인센티브 또는 의무
화 등) 마련('21년~)
  ▶ 독일('09년, RHO), 영국('11년, RHI)은 건물소유주 대상으로 열 보급제도 시행중
  ▶ 신·재생 열에너지 활성화 방안 마련을 위한 연구용역 시행중('20.11~)

대상자별 의무부여 방식 예시
공급자 대상	열 공급 사업자(지역냉난방, 산업단지 등 집단에너지사업자)에게 열 공급량의 일정비율을 신재생 열에너지로 공급하도록 의무 부여

프랑스는 '30년 지역난방의 50%를 신재생으로 공급 목표 수립(에너지전환법)

수요자 대상	건축물 에너지 사용자에게 에너지 사용량의 일정비율을 신·재생 에너지로 공급토록 의무를 부여하고, 이행수단별(전력/열) 비율도 설정

② 신·재생 연료혼합 의무화제도(RFS ; Renewable Fuel Standard) 단계적 확산

- 바이오디젤 혼합비율(현 3%)을 '30년 5% 내외까지 단계적으로 상향하고, 예치·유예
등 의무이행의 유연성 부여를 위한 제도개선 병행
- 바이오에탄올 혼합연료의 보급 가능성(경제성 안전성 친환경성)을 확인하기 위한 단계
적 바이오에탄올 시범사업 추진 검토
- 장기적으로 수송부문 재생 에너지 연료 지속가능성 지침 설정, RFS 적용대상 원료 다
각화(재생 에너지 전력, 그린수소 등)도 모색
  ▶ 바이오 에너지가 온실가스 감축, 생물다양성 보호, 자원순환 등에 기여하는 한편, 식량 경합성이나
  토지용도 변경 등이 없는 방향으로 이용되도록 가이드라인 설정

⑷ 분산형 재생 에너지 확산을 위한 거래기반 활성화

① 분산형 전원 활성화 기반 강화

- 공동 개발사업(크라우드 펀딩 등) 확대 및 가상상계 도입 등 수요지 인근 분산형 전원
투자활성화 기반 조성
  ▶ 가상상계 관련 규정마련(소규모 전력거래 고시, 신·재생설비보급 고시) 및 시범사업 추진('22~)

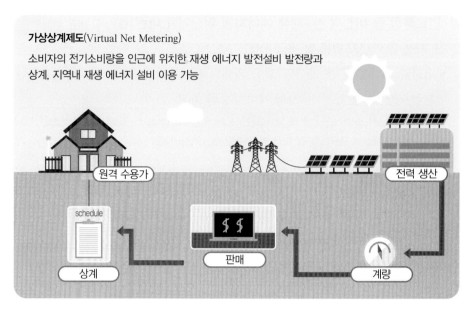

그림 11-3 가상요금상계제도(Virtual Net Metering)
미국 지역공동체 태양광 프로그램은 대부분 상계제도를 기반으로 운영중

② 재생 에너지 사업 관련 중개거래 활성화

- 재생 에너지 전기공급사업자(전기신사업자) 도입(전기사업법 개정)을 통해 재생 에너지 발전사업자와 전기소비자간 중개거래 활성화
- 재생 에너지 사업자와 전기소비자간 연계 활성화를 위한 직접거래 매칭 플랫폼('Re-Cloud' 시스템과 연계) 구축
  ▶ 재생 에너지 클라우드 플랫폼(recloud.energy.or.kr) : 발전소 운영현황, 사업절차, 컨설팅 등 재생 에너지 사업관련 정보공개 시스템(에너지공단)
  ▶ L사, S사 등은 국내 RE100 이행을 위해 PPA를 검토하는 과정에서 재생 에너지 발전사업자 섭외의 어려움 강조

3 [수요혁신] 재생 에너지의 다양한 수요기반 창출

- RE100을 중심으로 재생 에너지 사용기반 강화
- 자가용 설비, 수요·공급이전 등 신규수요 확보전략 병행

㈎ 기업·공공기관의 RE100 참여 본격 확산

▶ 사용 전력의 100%를 재생 에너지로 조달하는 자발적 성격의 캠페인

① 이행수단을 활용한 RE100 본격 시행

- 기업·공공기관 등이 '21년부터 재생 에너지 전력을 구매할 수 있도록 다양한 이행수단을 가동하고 사용실적 인정 지원
  ▶ 녹색 프리미엄, 제3자 PPA, 인증서(REC) 구매, 지분투자, 자가발전
- 관계부처와 협력하여 공공기관의 선도적 RE100 참여 유도
- RE100이 효율적으로 시행될 수 있도록 재생 에너지 발전사업자와 전기소비자간 직접 PPA 허용 검토
  ▶ 직접 PPA : 재생 에너지 사업자와 전기소비자간 직접구매계약 체결(전기사업법 개정 필요)

② RE100 참여 유도를 위한 인센티브 및 보완장치 마련

- 제3자 PPA, REC 구매 등 추가성이 인정되는 이행수단에 대해서는 온실가스 감축실적으로 인정하여 기업의 RE100 참여부담을 완화
  ▶ 에너지원, 이행수단, 감축방법 등 구체적인 인정방안 마련 예정('21.1월)
- RE100 참여기업에 대해 녹색보증 지원, 대출금리 인하 등 녹색 금융을 활성화하여 재생 에너지 투자·구매 확산
- 이 외에도 RE100 라벨링 부여, 기업의 사회적 책임(CSR) 활동 지원, 공공조달 우대 검토 등 다양한 지원방안 마련
  ▶ 녹색 프리미엄 납부기업의 중소 협력사, 저소득층, 경로원 등에 태양광 설비 설치 지원

(나) 지역 수요거점·자가용 확산 등 신·재생 에너지 수요저변 확대

① 산업단지·일반 국민을 대상으로 RE100 참여 확대

- 기존 산업단지는 자가용 태양광 확대 등 그린산단으로 전환하고, 신규 산업단지는 재생 에너지 100% 사용 산단으로 조성 추진
  ▶ 국토부·새만금청은 새만금 산업단지를 RE100 산단으로 조성 추진중
- 지자체(마을단위) RE100 시범사업을 추진하고, 녹색 프리미엄 판매 대상을 주택용 전기소비자로 확대하여 일반국민의 동참 유도
- 전기사용자가 지역내 생산 신·재생 에너지를 우선적으로 소비할 수 있도록 인센티브 등 제도개선 추진
  ▶ 지역내 전기소비자와 신·재생 사업자간 망이용료 특례, 발전설비 건설비용 우선융자 등 검토

② 자가용 신·재생 에너지 확산

- 자가용 신·재생 설비 활성화를 위해 산업단지 등 수요집중 지역의 자가 사용 전력량 (판매는 불가)에 한해 인센티브(예 : REC 발급) 부여 검토·추진
  ▶ 현재는 자가용 설비의 자가소비후 계통에 공급하는 전력에 한해 REC 발급
  ▶ 산업단지를 대상으로 우선 시행 후, 보급속도를 평가하여 추가 확대

자가용 설비 대상 REC 발급시 기대효과

구분	(현행) REC 미발급	(개선) REC 발급
활용도	전력소비 피크 저감에 일부 활용	잠재량 활용 및 자가소비 극대화
사용자 편익	산업용 전기요금 수준의 부담 절감	REC 만큼의 추가 편익 발생
계통 편익	전력망 보강 비용 일부 절감	전력망 보강 비용 절감효과 큼

- 공공기관 신·재생 설치 의무비율 상향(현 30% ➡ '30년 40%), 제로 에너지 건축물 의무화 조기 추진 등으로 건물분야 자가용 설비 활성화
  - ▶ 5백㎡ 이상 공공건물의 제로에너지건축물 의무화를 당초 '25년에서 '23년으로 조기 달성

㈐ 재생 에너지 활용도 향상을 위한 융복합 수요 창출

① 재생 에너지 공급 집중 시간대로 전력수요 이전

- 재생 에너지 집중으로 전력수요를 초과하는 재생 에너지 공급가능량을 활용하기 위해 다른 시간대의 전력수요를 재생 에너지 집중 시간대로 이전 유인
- 플러스 DR(Demand Response), Day Light 요금제 등 다양한 전력 수요 이전 프로그램 개발 검토
  - ▶ 출력제어가 증가하는 제주에 우선적으로 플러스 DR 제도 도입 추진
  - ▶ Day Light 요금제 : 태양광이 집중되는 낮시간에 요금이 낮고, 피크시간에 높은 요금제

② 수요를 초과하는 재생 에너지 공급가능량을 다른 시간대로 이전

- 전력수요 이전과 병행하여, 재생 에너지 공급가능량을 저장한 후 전력 수요가 높은 다른 시간대에 활용할 수 있도록 이전
- 재생 에너지 공급가능량을 효율적으로 저장·활용하기 위해 저장기술별 적정 저장믹스(Storage Mix) 계획을 수립하고 평가를 정례화
  - ▶ 주요내용 : ❶ 연도별 수요초과 공급가능량 전망, ❷ 불가피한 최소 출력제어량, ❸ 출력제어량 외에 저장필요량, ❹ 양수·ESS·P2G·V2G 등 저장기술별 적정 믹스
- ➡ 출력제어가 증가하는 제주를 대상으로 우선 수립('21년, 잠정)하고, 차기 계획에서 육지 저장믹스 필요성 재검토

③ 재생 에너지의 타에너지 활용(섹터 커플링) 촉진

- 넷(net)제로 시대 타분야의 탄소중립을 위해서는 재생 에너지를 타에너지로 변환·활용하는 섹터 커플링(전력-비전력 부문간 연계) 촉진 필요
  - ▶ 해외도 'Sector Coupling'(EU), 'Energy System Integration' 미국 등에 대한 연구 활발
- 연도별 수요초과 공급가능량 전망을 토대로 제주 등 필요지역에 P2X 기술개발·실증을 우선 시행하여 중장기 섹터 커플링 확대에 대비

▶ P2X(Power to X) : 탄소중립 재생 에너지를 활용하여 다른 에너지원으로 전환하는 기술
(예) 그린수소 생산(P2G) → 수소차 충전 / 열(Heat) 생산(P2H) → 열수요 지역 난방공급 등

4 [산업혁신] R&D 혁신역량 제고 및 생태계 활성화

> ● 사업화 연계 R&D로 신·재생 에너지 신시장 창출에 기여
> ● 기업 경쟁력–고용 확대–세계시장 진출의 선순환 구조 마련

㈜ 신·재생 원별 유망분야 R&D 지원 강화

① **태양광** 경쟁력의 핵심인 기술력·경제성 강화 및 새로운 서비스 개발

• 탠덤전지 등 초고효율 태양전지 및 관련 소재 부품 장비 R&D 집중 지원을 통한 차세대 시장 선점 및 산업생태계 자립도 제고
  ▶ 셀 효율 개선목표 : ('19) 23% → ('30) 35%

• 기업 연구기관 등이 공동으로 기술개발 및 양산성을 검증하는 연구센터 구축을 통해 국내 태양광 R&D 역량 강화
  ▶ (개요) 100 MW급 파일럿라인, 성능평가 시스템 구축, (기간) '20~'22, (예산) 253억원
  ▶ ❶ 양산능력 검증, ❷ 차세대 전지 공동개발, ❸ 성능·효율 측정 및 공인인증 등 지원

• 건물 일체형(BIPV), 수상 해상 태양광 등 입지 다변화를 위한 신시장 기술개발

② **풍력** 초대형 풍력 터빈 및 부품패키지 국산화 기술 개발

• 초대형 블레이드(길이 100 m, 8 MW급), 카본 복합재 부품, 증속기, 발전기, 전력변환기 및 제어시스템 등 핵심부품 국산화
  ▶ 터빈 : ('19) 5.5 → ('30) 12~20 MW / O&M 비용(연) : '30년까지 30% 절감

• 부유식 풍력 터빈용량 확대 및 부유체 기술개발·실증 등 추진
  ▶ ('30년 목표) 부유식 풍력 용량 : ('19) 0.75 MW → ('30) 5~8 MW / 실해역 실증

③ **수소** 전 주기 핵심기술 개발·상용화 및 그린수소 조기 대체

• 제주도 풍력, 새만금 태양광 등을 활용한 그린수소 실증사업 추진을 통해 '30년 100 MW급 그린수소 양산 체제 구축

• 고효율·고온 수전해 기술개발 및 중대형 추출수소 기술 상용화를 통해 '30년 수소가격 4,000원/kg 달성(현 8,000원–부가세 제외, 정책가격)

• 수소 5대 분야(수전해·모빌리티·연료전지·충전소·액화 등) 소·부·장 R&D 집중 지원을 통해 핵심기술 확보 촉진
  ▶ 수소 5대분야 R&D 지원규모(억원) : ('22년) 200 → ('25년) 1,000 → ('30년) 2,000

④ **재생 열** R&D·제도개선을 통한 수열 시장창출 및 재생 열 범위 확대

- 수열 히트펌프·운영시스템 성능개선 R&D, KS 인증기준 개정, 공공기관 시범사업 등으로 수열에너지 시장창출 추진
  ▶ 한강홍수통제소('21년), 영동대로 복합환승센터('22년) 등 시범사업 추진예정

- 향후 수열 성과, 국제추세 등을 감안해 기타 열원(공기열, 하수열 등)의 재생 에너지 인정기준 검토
  ▶ EU, 일본 등은 히트펌프를 활용한 열원(지중열, 수열, 공기열 등)을 재생 에너지로 인정하고 있으나, IEA 및 IRENA 등은 미인정

건물일체형 태양광 R&D-보급 연계 방안 예시

건자재에 태양광 기술이 융·복합된 건물일체형 태양광(BIPV) R&D 결과물의 보급연계 지원

연계 프로세스 : ① 기술개발·실증 → ② 제도정비 → ③ 공공부문 우선 적용

'10~'19 **BIPV R&D 23개 과제, 717억원 지원**

R&D 성과물 중 외장재, 지붕, 창호 BIPV 제품 중심으로 지원

'20~'22 **실증연구 추진**

BIPV 성능시험 등을 위한 실증 인프라 지원

공공기관 시범보급 사업(field-test) 추진

'21~'22 **제도 정비 및 공공부문 우선 적용 추진**

현재 BIPV KS표준 및 신·재생 에너지 보급사업 시공기준에서 BIPV 설치 안전성(화재 등) 및 발전성능 검증 기준 고도화
('21~'22. 상) BIPV모듈·시스템의 KS표준 및 시공기준 제·개정(에너지공단)

공공기관 건물 신축 시, 일정비율 이상 BIPV 설치하면 에너지원별 보정 계수를 상향하여 부여(BIPV 및 태양광 보정계수는 각각 5.48 및 1.56)
('22. 하) 공공기관 설치의무화 관련 '신·재생 에너지 설비의 지원 등에 관한 규정(산업부)/지침(에너지공단) 개정

'22~ **민간 보급 활성화**

신축건물 제로 에너지 건물인증 및 에너지절약 설계기준 등 신축 건물에 적용되는 건축허가 관련 제도에서 BIPV 설치 인센티브 지원(국토부 협의 필요)
제로 에너지 건물인증 및 에너지절약 설계기준상 BIPV 설치 시 신·재생 에너지 생산량에 대한 추가 가중치 부여 등 인센티브를 지원하여 BIPV 경제성 확보

노후건물 단열재, 창호 등을 교체하는 건물 리모델링 과정에서 BIPV 설치를 확대할 수 있도록 보조금 지원 추진
('22. 하) 공공기관 설치의무화 관련 '신·재생 에너지 설비의 지원 등에 관한 규정(산업부)/지침(에너지공단) 개정

⑤ **사업화** R&D 개발제품의 성공적 사업화 유도를 위한 지원 강화

- R&D 결과물이 수요기업의 구매로 이어지는 '수요연계형 R&D' 확대

- 수요기업 요구(제품사양, 성능조건 등)를 반영할 수 있도록 기획·평가 등 R&D 전 과정에 수요기업이 적극 참여하고 최종 결과물 구매

- 우수한 R&D 결과물을 공기업의 '시범사업'으로 연계하여 현장 실증 및 트랙레코드 확보 지원

    ▶ R&D 성과물에 대해 공기업이 자체적으로 1년여간 실제 사이트(그리드)에서 운영하여 성능 및 적용 가능성 등을 검증

㈐ 고효율·친환경 중심 시장 전환 및 혁신기업 육성

① 최저효율제, 탄소인증제 고도화로 고효율·친환경제품 시장 확대

- **최저효율제** 기술수준 및 시장동향을 반영한 로드맵 수립을 통해 최저효율기준을 단계적으로 상향하고, 탑 러너(Top Runner) 도입 검토

    ▶ 중국은 탑 러너(최고 에너지 효율 제품군) 제도로 18% 이상 고효율 모듈 우대중('17년~)

- **탄소인증제** 태양광 모듈('20.7 시행)에서 풍력·연료전지 등으로 인증대상을 확대하고, RPS 경쟁입찰시 가점 부여 등 추가 검토

    ▶ (예시) '친환경 풍력 블레이드 지원지침' 통한 저탄소·재사용 가능 블레이드 우대 등

② 신·재생 에너지 서비스 중심의 에너지 혁신기업 육성

- **태양광** O&M 신시장 창출을 위해 발전효율 지표 개발, 'O&M 플랫폼' 개발, 'O&M 표준매뉴얼' 제정 등 추진

    ▶ 대규모 태양광발전단지에 지능형인버터 기반 디지털 O&M 플랫폼 개발·실증('20~'23, 60억원)

    ▶ 태양광 O&M 표준매뉴얼 : 태양광 설비 O&M시 필수 고려사항, 유지·보수에 필요한 필수 작업, 데이터 관리방법 등 포함

- **풍력** 공공주도 대형사업의 단지 설계, 사업타당성 검토, 운영 관리에 혁신기업의 참여를 유도하고, O&M 관련 신기술 개발 지원

    ▶ 드론활용 상태 진단, AI/ICT 기반 풍력터빈 고장예측진단(빅데이터 수집·분석 등), 실시간 해상풍력단지 통합정보 및 O&M 이력관리 시스템 개발 등 풍력분야 연구개발 확대

- **수소** R&D, 인력지원단, 혁신조달 등을 패키지로 지원하여 기술력과 혁신역량을 가진 수소 전문기업 육성('40년까지 1,000개)

    ▶ 수소전문기업 육성 목표 : ('25) 100개 → ('27) 200개 → ('30) 500개 → ('40) 1,000개

    ▶ (수소 인력지원단) 현장 애로기술 해소를 신속 지원하며, 대학·출연(연) 인력 구성

    ▶ (혁신조달) 혁신제품/시제품으로 지정될 경우, 조달청/수요기관 구매시 수의계약 가능

    ○ 매출액 1,000억원 이상 에너지 혁신기업 대폭 확대(현 9개 ○ '34년 100개)

⑷ 차세대 핵심인력 양성 및 신규 일자리 창출

① 신·재생 에너지 분야 해외 우수 연구기관과의 교류협력 강화

- 글로벌 선도 연구기관에 석 박사급 파견 및 위탁교육 프로그램 운영 등을 통해 선진기술 체득 및 차세대 연구인력 확보

  ▶ (예시) 미국 NREL(재생 에너지), 독일 Fraunhofer(재생 에너지, ESS), 덴마크 DTU(풍력) 등

- 해외기관과 공동연구를 지원하고, 컨소시엄 내 국내·외 기관간 인적 교류 활성화를 통해 국내 연구진의 연구역량 강화

② 신·재생 인력수요를 반영한 현장 전문인력 양성 및 일자리 창출

- 전환부문 인력 재교육(화력·원자력 ➡ 재생 에너지 및 수소 현장 설비확인) 등으로 신규 현장인력 양성(고용부 재직자교육 등 연계)

내용	추진방법
재취업자 대상 교육과정 신설	• 폴리텍 대학교 내 중·장년 재취업 교과 과정에 수소, 연료전지 부문 신설추진
수요맞춤형 교육프로그램 신설	• 에너지 분야 퇴직자 및 현직자, 취업준비생, 업종전환을 시도하는 기업 등 수요에 따른 맞춤형 교육프로그램 운영 • 수소충전소 등 정비인력 양성 프로그램 개발

- 신·재생 관련 공공기관의 고유 업무중 민간 수행에 적합한 업무를 발굴·개방하여 민간의 신·재생 에너지 일자리 창출 유도

  ▶ (예시) 태양광 RPS 설비확인(에공단), 저압 설비 정기검사(전기안전공사) 등

③ 신·재생 에너지 국가기술자격 활성화

- 태양광 중심에서 풍력, 연료전지 등 다른 신·재생 분야로 기술자격 확대

  ▶ 최근 태양광발전기사 취득 현황(명) : ('17) 1,309 → ('18) 1,943 → ('19) 1,361

  ▶ 수소분야 민간 자격증 및 기사·기능사 자격제도 신설 추진

- 기술자격 활성화 위해 채용, 보급사업 가점 부여 등 인센티브 검토

  ▶ 전력·에너지 공공기관 신규인력 채용시 신·재생기사 자격가점 부여, 보급사업 참여기업 선정시 신·재생 전문기술인력 보유 가점 부여 등

⑷ 국내 신·재생 에너지 산업의 글로벌화 촉진

① 핵심 국가·권역별 차별화된 수요 맞춤형 진출전략 추진

- 진출대상 지역·국가의 특성, 정책 추진동향 등을 종합 고려하여 맞춤형 진출전략 추진

주요 지역별 진출 전략		
시장 구분	**주요 진출대상**	**시장특성 및 주요 진출전략**
선진 성숙시장	EU 미국	• 특성 : 그린딜(EU), '50년 탄소중립 달성(미국) 등으로 재생 에너지 투자 확대 • 진출전략 : 그린뉴딜 G2G 협력사업 및 공동 R&D를 추진하고, IPP(민자발전) 등 PPP(민관협력) 프로젝트를 활용한 수주 확대와 국내제품 동반진출 도모
신흥 성장시장	동남아 중앙아 남미	• 특성 : 초기 단계로 높은 발전원가가 제약요인이나, 경제성장에 따른 전력수요 증가, 풍부한 자원 기반 신·재생 전환 정책 등으로 시장성장 가능성 높음 • 진출전략 : 그린에너지 ODA와 연계한 개도국 시장 진출 적극 지원 및 다자개 발은행(WB·ADB·IDB 등) 활용

분산전원
유망시장
	인니
	필리핀
	일본
	호주
		• 인니·필리핀 : ESS와 연계된 소규모 도서지역의 독립 계통형 시장 형성
		  – 진출전략 : 신·재생 설비(태양광·풍력 + ESS 등)와 계통 설비를 패키지로 지원하는 마이크로그리드 사업 추진
		• 일본·호주 : 전력시장 소매개방 완료로 개인간 거래 (P2P) 등 VPP 활성화
		  – 진출전략 : 전력특화 시장에 대한 해외진출 교육 및 시장정보 제공을 통해 ESS·VPP·EMS 등 국내 유망 기술 및 업체 진출 도모

에너지 다각화시장	UAE 사우디 요르단	• 특성 : 현재 시장규모는 미미하나, 에너지전환에 대한 관심이 증가하면서 발전 단가가 낮은 태양광을 중심으로 시장 고성장 전망 • 진출전략 : 중동 국가의 풍부한 자금력을 활용하여 태양광 연계 담수화 설비 진출 및 태양광 수전해·재생 에너지 연계 담수화 R&D 협력 추진

② 유망시장 정보 제공 및 해외진출 역량 강화 지원

- 유관기관(KOTRA, 신·재생협회, 해외건설협회 등) 협업으로 수출·수주 유망시장 정보를 제공하는 '대외경제정보 통합플랫폼' 구축('21.하)
- 실적 부족으로 해외진출이 어려운 중소기업 신사업 모델에 대해 실증사업을 지원하고, 중소기업 대상 해외진출 교육 프로그램 신설
  ▶ '21년 신·재생 해외진출지원사업內 해외상용화 지원사업(실증사업) 신규 시행
- VR전시회, 온라인 상담회 등 비대면 마케팅 지원 강화 및 신·재생분야 국내 표준의 해외 확산과 우리 기업의 해외인증 획득 지원 확대

③ 유망 신·재생 프로젝트 금융지원 확대로 해외진출 활로 개척

- 국산기자재 사용 및 중소 중견기업 동반진출 해외 프로젝트에 투자 가능한 신·재생 정책펀드 조성 검토
- 신·재생 해외 프로젝트에 대한 정책금융기관(수은, 무보 등)의 대출 한도·금리, 보험료율 등 우대 추진
- 해외사업 공동보증제도 관련, 기업 신용도 평가기준 완화, 담당자 면책 제도적 보장 등 중소·중견기업 활용도 제고 방안 모색

④ ODA, 양자·다자 협력채널 등을 활용한 프로젝트 수주 가능성 제고

- 개도국 유망 그린에너지 프로젝트를 ODA 사업(KOICA EDCF KIAT 등)으로 추진하되, 법 제도 컨설팅 병행으로 수주에 유리한 여건 조성
- 에너지 ODA 사업 지속 확대 및 ODA 후속사업 연계시, 사전 타당성 조사 지원 우대(가점 부여 등)도 추진
  ▶ '20년 에너지 ODA 사업(KIAT) 예산(201억원)중 그린 에너지 분야 151억원
- 신남방·신북방, 중남미, 중동 등 그린에너지 유망 국가들과 정부간 협력채널을 강화하고, R&D·실증 등 협력사업 추진
  ▶ 기존 정부간 협력채널 내 '그린분과' 설치, 협력 포럼·라운드테이블 개최 등
- 다자개발은행(WB·ADB·IDB 등)의 투자계획과 연계한 시범 프로젝트 공동추진으로 MDB 후속 프로젝트의 우리기업 수주 가능성 제고

5 [인프라혁신] 계통 보강 및 운영관리 체계 정비

- 선제적 계통투자 등을 통한 적기 계통접속 지원
- 계통혼잡 대응 및 변동성 완화를 위한 계통운영 체계 개선

㈎ 송배전망 접속제도 개선 등을 통한 계통 수용성 증대

① 유연한 송배전망 접속으로 접속 가능용량 확대

- 계통혼잡 완화를 위해 기존 고정(Firm) 접속방식에서 선로별 접속용량 차등, 최대출력 제한, 선접속 후제어 등 유연한(Non-Firm) 접속방식 도입
  ▶ Firm Acess : 선로의 부하율에 대한 고려 없이 설비용량 기준으로 접속 허용 ↔ Non-Firm Acess : 태양광·부하 변동, 출력제어 등을 고려하여 탄력적 접속 허용

  접속용량 차등화 배전선로의 부하특성 등을 종합 검토하여 선로별 여건을 고려한 최대수용능력(Hosting Capacity)을 적용
  ▶ Hosting Capacity : 전기품질이나 계통신뢰도에 문제 없는 범위에서 추가적인 설비 보강 없이 수용할 수 있는 신·재생 에너지 용량
  ▶ 접속가능용량 : (현) 모든 배전선로 12 MW → (개정) A선로 12 MW, B선로 14 MW 등

  최대출력 제한 재생 에너지 사업자 선택에 따라 일정수준 이하로 발전출력을 제한하는 조건으로 우선 접속
- 접속용량이 포화된 선로에 연계된 기존 사업자의 최대출력을 제한하는 경우 발전량 감소는 보상방안 검토
  ▶ 발전량 감소로 인한 기회비용 손실과 전력망 설비 회피에 따른 편익을 고려

[선접속 후제어] 재생 에너지를 우선 접속 후, 계통혼잡이 발생하는 경우 출력제어를 통해 망 제약을 회피하는 방식으로 접속용량 극대화

- 선접속 후제어 전환에 필요한 감시·출력제어 체계 조기 구축
▶ 경제적이고 수용성 있는 출력제어를 위한 제어기준·보상방안 마련

신·재생 에너지 출력제어 정책방향

기본방향

❶ 재생 에너지 정책이행을 위해 출력제어는 일정 수준 이내 최소화 노력
❷ 일정 수준을 초과하는 출력제어 대상은 저장믹스·섹터커플링으로 활용
❸ 소규모 재생 에너지를 중앙급전 자원으로 유도, 출력제어시 기회비용 보상 검토
❹ 출력제어 유형에 따른 보상방법 차별화로 경제적 신호 제공

출력제어 방법론

구분	중앙급전 자원	비중앙급전 자원
주체	계통운영자(SO)	배전운영자(DSO)
대상	중앙급전 자원으로 등록한 재생 에너지	중앙급전 자원으로 등록하지 않은 재생 에너지
사유	전계통의 수급균형·안정성 확보	배전선로 혼잡 해소
시행 절차	전력시장에 참여하여 입찰 ↓ 계통상황에 따라 계통운영자가 출력제어량 통보 ↓ 사업자의 출력제어 이행 또는 송배전사업자가 원격 제어	배전망 상황에 따라 필요상황 발생 ↓ 배전운영자가 출력제어량 통보 ↓ 사업자의 출력제어 이행 또는 배전운영자가 원격 제어
근거	신뢰도 고시	
	전력시장운영규칙	송배전설비이용규정

출력제어 보상 검토과제

구분	과제내용	기대효과
망 제약	일정 수준을 초과하는 출력제어에 대한 보상 여부(무보상 범위 등)	신규 송배전망의 과잉투자 방지
신뢰도	시스템 안정성 제고를 위한 무보상 출력제어 범위(명확한 시행기준 등)	전력계통 운영의 예비력 비용 감소
수급유지	전력수급 균형 유지를 위한 출력 제어에 대한 보상 범위	과잉 발전시 사업자의 자발적 출력 제어 및 제어명령 수행 유인
법적근거	전기사업법·신·재생법 개정 등	보상원칙 및 재원확보 근거 마련

출력제어 보상 관련 해외사례

- 독일, 이탈리아, 포르투갈, 벨기에 등은 일정규모 이상(50시간 이상 등)의 출력 제어시 사업자의 총 기회비용을 보상
- 덴마크, 아일랜드, 스페인 등은 출력제어시 사업자에 총 기회비용의 일정 부분을 보상

② 기존 송배전설비 활용 극대화를 통한 계통 수용성 보강

- 신·재생 에너지 자가소비 촉진, 자가설비 전환을 통해 기존 송배전망의 활용도를 극대화하고 망 투자 효율화

  [자가소비 촉진] 사업용 중심의 재생 에너지 보급 확대로 증가하고 있는 전력망 부담을 완화하기 위해 계통포화 지역에 자가설비 설치 지원

- 계통포화 지역에 자가용 설비 설치시 정부의 설치 보조금 우선 지원 또는 지원금 상향 검토

  ▶ 현재는 계통여건은 고려치 않고 계통 미연계 도서지역에 한해 보조금 20% 추가지급

  [자가설비 전환] 일정 규모 이상 수용가 대상으로 부하특성에 맞는 신·재생 전원 용량을 권고하고 자가용 설비를 신·재생으로 전환 지원

  ▶ 공장·사업장 및 집단주택단지 등에 대해 신·재생 에너지의 종류를 지정하여 이용하도록 권고하거나 설비를 설치히도록 권고 가능(신·재생 에너지법 제12조제3항)

- 탄소중립 정책 강화에 대비, 설비 수명기간 등을 고려하여 탄소 의존 자가용 설비에 대해 RPS 의무 부여방안을 중장기 검토

- 주민수용성·환경성이 우수한 신·재생 에너지 입지 및 지역별 신·재생 사업계획 등을 고려한 인프라 투자로 적기 계통접속 지원

  [입지발굴] 지자체 주도로 신·재생 에너지에 적합한 입지요건을 갖춘 집적화단지 개발시 송배전망 조기 구축 등 인센티브 지원

  ▶ 집적화단지 계획단계부터 한전과 송배전망 구축에 대한 사전협의 지원

  [지역계획] 신·재생 사업계획과 시장잠재량 등을 활용하여 지역별 신·재생 계획물량을 예측하고 이를 바탕으로 선제적 전력망 보강

  ▶ 지역별 재생 에너지 물량을 파악하기 위해 신·재생 사업계획 조사 추진

㈔ 안정적 계통 운영을 위한 신·재생 에너지 운영관리 체계 구축

① 재생 에너지 변동성 대응을 위한 계통 복원력(Resilience) 강화

- 재생 에너지 변동성 확대에 따라 계통 복원력이 약화되지 않도록 재생 에너지의 예측·제어 능력을 강화하고, 유연성·관성 자원 확보

  ▶ 계통 복원력 : 전력 계통내에 돌발적인 고장 발생시 안정상태를 회복하는 능력

  ▶ IEA : 변동성 재생 에너지 비중 15% 이상(Phase 3~6)에서 출력예측시스템, 유연성 자원 확대, 계통관성 유지의 중요성 강조

  [자가출력 조정] 신·재생 에너지 자체적으로 가상발전소(VPP)를 구성해 발전량을 사전입찰하고, 출력조정 가능토록 하여 변동성에 대응

  ▶ VPP(Virtual Power Plant) : 다양한 소규모 분산자원을 통합해 한 발전기처럼 운영

IEA는 전통적인 전력계통에 변동성 재생 에너지(VRE)를 수용하는 과정에서
단계별 도전과제에 대해 정책 제언('17년)

VRE : Variable Renewable Energy

재생 에너지의 성공적인 전력계통 연계를 위해서는 향후 VRE 비중에 따라 도전과제 해소를 위한 전략 및 계획 수립 필요

변동성 재생 에너지 비중에 따른 전력계통 특징 및 도전과제('17, IEA)

구분	VRE 비중	전력계통 특징	도전과제
1단계	3% 이내	VRE가 전체 계통에 미치는 영향 없음 • VRE의 계통영향이 거의 없는 상황 • 접속점 근처 국지적 계통에 일부 영향	• Grid Code에 추가사항 고려 • 국지적 계통영향 검토
2단계	3~15%	VRE에 의한 영향 인지 • 계통운영자가 VRE 용량으로 인한 영향을 인식 • VRE 수용을 위해 계통운영 패턴의 변화	• 혼잡관리 & Grid Code 개선 • 출력예측 시스템 도입 검토 • VRE를 고려한 급전계획
3단계	15~25%	유연성에 대한 우선 고려 • 높은 불확실성과 변동성으로 유연성 자원 중요 • 순부하 변동성 확대 및 빈번한 역조류 발생	• 출력예측 시스템 • 유연성 자원의 확대 • 송전–배전 운영자간 협조
4단계	25~50%	전력계통 안정도의 중요성 증대 • VRE가 수요의 100%를 담당하는 시간 발생 • VRE가 계통 안정도에 영향을 미치는 상황 • 넓은 범위의 계통 보강, 복원력 강화요구	• 계통관성 확보가 최우선 과제 • VRE의 계통신뢰도 기여
5단계	–	VRE 발전이 구조적으로 남아도는 상태 • 수요초과 공급 및 대규모 출력제어(Curtailment) 발생	• 최종소비 부문의 전기화 • 장주기 공급 과잉·부족
6단계	–	VRE 공급과 수요간 계절적 불균형 • 계절에 따라 수급부족 현상 발생 • 저장장치&수요반응 가능량을 초과한 공급부족 발생	• 전력의 변환/저장 기술 (Gas & Hydrogen) • 계절수요 저장수단

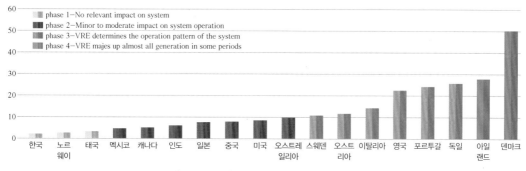

phase 1–No relevant impact on system
phase 2–Minor to moderate impact on system operation
phase 3–VRE determines the operation pattern of the system
phase 4–VRE majes up almost all generation in some periods

한국 / 노르웨이 / 태국 / 멕시코 / 캐나다 / 인도 / 일본 / 중국 / 미국 / 오스트레일리아 / 스웨덴 / 오스트리아 / 이탈리아 / 영국 / 포르투갈 / 독일 / 아일랜드 / 덴마크

그림 11-4 18년 주요 국가의 변동성 재생 에너지 비중

▷ 대상(안) : 단일규모 20MW 초과 또는 중개사업자가 모집한 20 MW 초과 자원

- 중앙급전 가능한 신·재생 에너지에 대헤서는 발전량 입찰시 용량요금 지급, 급전지시로 출력제어시 제어량에 대해 기회비용 보상 추진
  ▷ 중앙급전 가능 신·재생 에너지 : 신·재생 에너지의 발전출력을 미리 예측하여 입찰한 후, 계통 운영자의 급전지시에 따라 출력을 조정할 수 있는 자원

  [유연성] 재생 에너지 변동성으로 인한 돌발적인 계통악화 상황에도 빠르게 대응할 수 있는 ESS, 양수 가스터빈 등 유연성 자원 확보

- 실시간·보조서비스 시장을 통해 유연성 자원이 주파수조정·예비력 제공 등 전력계통 신뢰도 유지에 기여하는 경우 적정가치 보상
  ▷ (실시간시장) 전력시장의 가격결정을 1시간 단위에서 5~15분 단위로 단축하여 실제 수급여건을 반영하여 전력가치를 산정
  ▷ (보조서비스시장) ESS·DR 등 신규 유연성 자원이 석탄·LNG 등 기존 자원과 경쟁을 통해 보상받는 체계

  [계통관성] 예측·제어 능력, 유연성 자원 확보에도 불구하고, 불시 고장시에 대비 안정적 계통운영에 필요한 관성자원 확보 강화
  ▷ 계통운영자가 일정수준 이상의 관성자원을 확보하도록 계통신뢰도 기준 강화

② 안정적 계통운영을 위한 신·재생 에너지 관제 인프라 통합

- 계통운영자가 날씨·수요·고장 등 변화에 신속하게 대응할 수 있도록 전력 유관기관의 신·재생 에너지 관제 인프라를 통합 연계

  [통합관제시스템] 신·재생 에너지 발전량 실시간감시 자동예측 원격제어 등이 가능하도록 한전 전력거래소 에너지공단間 통합관제시스템 구축
  ▷ 전국계통 신·재생 에너지 통합관제(예측) 시스템 구축('21년 운영 예정) :
    (1단계, '20.03~12) 예측 알고리즘, 시각화 및 시스템 개발
    (2단계, '21.1~'21.6) 시운전 및 시스템 최적화

  [스마트인버터] 관제시스템과 연계하여 신·재생 에너지 상태·제어신호를 양방향으로 전달하고 출력제어할 수 있는 스마트인버터 의무화
  ▷ (기존) 단순 전력변환(DC → AC) → (스마트化) 출력·전압제어·고장지원 등 수행
  ▷ 스마트인버터 표준화·도입 및 전력계통 관련 제도정비 등 추진(~'24.11)

❶ 풍속, 일사량 등 기상정보 → 발전단지별 발전량 예측
❷ 발전소별 정보를 토대로 전국·지역별 발전량 예측 및 분석
❸ 재생 에너지 출력에 대한 실시간 계측 및 분석
❹ 전력계통 안정을 위해 EMS와 연계하여 재생 에너지 출력 제어

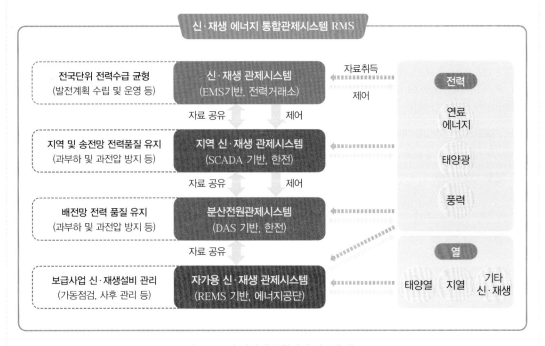

그림 11-5 신 에너지 통합관제 시스템 개요도

2050년 탄소중립 실현을 위해서는 기존 신·재생 에너지 보급방식·기술·계통 등의
한계를 뛰어넘는 과감한 혁신이 반드시 필요

분야별 장기 도전과제와 대응방향을 제시하여 향후 에너지 탄소중립 전략수립에 활용

도전과제	대응방향
❶ 획기적 잠재량 확충 및 보급·개발방식 혁신	• 수용성 갖춘 입지 및 유망 에너지원 발굴 • 공공·커뮤니티 주도 개발방식 확산
❷ 기술한계 돌파 및 에너지 안보 강화	• 신·재생 공급·전달·거래기술 초격차 확보 • 핵심소재 재활용·재제조 및 공급망 안정화
❸ 전력계통 대전환	• 전력 공급·수요·저장 자원의 유연성 강화 • DSO(배전망운영자) 강화 및 AC–DC 하이브리드 계통 투자
❹ 그린수소 확대 및 에너지 시스템 통합	• 그린수소 의무화로 발전·수송·산업 등 활용촉진 • 재생 에너지 변환 및 시장제도간 연계 강화 (에너지통합형 의무화제도, 공급–수요자원 통합 관리 등)

1 [과제1] 획기적 잠재량 확충 및 보급·개발방식 혁신

㈎ 배경 및 필요성

① 탄소중립 달성을 위해서는 신속하면서도 규모를 갖춘 재생 에너지 확대가 필수적 → 잠재
량 확충, 보급·개발방식 혁신 등 필요

구분	문제점/도전과제
잠재량 확충	현 규제·기술수준(태양광 효율 17.5%)에서 재생 에너지 우선공급가능 잠재량 (수용성 확보에 문제없는 잠재량)은 129 GW 수준 (에기연, '20.12)
	태양광·풍력뿐만 아니라 바이오, 해양, 온도차 냉난방 등 잠재성·성장성을 갖춘 재생 에너 지원 개발 필요
보급·개발 방식 혁신	계획적·대규모 재생 에너지 확대를 위해서는 민간 중심 소규모·분산형 보급방식 외 공공부 문 역할보완 필요
	개별 토지·건물 등 중심에서 향후 지역 커뮤니티, 농어촌 등 공간개념 대폭 확장 필요

⒧ 대응방향

① 수용성을 갖춘 재생 에너지 입지잠재량 확충

- 설비효율 향상, 현 잠재량 미포함 입지(건물벽면, 농지 등) 활용 등을 통해 잠재량 대폭 확충 추진

  ▶ 태양광 모듈효율 향상(17.5% → 40%) 및 풍력터빈 대용량화(3 MW → 20 MW)시 태양광·풍력 우선공급가능 잠재량 2.3배 증가 추정('20.12, 에기연)

  ▶ 건물 남향벽면 활용시, 건물태양광 우선공급가능 잠재량 30% 증가 추정('20.12, 에기연)

② 유망 재생 에너지원 발굴

- 해양(조류/조력, 파력 등), 바이오 연료, 심층수 활용 온도차 냉난방 등 개발로 잠재량 확대 및 재생 에너지 생태계 다양화

  ▶ 기술적 잠재량(GW, 규제·경제성 미고려) : 조류/조력 120, 파력 18, 바이오 10, 온도차 냉난방 9

③ 공공주도 대규모 재생 에너지 개발 활성화

- 입지잠재량을 고려한 지자체별 재생 에너지 설치의무 부여, 국가 및 지자체의 신규 산업단지 조성시 재생 에너지 설비 의무화 등 검토

  ▶ 신·재생 설비 설치를 도시·군 관리계획이나 산단개발계획 등에 반영해 제도화

- 국 공유재산 및 공공기관 소유 유휴부지를 잠재량 지가 등에 따라 등급화해 재생 에너지 설치에 활용하는 공공재산 개방형 개발 추진

④ 넷제로 커뮤니티 프로젝트 확산

- 개별 건물 단위를 넘어, 마을─지자체 등에 재생 에너지를 활용하는 커뮤니티 프로젝트 개발

  ▶ 미국은 유틸리티 중심, 독일은 지역주도, 영국은 사업자 주도 커뮤니티 프로젝트 시행

  ▶ 커뮤니티 프로젝트 유형 : ❶ 가정에 재생 에너지 설비 직접설치, ❷ 발전소 공유 등을 통한 중·저소득층의 참여기회 부여

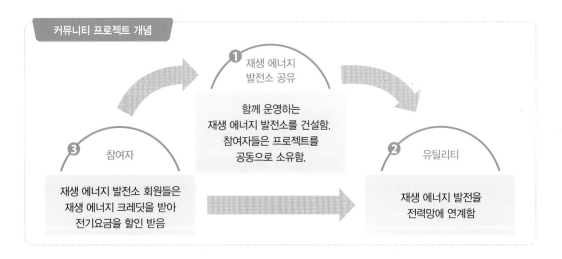

커뮤니티 프로젝트 개념

❶ 재생 에너지 발전소 공유

함께 운영하는 재생 에너지 발전소를 건설함. 참여자들은 프로젝트를 공동으로 소유함.

❸ 참여자

재생 에너지 발전소 회원들은 재생 에너지 크레딧을 받아 전기요금을 할인 받음

❷ 유틸리티

재생 에너지 발전을 전력망에 연계함

커뮤니티 프로젝트 사례

넷(net)제로 커뮤니티
플로리다의 Historic Green Village

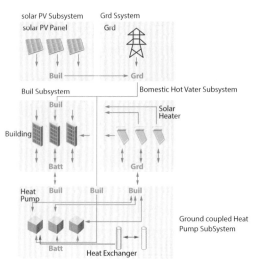

- 고령화 등 인구구조 변화를 감안, 농어촌 등 지역 현실에 적합한 재생 에너지 프로그램을 마련하고, 관련 제도개선 기술개발 병행
  ▶ 생산품 유형·토지소유 형태별로 최적화된 영농형 태양광 기술 및 사업모델 개발 등

농어촌 맞춤형 프로젝트 예시

구분	농어촌 폐교활용 태양광	농지은행형 태양광	어업공존형 해상풍력
제도개선	폐교지역 태양광 설치시 금융지원 우대	영농형 태양광 설치관련 규제 개선	어촌계 등 지분참여시 가중치 우대
기술개발	노후건물용 경량형 모듈 개발 등	작물 식생안전 관련 기술개발	해상풍력 하부구조물 활용 어장형성 기술

2 [과제2] 기술한계 돌파 및 에너지 안보 강화

(가) 배경 및 필요성

① 탄소중립을 위해서는 현 시점에서 예측한 기술의 한계를 뛰어넘는 기술혁신과 더불어, 변화된 에너지 안보 환경에 대응 필요

구분	문제점/도전과제
기술한계	現 실리콘 태양전지 한계효율(26%) 극복 위한 다중접합 기술 양산비용 저감 필요, 대용량 풍력터빈, 수소·수소화합물 전환 기반기술 등 취약
에너지 안보	과거에는 석유·가스 등 안정적 연료공급이 중요 → 탄소중립 시대에는 태양광·연료전지 등의 기술·소재확보가 에너지 안보의 핵심으로 부상

(나) 대응방향

① 한계를 돌파하는 신·재생 에너지 공급기술 혁신

- 태양전지 초고효율화(40% 이상) 및 건물 외장재, 차량, 선박, 해상 등 유휴공간 활용 태양광 기술 확보
- 초대형 풍력터빈(20 MW 이상) 개발 및 풍력단지 운영관리 고도화 등으로 풍력의 기저 전력화 도모
- 수소 저장·추출 및 수전해시 전력소비 효율 대폭 향상 등을 통해 안정적인 수소공급 시스템 구축

중점 투자분야	R&D 목표(예시)
• 초고효율 전지 • 건물형 태양광	• 다중접합소자 효율 : (현재) 25% → ('50) 40% 이상 • BIPV 이용률 : (현재) 12% → ('50) 20% 이상
• 초대형/부유식 해상풍력 • 풍력단지 운영·관리기술	• 터빈용량 : (현재) 8MW개발중 → ('50) 20 MW 이상 • 운영관리 : (현재) 태풍시 자동정지 → ('50) 계통, 기상상황 등 따른 완전 자율운전
• 액화수소, LOHC 등 수소화합물 공급 • 수전해 시스템(알칼라인/PEM)	• 수소저장 및 추출(액화, LOHC 등) 효율 : (현재) 13.6 kWh/kg-H_2 → ('50) 5 kWh/kg-H_2 • 수전해 시스템 효율 : (현재) 60 kWh/kg-H_2 → ('50) : 40 kWh/kg-H_2

② 신·재생 변동성 대응을 위한 차세대 전력계통 기술개발

- 생산 전력의 전환효율은 높이고 소모전력은 낮추는 차세대 AC/DC 하이브리드 송·배전 시스템 기술 확보 및 DC 적용분야 다양화
- ESS 수명 연장 및 용량 확대, P2X 등 에너지저장 기술 고도화

중점 투자분야	R&D 목표(예시)
• 차세대 직류 송배전 시스템 • DC 전원용 전기기기	• HVDC Multi-terminal 직류 송전시스템 : (현재) 200 MW → ('50) 3 GW급 • MVDC 직류배전 운영시스템('50) : AC/DC 배전망 혼용 운전
• 송변전 통합관제 • 에너지저장(ESS, 양수, P2G)	• 재생 에너지 발전량 예측 오차 : (현재) 10% → ('50) 1% 미만 • ESS 수명 : (현재) 3천 cycle → ('50) 5만 cycle

③ ICT를 활용한 신·재생 에너지 거래기술 고도화

- 재생 에너지와 P2P(Peer to Peer), 빅데이터 등 ICT 기술을 접목하여 분산형 에너지 확산을 뒷받침하고 새로운 비즈니스를 활성화

중점 투자분야	R&D 목표(예시)
• P2P, VPP, V2X 등 데이터 활용 신산업	• 실시간 Auto DR(현재 응답시간 10분 이상) • 전력/가스/열 통합 빅데이터 활용 에너지 서비스
• 에너지 블록체인	• 신·재생 에너지 거래/전기차 충전/배출권거래 등에 블록체인 적용

④ 신·재생 에너지 핵심소재 기술 확보 등을 통한 에너지 안보 강화

    • 태양광 연료전지 등 신·재생 핵심소재 재활용 재제조 기술 확보 및 소재 부품공급 안정화를 통해 새로운 에너지 안보 확보

중점 투자분야	R&D 목표(예시)
• 태양광 GVC 안정성 확보 • 금속실리콘 재이용·재제조	• 폴리실리콘, 웨이퍼 등 기초소재부품 공급처 다변화 • 재활용 태양광 실리콘 소재생산 : (현재) 1,800톤/년 → ('50) 5만톤/년
• 연료전지 관련 희토류 재이용·재제조	• 연료전지 촉매소재 원재료 회수율 : (현재) 70% → ('50) 95% 이상

3 [과제3] 재생 에너지의 주력 전원화를 위한 전력계통 대전환

㈎ 배경 및 필요성

① 탄소중립을 위한 재생 에너지의 주력 전원화는 변동성 증대, 관성 저하 등 전력계통에 극복해야 하는 새로운 도전과제 제기

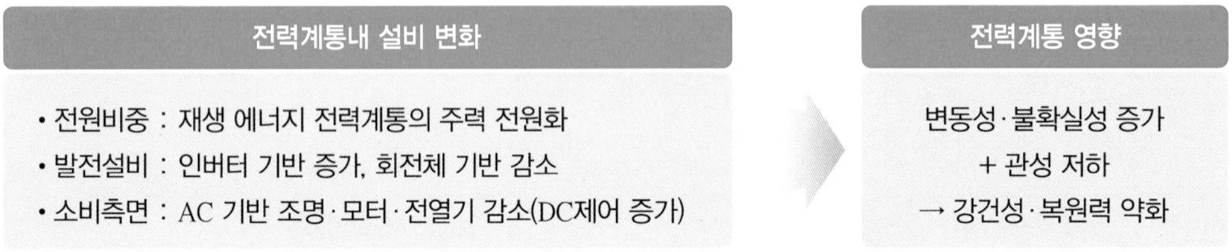

전력계통내 설비 변화	전력계통 영향
• 전원비중 : 재생 에너지 전력계통의 주력 전원화 • 발전설비 : 인버터 기반 증가, 회전체 기반 감소 • 소비측면 : AC 기반 조명·모터·전열기 감소(DC제어 증가)	변동성·불확실성 증가 + 관성 저하 → 강건성·복원력 약화

그림 11-6   탄소중립 시대 예상되는 미래 전력계통의 특성

㈏ 대응방향

① 전력망 규정(Grid Code) 고도화를 통한 공급자원의 유연성 강화

    • 주파수 제어 등 전력계통 신뢰도 상시 유지에 필수적인 유연성 자원을 체계적으로 확보·운영할 수 있도록 관련기준 강화

        [관성자원] 전력수급계획 수립시 전원 구성에 따른 적정 관성수준을 검토하여, 설비계획 단계부터 관성제공 자원 확보 의무화

        ▶ 관성자원 : 가스터빈, 동기조상기, 초고속 ESS, 스마트인버터 등

    • 전통적인 동기발전기가 공급하던 관성을 가상관성 등으로 대체 제공하도록 사업자에

관성제공 기능을 갖춘 설비확보 의무화

▶ 전력망형성(Grid-forming) 인버터 기반의 ESS·동기조상기 등을 통해 주파수·전압 합성 가능

• 실시간 계통운영시 적정 관성이 확보될 수 있도록 비동기 발전량 비중(SNSP)을 모니
터링하고 상한 기준 마련

▶ SNSP(System Non Synchronous Penetration) : 계통내 총발전량 중 非동기 발전량의 비중으로
서 관성확보 수준을 평가하는 지표로 활용(예 : 아일랜드 65%)

[주파수 제어] 일정 규모 이상의 재생 에너지 설비는 전통적인 발전원과 유사한 수준
으로 계통 주파수에 따라 출력제어 가능하도록 의무화

• 유틸리티급 재생 에너지에 대해 주파수 추종(GF), 자동 발전제어(AGC) 기능이 가능한
설비를 갖추도록 설비기준 강화

▶ GF(Governor Free) : 계통주파수에 따라 발전출력을 자체적으로 조정

▶ AGC(Automatic Generation Control) : 중앙에서 제어 신호를 통해 발전기 출력 제어

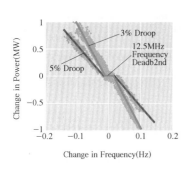 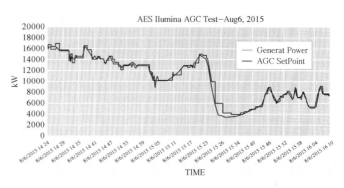

그림 11-7 Utility Scale 태양광발전설비 출력제어 운영 사례(미국)

② 전력수급균형 고도화를 위한 전력수요 및 저장자원의 유연성 강화

• 재생 에너지 변동성 확대에 효과적인 대응을 위해 공급자원 유연성과 함께 수용가 및
저장자원에도 수급균형 기여의무 부여

[수용가] 대형 건물 등 일정 규모 이상 수용가가 계통 여건에 따라 능동적으로 반응할
수 있는 자원을 확보하여 유연성 서비스 제공

• 자가태양광 스마트가전 전기차 축열조 등 수용가측 자원을 활용하여 배전운영자 지시
에 따라 반응 및 자동조정(Automated DR)

▶ 동일 수준의 계통 유연성 확보시 가스복합 등 전통전원 대비 대형 건물 등 수용가 측면에서 확보하
는 것이 비용-효율적(영국, Active Building Centre 연구 결과)

[저장자원] 계절수요 대응(봄·가을철 수요초과 공급가능 재생 에너지를 여름·겨울철
냉난방에 활용)을 위한 장주기 저장수단 확보

▶ 단주기 : 반응속도가 빠른 BESS · 플라이휠 · 슈퍼캐패시터 등 → 변동성 · 혼잡 대응

　장주기 : 수소가스, 액상 연료저장 등 기술개발 중 → 계절수요 대응

- 저장자원도 충방전 전력을 중앙에서 제어하도록 주파수 조정 · 경제 급전(ED) 등 실시간 수급균형 참여 의무를 부여하여 공급자원과 협조

▶ ED(Economic Dispatch) : 계통운영 비용 최소화를 위한 경제적 발전출력 배분

재생 에너지 長주기 저장수단 기술동향

❶ 재생 에너지 보급초기에서는 단주기 수급균형 등이 주요 이슈이나, 고도화 단계에서는 월간~연간의 장주기 수급균형이 이슈로 부상 예상(IEA)

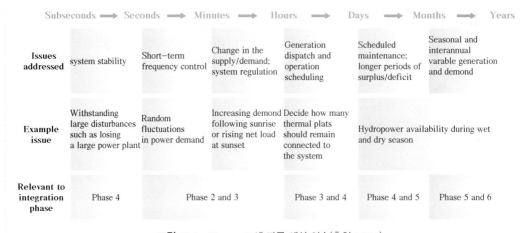

	Subseconds ➡	Seconds ➡	Minutes ➡	Hours ➡	Days ➡	Months ➡	Years
Issues addressed	system stability	Short−term frequency control	Change in the supply/demand; system regulation	Generation dispatch and operation scheduling	Scheduled maintenance; longer periods of surplus/deficit	Seasonal and interannual varable generation and demond	
Example issue	Withstanding large disturbances such as losing a large power plant	Random fluctuations in power demand	Increasing demond following sunrise or rising net load at sunset	Decide how many thermal plats should remain connected to the system		Hydropower availability during wet and dry season	
Relevant to integration phase	Phase 4		Phase 2 and 3	Phase 3 and 4	Phase 4 and 5	Phase 5 and 6	

그림 11-8 Timescale에 따른 예상 이슈(출처 : IEA)

❷ 저장기간 특성에 적합한 저장기술을 세계 각국에서 지속 개발중

특히, 탄소중립 시대에 중요성이 증가할 것으로 예상되는 장주기의 저비용 · 고효율 저장기술 개발을 위해 다양한 시도 진행중

각국의 새로운 저장수단 기술투자 사례

저장수단	대응방향	국가
LAES (Liquid Air Energy Storage)	저장 : 재생 에너지로 공기 압축 → 액화 저장 발전 : 기화 팽창력으로 터빈 회전 → 전력 생산	영국 스위스, 독일
위치 에너지를 이용한 저장	저장 : 재생 에너지로 물체(블록 등) 이동 발전 : 블록을 낙하시켜 전력 생산	미국 등
히트펌프를 이용한 저장	저장 : 재생 에너지로 히트펌프로 온도차 발생 발전 : 온도차를 이용하여 전력 생산	미국

❍ 계통운영자가 발전·수요 저장자원을 유기적으로 통합 감시·운영할 수 있도록 고도화된 에너지관리시스템(EMS) 구축 필요

③ 배전망운영자(DSO)의 안정적 계통운영 책무·역량 강화

- 배전망에 주로 접속되는 재생 에너지 확대에 따라 송전망 운영 중심의 기존 계통운영자로는 안정 운영에 한계 ❍ 배전망운영자(DSO) 필요

  ▶ 배전망운영자(DSO, Distribution System Operator) : 배전망에 연계된 재생 에너지 발전소 등에 대한 제어와 급전, 시장운영 등을 담당하는 운영자

- 지역단위 DSO가 변동성·불확실성에 대응토록 책무와 역량을 강화하는 한편, 계통운영자와 유기적 협조체계 구축

(사례) 미국 LBNL의 DSO 진화단계 전망

DSO 1.0	DSO 2.0	DSO 3.0
배전계통 내 제어설비를 활용하여 제한적, 지역적 계통 유연성 확보 및 운용	배전계통 내 분산에너지를 통합 관제하여 광역적인 계통 유연성 제공 지원	DSO가 관할지역 내 시장을 통해 변동성·불확실성을 분권화하여 관리

④ AC–DC 하이브리드형 전력망으로 전환 투자

- AC 기간망(백본)과 DC 배전망을 융합한 하이브리드형 전력망으로 전환하는 한편, 배전망 중심 계통투자 촉진 및 연계범위 확대

  [DC 적용] 재생 에너지 배전 접속, 해상풍력단지 접속설비 등 DC 적용이 유리한 송배전망에 부분적으로 적용 검토

  ▶ DC 장점 : 재생 에너지 접속용량 증대, 에너지변환 손실 저감, 해저·지중화 가능 등

  ▶ 재생 에너지 증가시 AC/DC 하이브리드 구성이 비용-효율적(중국 칭화대, 미국 NREL 공동연구)

  [배전망 투자] 사회적 수용성이 낮은 대규모 송전망 투자는 최소화, 배전망 중심의 선제적 투자를 통해 견고한 분산에너지 인프라 구축

  ▶ 사례 : 덴마크, '80년대 송전망 중심 발전량 연계에서 '15년경 절반 이상의 발전량(태양광, CHP 등)이 배전망에 연계 → 50여개의 DSO가 운영중

  [계통연계] 에너지 수급리스크가 불가피한 계통섬의 한계를 극복하기 위해 동북아 수퍼그리드 지속 추진 및 확대 검토

  ▶ 예시 : 고비사막 태양광/풍력(중 → 한 → 일), 시베리아 수력(러 → 북 → 한) 연계

4 **[과제4] 그린수소 확대 및 에너지시스템 통합**

㈎ 배경 및 필요성

① 그린수소는 재생 에너지를 대규모로 장기 저장하고, 탄소저감이 어려운 열·산업분야 등 섹터 커플링의 핵심자원으로 활용 가능

- 수소경제 전분야에 그린수소 의무화 검토 등을 통해 시장창출을 가속화하고, 그린수소 공급을 위한 대내외 노력도 강화 필요

② 에너지공급 섹터간 시장제도를 통합하는 한편, 궁극적으로는 공급–수요 시장을 아우르는 에너지시스템 통합 필요

㈏ 대응방향

① 그린수소 정의 명확화 및 그린수소 인증제 도입 추진

- 그린수소 의무화를 위한 첫 단계로 수소법에 그린수소를 명확히 정의하고, 이를 기반으로 그린수소 인증제 도입 추진

  ▶ (예시) ❶ 재생 에너지 설비와 직접 연계된 설비에서 생산한 수소, ❷ 전력망 연계 설비에서 생산된 수소(전력망내 재생 에너지가 차지하는 비중으로 제한), ❸ 전력 예비율이 일정 수준이 넘는 특정 시간대에 재생 에너지 시설 인근에서 생산한 수소 등

② 그린수소 활용 의무화를 통한 시장창출

　　발전부문 HPS 도입시 그린수소 초창기 활용기반 확보 병행

- HPS 사업자에 그린수소 사용의무 부여, 단가절감 등에 따라 의무 비율 점진적 확대 → 그린수소 수요확보 및 민간투자 유도

  ▶ RPS 체제하에 설치되고 있는 연료전지는 추출수소 중심, 미래 그린수소 활용 부담도 없다.

- 연료전지에도 자가용 시장 성숙시 그린수소 의무비율 부과 검토

  ▶ 공공기관 연료전지 설치 권고 → 대규모 소비처(대형건물·호텔 등)에 자가용 연료 전지 활용의무 부과 → 자가용 연료전지에 그린수소 의무화 순

  ▶ 자가용 연료전지는 분산전원이자 건물 냉난방 공급으로 전기화 수요 억제 가능

　　수송부문 수송용 수소에 그린수소 혼합 의무화 제도 도입

- RFS와 유사한 방식으로 수송용 수소에 그린수소 혼합의무제 도입 검토

- 추출수소–그린수소간 경제성 근접시 수소충전소 내 그린수소 전용 충전기 설치, 공공기관 수소차량에 그린수소 충전 의무화 등 추진

- 그린수소 전용차량 도입 지원, 수소차 확산 신규 제도 등도 검토

  ▶ 영업용 화물차 유류비 지원카드, 친환경차량 번호판 제도 등 유사제도 검토

  ▶ 내연기관 차량 진입 금지지역 설정 등

　　산업부문 공정별 그린수소 사용 의무화, 전환 인센티브 검토

- 철강·정유·암모니아(원료), 시멘트·알루미늄·유리(연료) 등 산업분야 그린수소 활용을 위해 관련 R&D 등 지원
- 이후 공정별 그린수소 사용 의무화, 탄소 ⬭ 수소 전환 인센티브 검토

  기타   추출수소 생산기업 등의 그린수소 생산·활용 확산

- 추출수소 생산기업 등에 그린수소 생산의무 부여를 통한 경쟁촉진 및 그린수소 부과금 도입 검토 등으로 그린수소 투자재원 확보 추진
  - ▶ 단, CCUS를 통한 탄소배출 저감시(블루수소) 환경부하를 감안해 의무 면제
  - ▶ 정유·가스사 대상 그린수소 투자 및 판매의무 부과, 주유소·가스충전소 등에 그린 수소 충전소 구축 의무화를 통한 메가스테이션 확산 등도 검토

③ 그린수소 공급능력 확보를 위한 대내외 노력 강화

- 대규모 수전해 기술개발로 그린수소 대량공급 기반 확보
  - ▶ '40년 수소가격 3,000원/kg 달성, '40년 수소 5대분야 R&D 지원 3,000억원
- 그린수소 해외사업단을 통한 해외 그린수소 대량 도입도 본격 추진
  - ▶ 독일, 유럽, 일본 등 주요 수소경제 선도국들도 가격 등 감안 해외 수소도입 모색중('50년 그린수소 가격전망 : 한국 $1.6/kg 이상 vs 호주 $0.8/kg 미만, BNEF)
  - ▶ 타당성 조사(1단계, 1년) → 생산·공급 실증(2단계, 4~5년) → 민간투자 유도(3단계, 3~4년)

④ 탄소중립을 위한 그린수소 중심의 공급섹터 커플링 활성화

- 발전부문 외 전부문의 탄소중립을 위해서는 P2X 기술을 활용한 그린수소 중심의 에너지원간 섹터 커플링 활성화 필요

  P2G : Power to Gas   수송 산업공정 부문 등에 재생 에너지로 생산한 그린수소 활용 의무화, 공급망 구축 등 추진

- 기존 가스 공급망을 그린수소 공급망으로 활용 등 검토

  P2H : Power to Heat   재생 에너지 활용 열공급 히트펌프 설치 의무화, 인센티브 지원 등을 통해 재생 에너지 열사용 확대기반 마련

- 열수요 밀집지역에 수요초과 재생 에너지 활용 보일러 설치 의무화, 가중치 부여 등 검토

  P2L : Power to Liquid   재생 에너지 전력으로 장거리 수송 장기간 저장 등에 적합한 고 에너지밀도 탄소중립 연료생산 추진

- P2L : 재생 에너지 전력+그린수소 + 탄소중립 CO_2 → 메탄올·가솔린·경유 등 생산
- 에너지원간 섹터 커플링 활성화를 위해 열·연료·전력 등 에너지 유형별 공급 의무화제도 통합 필요
- 제도간 거래 가능토록 에너지공급량을 전기환산톤으로 환산, 상호 인정하여 시장왜곡을 예방하고, 섹터간 합리적 경쟁 유도
  - ▶ 통합제도 예시 : RPS(전력) + RFS(연료) + RHO(열) → 에너지통합 공급의무화

⑤ 탄소중립 에너지 공급 및 수요자원간 통합 에너지시스템 도입

- 탄소감축 잠재량이 풍부한 에너시효율 등 수요측 자원이 공급섹터와 경쟁을 통해 활성화되도록 공급-수요자원간 에너지시스템 통합 필요

- 효율향상·피크감축·수요이전 등 수요자원과 재생 에너지 그린수소 중심의 공급자원의 균형 있는 활용을 통해 넷제로 달성 추진

  ▶ 기술별 '50년 탄소감축 잠재량 : ❶ 재생 에너지(44%) > ❷ 에너지효율(32%) > ❸ 재생 에너지 전기화(14%) > ❹ 기타(10%) 순(IEA·IRENA 공동연구, '17)

분야별·원별 보급목표

(가) 전력

① 전력부문 신·재생 에너지 비중은 '20년 7.4%, '30년 20.3%, '34년 25.8% 달성 목표

- '20년~'34년 연평균 증가율은 10%로 같은 기간 연평균 0.6% 증가에 그친 전력수요를 상회

발전량 기준 신재생 비중 목표

구분	2020	2022	2030	2034
신·재생 비중	7.4	10.1	20.3	25.8
재생 에너지	6.5	8.7	17.3	22.2
신 에너지	0.9	1.4	3.0	3.6

⟨주1⟩ 9차 전력수급기본계획의 발전량 대비 비중 / ⟨주2⟩ 폐기물 제외　　　　　　　　　　　(단위 : %)

② 원별로는 태양광·풍력 중심으로 보급 확대

▶ 원별 발전량 비중(%, '18 → '34) : 태양광(32.1 → 39.3), 풍력(8.6 → 35.1)

▶ 주요 원별 설비용량(GW, '18 → '34) : 태양광(8.1 → 49.8), 풍력(1.3 → 24.9) 등

▶ 주요국 태양광 설비용량 전망(GW, '18 → '34) : 미국(64.2 → 319.8), 중국(179.8 → 894.1), 일본(56.1 → 144.7) (BNEF, 2020, 사업용 및 자가용 포함)

발전량 기준 원별 비중 목표

구분	2022	2030	2034
태양광	47.4	38.9	39.3
육상풍력	7.2	8.1	7.6
해상풍력	3.0	23.8	27.5
바이오	21.9	10.8	8.9
수 력	5.9	3.0	2.4
해 양	0.8	0.4	0.3
연료전지	9.9	13.1	12.5
IGCC	3.9	1.9	1.4
합계	100	100	100

⟨주1⟩ 사업용 및 자가용 포함 / ⟨주2⟩ 폐기물 제외　　　　　　　　　　　(단위 : %)

⑷ 건물·산업

① 건물부문 신·재생 에너지(자가발전+열)는 '34년까지 3,456천 TOE 보급(건물부문 신·재생 비중 8.3%) 목표

▶ 건물부분 공급 목표(십만TOE) : ('20) 15 → ('22) 20 → ('30) 30 → ('34) 35

• 추진방안 제로 에너지건축물(ZEB) 의무화 제도를 활용, 신축 건축물에서 사용하는 에너지의 일정 비율을 신·재생 에너지로 공급 의무화

• 의무대상 단계별 연면적 기준 이상 신축 건축물의 에너지사용량 중 20% 이상을 신·재생 에너지로 공급

▶ 연평균 신축 건축물은 약 150,000동, 이 중 1만m² 이상은 약 900톤으로 추정

• 제2차 녹색건축물기본계획 및 제로 에너지건축물 의무화로드맵 연계

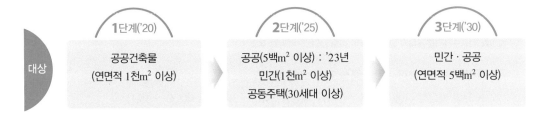

② 산업부문 신·재생 에너지(자가발전+열)는 '34년까지 6,202천 TOE 보급(산업부문 신·재생 비중 6.5%) 목표

⑸ 수송

① 수송부문 신·재생 에너지는 '34년까지 1,293천 TOE 보급 목표

▶ 공급 목표(십만TOE, 수소 포함) : ('20) 5.7 → ('22) 6.6 → ('30) 11.0 → ('34) 12.9

• '34년까지 경유·휘발유 등을 바이오연료로 대체, 수송부문 에너지 수요의 3.7% 공급 목표

▶ 3차 에너지 기본계획 목표안 준용(수소 포함)

분야	기술개발 목표
태양광	• 글로벌 경쟁 돌파 고효율 태양광 개발 • 수상, 해상, 영농형 등 입지 다변화용 태양광 모듈 개발 • 초경량, 고감도 태양전지 개발 • Post-결정질 미래 원천기술 확보
풍력	• 풍력발전 핵심부품 경쟁력 강화 • 초대형 해상풍력기술 개발 및 실증 • 부유식 해상풍력시스템 개발 및 실증 • 환경친화적 단지 개발 및 운영
수소·연료전지	• 수소차 충전소용 저가 수소 생산기술 상용화 및 그린수소 대량 생산기술 확보 • 대규모 육상수소 운송기술 • 고효율·저가 연료전지 발전시스템 기술 확보
바이오	• 비식용원료 기반 바이오연료 생산기술 국산화 • 물성 개선(Drop-in) 바이오연료 핵심기술 확보 • 항공, 선박용 바이오연료 양산기술 개발 및 실증 • 비 바이오매스 기반 바이오연료 생산 원천기술 확보
태양열	• 고효율·고신뢰성 전일사 태양열 집열 및 고밀도 축열 핵심기술 확보 • 태양열 기반 건물 및 산업용 냉·온열 공급시스템 기술 개발 • 수출형 대규모 태양열 발전시스템 상용화 및 600℃ 이상 흡수, 저장기술 개발
해양	• 해양 에너지 상용화기술 개발 • ESS 연계 해양 에너지 핵심기술 개발 • 복합해양 에너지 단지화 기술 개발
지열	• 지열 에너지 경제성 확보를 위한 지열자원 탐사 및 평가기술 개발 • 천부/심부지열 저비용 천공기술 개발 • Low-GWP 냉매이용 고온용 히트펌프 유닛 개발 • 하이브리드 지열 히트펌프 시스템 및 저온구동 지열발전 시스템기술 개발
수력	• 수차 성능 향상 설계기술 개발(압력맥동, 캐비테이션, 유사마모 등) • Fish-friendly 프란시스 및 카플란 수차 설계 및 개발 • 수력 성능 검증을 위한 모델시험 및 현장 효율시험 기술 개발
수열	• 하천수 냉·난방 및 재생열 하이브리드 시스템 기술 개발 • 수열 적용을 통한 막여과 수처리공정 개선 복합기술 개발 • 에너지 다소비 시설 적용 심층 저온수 활용기술 개발

구분	단기						중기		목표
	~20	'21	'22	'23	'24	'25	'28	'30	
태양광	단가 저감형 고효율 결정질 실리콘 모듈화 기술								셀 효율 35% 모듈제조단가 0.1$/W
	페로브스카이트/Si 태양전지 상용화 기술								
	수상태양광/영농형/ 건물형/해상 태양광발전 시스템								설비이용율 17%
	초경량 모바일 태양전지(유기물, 페로브스카이트, CIGS, Ⅲ-Ⅴ 족) 및 모듈 기술								무게당 발전량 1.6 W/g
	고감도 스마트 태양전지(유기물, 페로브스카이트, CIGS, Ⅲ-Ⅴ 족) 및 대면적화 기술								저조도 발전량 30u W/cm²
	한계효율 극복을 위한 차세대 고차 다중접합 태양광 변환소자 기술								적층형 다중접합 셀효율 40%

구분	단기						중기		목표
	~20	'21	'22	'23	'24	'25	'28	'30	
풍력	핵심부품 국산화 및 공급체계 구축								핵심부품 국산화율 80%
	해상용 대형 풍력발전시스템 개발 및 실종								터빈용량 12 MW 이상 LCOE 해상 150원/kWh
	부유식 해상풍력 설계 및 파일럿 실종	부유식 해상풍력 플렛폼 설계 및 제작기술(대형)								대형 부유식 풍력 8 MW급 실증
	풍력단지 설계 및 시공 등 구축기술 실종증								
	풍력발전 단지 수용성 향상 모델 개발								
	ICT 기반 통합 운영 유지보수 기술								O&M 비용 2,800만원/MW/년

구분	단기						중기		목표
	~20	'21	'22	'23	'24	'25	'28	'30	
바이오	산림 부산물 수집 인프라 구축								원료 비용 : 60,000원/톤 이하 수집양 : 150만톤/년 이상
	비식용원료 유래 수송용 바이오연료 생산기술 국산화								바이오연료 단가 : 800원/kg 이하 LCA 기준 CO_2 저감 효율: 60% 이상
	Drop-in 바이오연료 핵심 기술 개발								기존 공정 대비 수소 소비량 30% 이상 절감
	바이오항공유, 선박유 양산공정 개발 및 실증								공정 규모 : 3,000톤/년
	비바이오매스 기반 바이오기파이너리 원천 기술 개발 및 파일롯 실증 시스템 구축								신재생 전기 연계 바이오리파이너리 원천기술 확보
	바이오연료 LCA 기준 확립								바이오연료 LCA 모델 확보

구분	단기						중기		목표
	~20	'21	'22	'23	'24	'25	'28	'30	
태양열	전일사 고효율 집열, 저가화 및 고신뢰성 기술								집열기 70% 수준 저가화 과열 · 동파 방지 · 예지 상용화
	건물용 태양열 기반 냉온열공급시스템 고신뢰성 및 지능화 기술								열 · 전기 복합에너지효율 70% 120℃ 중온 집열효율 60%
	고밀도 및 저손실 열에너지 저장기술								150 kWh/m³ 이상 수준 소재 기반 장기열저장 실용화
	지역 및 산업용 대규모 태양열 기반 냉온열공급시스템 기술								태양열기반 냉온열공급 보급형 상용화모델 다양화
	수출형 대규모 태양열 발전시스템 기술								1 MW급 이상 수출형 발전시스템
	600℃ 이상 고온 열흡수, 열저장 기술 개발								초임계 발전사이클 연계 태양열발전 흡수기, 열저장기 개발
	태양열설비 성능 및 품질 인증평가 고도화 기술								시스템인증 및 장기 신뢰성 평가 기반 구축

구분	단기						중기		목표
	~20	'21	'22	'23	'24	'25	'28	'30	
해양	HAT 조류발전장치 상용화 기술 개발								용량 1 MW HAT type
	파력발전/조류발전-ESS 상용화 기술								발전용량 500 kW
	저온도차/고온도차 해수온도차 발전 실용화 기술								핵심부품 국산화 (범위 : 17°~30°, 60°~80°)
	하이브리드 해양 에너지 전력변환 및 마이크로그리드 적용 기술								500 kW 공급 도서지역 적용
	해상풍력/조류, 해상풍력/파력 복합해양 에너지 단지화 기술								500 MW 이상 단지
	염도차 발전 상용화를 위한 핵심 기술 개발 및 실증								발전용량 1 MW

구분	단기						중기		목표
	~20	'21	'22	'23	'24	'25	'28	'30	
지열	지열에너지 경제성 확보를 위한 지열자원 탐사 및 평가 기술 개발								
	천부지열 저비용 천공기술 개발								12천원/m 이하
	심부지열 고심도 천공기술 개발								5 km 천공기 상용화 기술
	Low-GWP 냉매이용 히트펌프 유닛 개발								GWP 10 이하, COPh 3.8
	지열원 고온용 히트펌프 시스템 개발								
	하이브리드 지열 히트펌프 시스템 개발 및 실증								온수온도 70℃, COPh 3.3
	저온구동 지열발전 시스템 기술 개발								100℃ 이하, 발전효율 8.0%

구분	단기						중기		목표
	~20	'21	'22	'23	'24	'25	'28	'30	
수력	50 MW급 프란시스 수차 개발 및 실증								출구 직경 4.0 m 이상 실물 러너 제작/실증
		수차의 압력맥동특성 개선 기술							P-Pmax ≤ 10% of head
		캐비테이션 및 유사 마모 저감 기술							기존대비 마모량 30% 절감
			Fish-friendly 수차 설계 및 개발 실증						Fish 사망률 40% 절감
		고정밀 모델수차 성능시험 및 다양한 부가 시험 기술							효율시험 불확도 0.2% 이하
	국제수준의 수력발전설비 현장 효율시험 및 AI를 활용한 노후화 진단 기술								유속계법, 초음파법, 열역학법 현장 효율시험 기반 구축

구분	단기						중기		목표
	~20	'21	'22	'23	'24	'25	'28	'30	
수열	하천수 기반 저온 열융합시스템 구축 기술 개발								
		폐수, 지역난방 회수열 연개 활용 기술 실증							
	막여과 플랜트 적용을 위한 수열에너지 히트펌프 시스템 개발								기존 막여과 대비 에너지 10% 절감
	방류수 폐열을 이용한 농축폐수 승온시스템 구축 및 최적 운영 기술개발								동절기 LNG 보일러 대비 에너지 20% 절감
	댐심층수 열원활용 프리쿨링형 공기조화 시스템 개발 및 운영 최적화 기술								전력효율지수(PUE) 1.2 달성
	수열 에너지 통합 시스템 설계 프로그램 개발								수열 이용 실증 시스템과 ±20% 범위 내 성능 예측
	수열 에너지 생애주기 CO_2 배출량 및 경제성 평가도구 개발								에너지 소비량 예측 오차율 ±10% 이내

1. ( ) 안에 알맞은 내용을 쓰시오.

> 2030년까지 1차 에너지의 (㉠)%, 발전용량의 (㉡)%를 신·재생 에너지로 공급한다.

2. 제5차 기본계획은 목표 달성 시 2014~2030년간 온실가스(CO_2)는 누적 몇 억 톤으로 감축을 전망하는가?

3. 제5차 기본계획의 6대 정책과제를 쓰시오.

4. 2034년 발전량 기준 ① 신·재생 에너지 ② 재생 에너지 ③ 신 에너지의 목표는 각각 얼마인가?

5. HPS는 무슨 제도를 말하는가?

6. RE100은 무엇을 의미하는가?

7. 3대 신·재생 원별 R&D 지원 강화에 대해서 쓰시오.

8. 안정적 계통운영을 위한 계통 복원력 강화 체계구축 2가지를 쓰시오.

부록

연습문제 정답 및 해설

한국전기설비규정(KEC)

[* 일부 발췌]

(100 총칙)

101 목적

이 한국전기설비규정(Korea Electro-technical Code, KEC)은 전기설비기술기준 고시(이하 "기술기준"이라 한다)에서 정하는 전기설비("발전·송전·변전·배전 또는 전기사용을 위하여 설치하는 기계·기구·댐·수로·저수지·전선로·보안통신선로 및 그 밖의 설비"를 말한다)의 안전성능과 기술적 요구사항을 구체적으로 정하는 것을 목적으로 한다.

102 적용범위

한국전기설비규정은 다음에서 정하는 전기설비에 적용한다.

1. 공통사항
2. 저압전기설비
3. 고압·특고압전기설비
4. 전기철도설비
5. 분산 형 전원설비
6. 발전용 화력설비
7. 발전용 수력설비
8. 그 밖에 기술기준에서 정하는 전기 설비

(110 일반사항)

111 통칙

111.1 적용범위

1. 이 규정은 인축의 감전에 대한 보호와 전기설비 계통, 시설물, 발전용 수력설비, 발전용 화력설비, 발전설비 용접 등의 안전에 필요한 성능과 기술적인 요구사항에 대하여 적용한다.
2. 이 규정에서 적용하는 전압의 구분은 다음과 같다.

   가. 저압 : 교류는 1 kV 이하, 직류는 1.5 kV 이하인 것.

   나. 고압 : 교류는 1 kV를, 직류는 1.5 kV를 초과하고, 7 kV 이하인 것.

   다. 특고압 : 7 kV를 초과하는 것.

112 용어 정의

이 규정에서 사용하는 용어의 정의는 다음과 같다.

"가공인입선"이란 가공전선로의 지지물로부터 다른 지지물을 거치지 아니하고 수용장소의 붙임점에 이르는 가공전선을 말한다.

"가섭선(架涉線)"이란 지지물에 가설되는 모든 선류를 말한다.

"계통연계"란 둘 이상의 전력계통 사이를 전력이 상호 융통될 수 있도록 선로를 통하여 연결하는 것으로 전력계통 상호간을 송전선, 변압기 또는 직류-교류변환설비 등에 연결하는 것을 말한다. 계통연락이라고도 한다.

"계통외 도전부(Extraneous Conductive Part)"란 전기설비의 일부는 아니지만 지면에 전위 등을 전해줄 위험이 있는 도전성 부분을 말한다.

"계통접지(System Earthing)"란 전력계통에서 돌발적으로 발생하는 이상현상에 대비하여 대지와 계통을 연결하는 것으로, 중성점을 대지에 접속하는 것을 말한다.

"고장보호(간접접촉에 대한 보호, Protection Against Indirect Contact)"란 고장 시 기기의 노출도전부에 간접 접촉함으로써 발생할 수 있는 위험으로부터 인축을 보호하는 것을 말한다.

"관등회로"란 방전등용 안정기 또는 방전등용 변압기로부터 방전관까지의 전로를 말한다.

"급수설비"란 수차(펌프수차) 및 발전기(발전전동기)등의 발전소 기기에 냉각수, 봉수 등을 급수하는 설비를 말하며, 급수펌프, 스트레이너, 샌드 세퍼레이터, 급수관 등을 포함하는 것으로 한다.

"기본보호(직접접촉에 대한 보호, Protection Against Direct Contact)"란 정상운전 시 기기의 충전부에 직접 접촉함으로써 발생할 수 있는 위험으로부터 인축을 보호하는 것을 말한다.

"내부 피뢰시스템(Internal Lightning Protection System)"이란 등 전위본딩 및/또는 외부피뢰시스템의 전기적 절연으로 구성된 피뢰시스템의 일부를 말한다.

"노출 도전 부(Exposed Conductive Part)"란 충전부는 아니지만 고장 시에 충전될 위험이 있고, 사람이 쉽게 접촉할 수 있는 기기의 도전성 부분을 말한다.

"단독운전"이란 전력계통의 일부가 전력계통의 전원과 전기적으로 분리된 상태에서 분산형전원에 의해서만 운전되는 상태를 말한다.

"단순 병렬운전"이란 자가용 발전설비 또는 저압 소 용량 일반용 발전설비를 배전계통에 연계하여 운전하되, 생산한 전력의 전부를 자체적으로 소비하기 위한 것으로서 생산한 전력이 연계계통으로 송전되지 않는 병렬 형태를 말한다.

"동기기의 무 구속속도"란 전력계통으로부터 떨어져 나가고, 또한 조속기가 작동하지 않을 때 도달하는 최대회전속도를 말한다.

"등 전위본딩(Equipotential Bonding)"이란 등전위를 형성하기 위해 도전부 상호 간을 전기적으로 연결하는 것을 말한다.

"등 전위본딩망(Equipotential Bonding Network)"이란 구조물의 모든 도전부와 충전도체를 제외한 내부설비를 접지극에 상호 접속하는 망을 말한다.

"리플프리(Ripple-free)직류"란 교류를 직류로 변환할 때 리플성분의 실효 값이 10% 이하로 포함된 직류를 말한다.

"무 구속속도"란 어떤 유효낙차, 어떤 수구개도 및 어떤 흡출높이에서 수차가 무 부하로 회전하는 속도(rpm)를 말하며, 이들 중 일어날 수 있는 최대의 것을 최대 무 구속속도라 한다. 여기서, 수구란 가이드 베인, 노즐, 러너 베인 등 유량조정 장치의 총칭을 말한다.

"배관"이란 발전용기기 중 증기, 물, 가스 및 공기를 이동시키는 장치를 말한다.

"배수설비"란 수차(펌프수차)내부의 물 및 상부커버 등으로부터 누수를 기외로 배출하는 설비, 또는 소내 배수피트에 모아지는 발전소 건물로부터의 누수나 수차 기기로부터의 배수를 소외로 배수하는 설비를 말하며, 배수펌프, 유수분리기, 수위검출기, 배수관 등을 포함하는 것으로 한다.

기술기준 제73조 및 제162조에서 언급하는 **"보일러"**란 발전소에 속하는 기기 중 보일러, 독립과열기, 증기저장기 및 작동용공기가열기를 말한다.

"보호도체(PE, Protective Conductor)"란 감전에 대한 보호 등 안전을 위해 제공되는 도체를 말한다.

"보호 등전위본딩(Protective Equipotential Bonding)"이란 감전에 대한 보호 등과 같이 안전을 목적으로 하는 등전위본딩을 말한다.

"보호본딩 도체(Protective Bonding Conductor)"란 보호 등 전위 본딩을 제공하는 보호도체를 말한다.

"보호접지(Protective Earthing)"란 고장 시 감전에 대한 보호를 목적으로 기기의 한 점 또는 여러 점을 접지하는 것을 말한다.

"분산 형 전원"이란 중앙급전 전원과 구분되는 것으로서 전력소비지역 부근에 분산하여 배치 가능한 전원을 말한다. 상용전원의 정전 시에만 사용하는 비상용 예비전원은 제외하며, 신·재생 에너지 발전설비, 전기저장장치 등을 포함한다.

"서지 보호 장치(SPD, Surge Protective Device)"란 과도 과전압을 제한하고 서지전류를 분류하기 위한 장치를 말한다.

"수로"란 취수설비, 침사지, 도수로, 헤드탱크, 서지탱크, 수압관로 및 방수로를 말한다.

(1) **"취수설비"**란 발전용의 물을 하천 또는 저수지로부터 끌어들이는 설비를 말한다. 그리고 취수설비 중 **"보(weir)"**란 하천에서 발전용 물의 수위 또는 유량을 조절하여 취수할 수 있도록 설치하는 구조물을 말한다.

(2) **"침사지"**란 발전소의 도수설비의 하나로, 수로식 발전의 경우에 취수구에서 도수로에 토사가 유입하는 것을 막기 위하여 도수로의 도중에서 취수구에 가급적 가까운 위치에 설치하는 연못을 말한다.

(3) **"도수로"**란 발전용의 물을 끌어오기 위한 구조물을 말하며, 취수구와 상수조(또는 상부 Surge Tank)사이에 위치하고 무압도수로와 압력도수로가 있다.

(4) **"헤드탱크(Head Tank)"**란 도수로에서의 유입수량 또는 수차유량의 변동에 대하여 수조내 수위를 거의 일정하게 유지하도록 도수로 종단에 설치한 구조물을 말한다.

(5) **"서지탱크(Surge Tank)"**란 수차의 유량급변의 경우에 탱크내의 수위가 자동적으로 상승하여

도수로, 수압관로 또는 방수로에서의 과대한 수압의 변화를 조절하기 위한 구조물을 말한다. Surge Tank 중에서 수압관로측에 있는 것을 상부 Surge Tank, 방수로측에 있는 것을 하부 Surge Tank라고 말한다.

(6) **"수압관로"란 상수조**(또는 상부 Surge Tank) 또는 취수구로부터 압력상태 하에서 직접 수차에 이르기까지의 도수관 및 그것을 지지하는 구조물을 일괄하여 말한다.

(7) **"방수로"란** 수차를 거쳐 나온 물을 유도하기 위한 구조물을 말하며, 무압 방수로와 압력 방수로가 있다. 방수로의 시점은 흡출관의 출구로 한다. 또한 **"방수구"란** 수차의 방수를 하천, 호소, 저수지 또는 바다로 방출하는 출구를 말한다.

"수뢰 부 시스템(Air-termination System)"이란 낙뢰를 포착할 목적으로 돌침, 수평도체, 메시도체 등과 같은 금속 물체를 이용한 외부피뢰시스템의 일부를 말한다.

"수차"란 물이 가지고 있는 에너지를 기계적 일로 변환하는 회전기계를 말하며 수차 본체와 부속장치로 구성된다. 수차 본체는 일반적으로 케이싱, 커버, 가이드 베인, 노즐, 디플렉터, 러너, 주축, 베어링 등으로 구성되며 부속장치는 일반적으로 입구밸브, 조속기, 제압기, 압유장치, 윤활유장치, 급수장치, 배수장치, 수위조정기, 운전제어장치 등이 포함된다.

"수차의 유효낙차"란 사용상태에서 수차의 운전에 이용되는 전 수두(m)로서, 수차의 고압측 지정점과 저압 측 지정점과의 전 수두를 말한다.

수차를 최대출력으로 운전할 때 유효낙차 중 최대의 것을 최고유효낙차, 최소의 것을 최소유효낙차라 한다.

"스트레스전압(Stress Voltage)"이란 지락고장 중에 접지부분 또는 기기나 장치의 외함과 기기나 장치의 다른 부분 사이에 나타나는 전압을 말한다.

"압력용기"란 발전용기기 중 내압 및 외압을 받는 용기를 말한다.

"액화가스 연료연소설비"란 액화가스를 연료로 하는 연소설비를 말한다.

"양수발전소"란 수력발전소 중, 상부조정지에 물을 양수하는 능력을 가진 발전소를 말한다.

"옥내배선"이란 건축물 내부의 전기 사용 장소에 고정시켜 시설하는 전선을 말한다.

"옥외배선"이란 건축물 외부의 전기 사용 장소에서 그 전기 사용 장소에서의 전기사용을 목적으로 고정시켜 시설하는 전선을 말한다.

"옥측배선"이란 건축물 외부의 전기 사용 장소에서 그 전기 사용 장소에서의 전기사용을 목적으로 조영물에 고정시켜 시설하는 전선을 말한다.

"외부피뢰시스템(External Lightning Protection System)"이란 수뢰 부 시스템, 인하도선시스템, 접지극시스템으로 구성된 피뢰시스템의 일종을 말한다.

"운전제어장치"란 수차 및 발전기의 운전제어에 필요한 장치로써 전기적 및 기계적 운동기기, 기구, 밸브류, 표시장치 등을 조합한 것을 말한다.

"유량"이란 단위시간에 수차를 통과하는 물의 체적(m^3/s)을 말한다.

"유압장치"란 조속기, 입구밸브, 제압기, 운전제어장치 등의 조작에 필요한 압유를 공급하는 장치를 말하며 유압펌프, 유압탱크, 집유탱크 냉각장치, 유관 등을 포함한다.

"윤활설비"란 수차(펌프수차) 및 발전기(발전전동기)의 각 베어링 및 습동부에 윤활유를 급유하는 설비를 말하며, 윤활유 핌프, 윤활유 댕크, 유냉각징치, 그리스 윤활장치, 유괸 등을 포함하는 것으로 한다.

"이격거리"란 떨어져야할 물체의 표면간의 최단거리를 말한다.

"인하도선시스템(Down-conductor System)"이란 뇌전류를 수뢰 부 시스템에서 접지 극으로 흘리기 위한 외부피뢰시스템의 일부를 말한다.

"임펄스내전압(Impulse Withstand Voltage)"이란 지정된 조건하에서 절연파괴를 일으키지 않는 규정된 파형 및 극성의 임펄스전압의 최대 파고 값 또는 충격내전압을 말한다.

"입구밸브"란 수차(펌프수차)에 통수 또는 단수할 목적으로 수차(펌프수차)의 고압 측 지정 점 부근에 설치한 밸브를 말하며 주 밸브, 바이패스밸브(Bypass Valve), 서보모터(Servomotor), 제어장치 등으로 구성된다.

"전기철도용 급전선"이란 전기철도용 변전소로부터 다른 전기철도용 변전소 또는 전차선에 이르는 전선을 말한다.

"전기철도용 급전선로"란 전기철도용 급전선 및 이를 지지하거나 수용하는 시설물을 말한다.

"접근상태"란 제1차 접근상태 및 제2차 접근상태를 말한다.

(1) "제1차 접근상태"란 가공 전선이 다른 시설물과 접근(병행하는 경우를 포함하며 교차하는 경우 및 동일 지지물에 시설하는 경우를 제외한다. 이하 같다)하는 경우에 가공 전선이 다른 시설물의 위쪽 또는 옆쪽에서 수평거리로 가공 전선로의 지지물의 지표상의 높이에 상당하는 거리 안에 시설(수평 거리로 3 m 미만인 곳에 시설되는 것을 제외한다)됨으로써 가공 전선로의 전선의 절단, 지지물의 도괴 등의 경우에 그 전선이 다른 시설물에 접촉할 우려가 있는 상태를 말한다.

(2) "제2차 접근상태"란 가공 전선이 다른 시설물과 접근하는 경우에 그 가공 전선이 다른 시설물의 위쪽 또는 옆쪽에서 수평 거리로 3 m 미만인 곳에 시설되는 상태를 말한다.

"접속설비"란 공용 전력계통으로부터 특정 분산 형 전원 전기설비에 이르기까지의 전선로와 이에 부속하는 개폐장치, 모선 및 기타 관련 설비를 말한다.

"접지도체"란 계통, 설비 또는 기기의 한 점과 접지 극 사이의 도전성 경로 또는 그 경로의 일부가 되는 도체를 말한다.

"접지시스템(Earthing System)"이란 기기나 계통을 개별적 또는 공통으로 접지하기 위하여 필요한 접속 및 장치로 구성된 설비를 말한다.

"접지전위 상승(EPR, Earth Potential Rise)"이란 접지계통과 기준대지 사이의 전위차를 말한다.

"접촉범위(Arm's Reach)"란 사람이 통상적으로 서있거나 움직일 수 있는 바닥면상의 어떤 점에서라도 보조장치의 도움 없이 손을 뻗어서 접촉이 가능한 접근구역을 말한다.

"정격전압"이란 발전기가 정격운전상태에 있을 때, 동기기 단자에서의 전압을 말한다.

"제압기"란 케이싱 및 수압관로의 수압상승을 경감할 목적으로 가이드 베인을 급속히 폐쇄할 때에 이와 연동하여 관로내의 물을 급속히 방출하고 가이드 베인 폐쇄 후 서서히 방출을 중지하도록 케이싱 또는 그 부근의 수압관로에 설치한 자동배수장치를 말한다.

"조속기"란 수차의 회전속도 및 출력을 조정하기 위하여 자동적으로 수구 개도를 가감하는 장치를 말하며, 속도검출 부, 배압밸브, 서보모터, 복원 부, 속도제어 부, 부하제어 부, 수동조작 기구 등으로 구성된다.

"중성선 다중접지 방식"이란 전력계통의 중성 선을 대지에 다중으로 접속하고, 변압기의 중성점을 그 중성 선에 연결하는 계통접지 방식을 말한다.

"지락전류(Earth Fault Current)"란 충전부에서 대지 또는 고장 점(지락 점)의 접지된 부분으로 흐르는 전류를 말하며, 지락에 의하여 전로의 외부로 유출되어 화재, 사람이나 동물의 감전 또는 전로나 기기의 손상 등 사고를 일으킬 우려가 있는 전류를 말한다.

"지중 관로"란 지중 전선로·지중 약 전류 전선로·지중 광섬유 케이블 선로·지중에 시설하는 수관 및 가스관과 이와 유사한 것 및 이들에 부속하는 지중함 등을 말한다.

"지진력"이란 지진이 발생될 경우 지진에 의해 구조물에 작용하는 힘을 말한다.

"충전부(Live Part)"란 통상적인 운전 상태에서 전압이 걸리도록 되어 있는 도체 또는 도전부를 말한다. 중성 선을 포함하나 PEN 도체, PEM 도체 및 PEL 도체는 포함하지 않는다.

"특별저압(ELV, Extra Low Voltage)"이란 인체에 위험을 초래하지 않을 정도의 저압을 말한다. 여기서 SELV(Safety Extra Low Voltage)는 비 접지회로에 해당되며, PELV(Protective Extra Low Voltage)는 접지회로에 해당된다.

"펌프수차"란, 수차 및 펌프 양쪽에 가역적으로 사용하는 회전기계를 말하며, 펌프수차 본체와 부속 장치로 구성된다.

 (1) "펌프수차본체"란 일반적으로 케이싱, 커버, 가이드 베인, 러너, 흡출관, 주축, 주축 베어링 등으로 구성된다.

 (2) "부속장치"란 일반적으로 입구밸브, 조속기, 유압장치, 윤활유장치, 급수장치, 배수장치, 흡출관 수면 압하 장치, 운전제어장치 등으로 구성된다.

"피뢰 등전위본딩(Lightning Equipotential Bonding)"이란 뇌전류에 의한 전위차를 줄이기 위해 직접적인 도전접속 또는 서지 보호장치를 통하여 분리된 금속 부를 피뢰시스템에 본딩하는 것을 말한다.

"피뢰레벨(LPL, Lightning Protection Level)"이란 자연적으로 발생하는 뇌방전을 초과하지 않는 최대 그리고 최소 설계 값에 대한 확률과 관련된 일련의 뇌격전류 매개변수(파라미터)로 정해지는 레벨을 말한다.

"피뢰시스템(LPS, lightning protection system)"이란 구조물 뇌격으로 인한 물리적 손상을 줄이기 위해 사용되는 전체시스템을 말하며, 외부피뢰시스템과 내부피뢰시스템으로 구성된다.

"피뢰시스템의 자연적 구성부재(Natural Component of LPS)"란 피뢰의 목적으로 특별히 설치하지는 않았으나 추가로 피뢰시스템으로 사용될 수 있거나, 피뢰시스템의 하나 이상의 기능을 제공하는 도전성 구성부재

"하중"이란 구조물 또는 부재에 응력 및 변형을 발생시키는 일체의 작용을 말한다.

"활동"이란 흙에서 전단파괴가 일어나서 어떤 연결된 면을 따라서 엇갈림이 생기는 현상을 말한다.

"PEN 도체(protective earthing conductor and neutral conductor)"란 교류회로에서 중성선 겸용 보호도체를 말한다.

"PEM 도체(protective earthing conductor and a mid-point conductor)"란 직류회로에서 중간선 겸용 보호도체를 말한다.

"PEL 도체(protective earthing conductor and a line conductor)"란 직류회로에서 선도체 겸용 보호도체를 말한다.

"수뢰 부 시스템(Air-termination System)"이란 낙뢰를 포착할 목적으로 돌침, 수평도체, 메시도체 등과 같은 금속 물체를 이용한 외부피뢰시스템의 일부를 말한다.

"수차"란 물이 가지고 있는 에너지를 기계적 일로 변환하는 회전기계를 말하며 수차 본체와 부속장치로 구성된다. 수차 본체는 일반적으로 케이싱, 커버, 가이드 베인, 노즐, 디플렉터, 러너, 주축, 베어링 등으로 구성되며 부속장치는 일반적으로 입구밸브, 조속기, 제압기, 압유장치, 윤활유장치, 급수장치, 배수장치, 수위조정기, 운전제어장치 등이 포함된다.

"수차의 유효낙차"란 사용상태에서 수차의 운전에 이용되는 전 수누(m)로서, 수차의 고압측 지정점과 저압 측 지정점과의 전 수두를 말한다.

수차를 최대출력으로 운전할 때 유효낙차 중 최대의 것을 최고유효낙차, 최소의 것을 최소유효낙차라 한다.

"스트레스전압(Stress Voltage)"이란 지락고장 중에 접지부분 또는 기기나 장치의 외함과 기기나 장치의 다른 부분 사이에 나타나는 전압을 말한다.

"압력용기"란 발전용기기 중 내압 및 외압을 받는 용기를 말한다.

"액화가스 연료연소설비"란 액화가스를 연료로 하는 연소설비를 말한다.

"양수발전소"란 수력발전소 중, 상부조정지에 물을 양수하는 능력을 가진 발전소를 말한다.

"옥내배선"이란 건축물 내부의 전기 사용 장소에 고정시켜 시설하는 전선을 말한다.

"옥외배선"이란 건축물 외부의 전기 사용 장소에서 그 전기 사용 장소에서의 전기사용을 목적으로 고정시켜 시설하는 전선을 말한다.

"옥측배선"이란 건축물 외부의 전기 사용 장소에서 그 전기 사용 장소에서의 전기사용을 목적으로 조영물에 고정시켜 시설하는 전선을 말한다.

"외부피뢰시스템(External Lightning Protection System)"이란 수뢰 부 시스템, 인하도선시스템, 접지극시스템으로 구성된 피뢰시스템의 일종을 말한다.

"운전제어장치"란 수차 및 발전기의 운전제어에 필요한 장치로써 전기적 및 기계적 응동기기, 기구, 밸브류, 표시장치 등을 조합한 것을 말한다.

"유량"이란 단위시간에 수차를 통과하는 물의 체적(m^3/s)을 말한다.

"유압장치"란 조속기, 입구밸브, 제압기, 운전제어장치 등의 조작에 필요한 압유를 공급하는 장치를 말하며 유압펌프, 유압탱크, 집유탱크 냉각장치, 유관 등을 포함한다.

"윤활설비"란 수차(펌프수차) 및 발전기(발전전동기)의 각 베어링 및 습동부에 윤활유를 급유하는 설비를 말하며, 윤활유 펌프, 윤활유 탱크, 유냉각장치, 그리스 윤활장치, 유관 등을 포함하는 것으로 한다.

"이격거리"란 떨어져야할 물체의 표면간의 최단거리를 말한다.

"인하도선시스템(Down-conductor System)"이란 뇌전류를 수뢰 부 시스템에서 접지 극으로 흘리기 위한 외부피뢰시스템의 일부를 말한다.

"임펄스내전압(Impulse Withstand Voltage)"이란 지정된 조건하에서 절연파괴를 일으키지 않는 규정된 파형 및 극성의 임펄스전압의 최대 파고 값 또는 충격내전압을 말한다.

"입구밸브"란 수차(펌프수차)에 통수 또는 단수할 목적으로 수차(펌프수차)의 고압 측 지정 점 부근에 설치한 밸브를 말하며 주 밸브, 바이패스밸브(Bypass Valve), 서보모터(Servomotor), 제어장치 등으로 구성된다.

"전기철도용 급전선"이란 전기철도용 변전소로부터 다른 전기철도용 변전소 또는 전차선에 이르는 전선을 말한다.

"전기철도용 급전선로"란 전기철도용 급전선 및 이를 지지하거나 수용하는 시설물을 말한다.

"접근상태"란 제1차 접근상태 및 제2차 접근상태를 말한다.

(1) "제1차 접근상태"란 가공 전선이 다른 시설물과 접근(병행하는 경우를 포함하며 교차하는 경우 및 동일 지지물에 시설하는 경우를 제외한다. 이하 같다)하는 경우에 가공 전선이 다른 시설물의 위쪽 또는 옆쪽에서 수평거리로 가공 전선로의 지지물의 지표상의 높이에 상당하는 거리 안에 시설(수평 거리로 3 m 미만인 곳에 시설되는 것을 제외한다)됨으로써 가공 전선로의 전선의 절단, 지지물의 도괴 등의 경우에 그 전선이 다른 시설물에 접촉할 우려가 있는 상태를 말한다.

(2) "제2차 접근상태"란 가공 전선이 다른 시설물과 접근하는 경우에 그 가공 전선이 다른 시설물의 위쪽 또는 옆쪽에서 수평 거리로 3 m 미만인 곳에 시설되는 상태를 말한다.

"접속설비"란 공용 전력계통으로부터 특정 분산 형 전원 전기설비에 이르기까지의 전선로와 이에 부속하는 개폐장치, 모선 및 기타 관련 설비를 말한다.

"접지도체"란 계통, 설비 또는 기기의 한 점과 접지 극 사이의 도전성 경로 또는 그 경로의 일부가 되는 도체를 말한다.

"접지시스템(Earthing System)"이란 기기나 계통을 개별적 또는 공통으로 접지하기 위하여 필요한 접속 및 장치로 구성된 설비를 말한다.

"접지전위 상승(EPR, Earth Potential Rise)"이란 접지계통과 기준대지 사이의 전위차를 말한다.

"접촉범위(Arm's Reach)"란 사람이 통상적으로 서있거나 움직일 수 있는 바닥면상의 어떤 점에서라도 보조장치의 도움 없이 손을 뻗어서 접촉이 가능한 접근구역을 말한다.

"정격전압"이란 발전기가 정격운전상태에 있을 때, 동기기 단자에서의 전압을 말한다.

"제압기"란 케이싱 및 수압관로의 수압상승을 경감할 목적으로 가이드 베인을 급속히 폐쇄할 때에 이와 연동하여 관로내의 물을 급속히 방출하고 가이드 베인 폐쇄 후 서서히 방출을 중지하도록 케이싱 또는 그 부근의 수압관로에 설치한 자동배수장치를 말한다.

"조속기"란 수차의 회전속도 및 출력을 조정하기 위하여 자동적으로 수구 개도를 가감하는 장치를 말하며, 속도검출 부, 배압밸브, 서보모터, 복원 부, 속도제어 부, 부하제어 부, 수동조작 기구 등으로 구성된다.

"중성선 다중접지 방식"이란 전력계통의 중성 선을 대지에 다중으로 접속하고, 변압기의 중성점을 그 중성 선에 연결하는 계통접지 방식을 말한다.

"지락전류(Earth Fault Current)"란 충전부에서 대지 또는 고장 점(지락 점)의 접지된 부분으로 흐르는 전류를 말하며, 지락에 의하여 전로의 외부로 유출되어 화재, 사람이나 동물의 감전 또는 전로나 기기의 손상 등 사고를 일으킬 우려가 있는 전류를 말한다.

"지중 관로"란 지중 전선로·지중 약 전류 전선로·지중 광섬유 케이블 선로·지중에 시설하는 수관 및 가스관과 이와 유사한 것 및 이들에 부속하는 지중함 등을 말한다.

"지진력"이란 지진이 발생될 경우 지진에 의해 구조물에 작용하는 힘을 말한다.

"충전부(Live Part)"란 통상적인 운전 상태에서 전압이 걸리도록 되어 있는 도체 또는 도전부를 말한다. 중성 선을 포함하나 PEN 도체, PEM 도체 및 PEL 도체는 포함하지 않는다.

"특별저압(ELV, Extra Low Voltage)"이란 인체에 위험을 초래하지 않을 정도의 저압을 말한다. 여기서 SELV(Safety Extra Low Voltage)는 비 접지회로에 해당되며, PELV(Protective Extra Low Voltage)는 접지회로에 해당된다.

"펌프수차"란, 수차 및 펌프 양쪽에 가역적으로 사용하는 회전기계를 말하며, 펌프수차 본체와 부속 장치로 구성된다.

(1) "펌프수차본체"란 일반적으로 케이싱, 커버, 가이드 베인, 러너, 흡출관, 주축, 주축 베어링 등으로 구성된다.

(2) "부속장치"란 일반적으로 입구밸브, 조속기, 유압장치, 윤활유장치, 급수장치, 배수장치, 흡출관 수면 압하 장치, 운전제어장치 등으로 구성된다.

"피뢰 등전위본딩(Lightning Equipotential Bonding)"이란 뇌전류에 의한 전위차를 줄이기 위해 직접적인 도전접속 또는 서지 보호장치를 통하여 분리된 금속 부를 피뢰시스템에 본딩하는 것을 말한다.

"피뢰레벨(LPL, Lightning Protection Level)"이란 자연적으로 발생하는 뇌방전을 초과하지 않는 최대 그리고 최소 설계 값에 대한 확률과 관련된 일련의 뇌격전류 매개변수(파라미터)로 정해지는 레벨을 말한다.

"피뢰시스템(LPS, lightning protection system)"이란 구조물 뇌격으로 인한 물리적 손상을 줄이기 위해 사용되는 전체시스템을 말하며, 외부피뢰시스템과 내부피뢰시스템으로 구성된다.

"피뢰시스템의 자연적 구성부재(Natural Component of LPS)"란 피뢰의 목적으로 특별히 설치하지는 않았으나 추가로 피뢰시스템으로 사용될 수 있거나, 피뢰시스템의 하나 이상의 기능을 제공하는 도전성 구성부재

"하중"이란 구조물 또는 부재에 응력 및 변형을 발생시키는 일체의 작용을 말한다.

"활동"이란 흙에서 전단파괴가 일어나서 어떤 연결된 면을 따라서 엇갈림이 생기는 현상을 말한다.

"PEN 도체(protective earthing conductor and neutral conductor)"란 교류회로에서 중성선 겸용 보호도체를 말한다.

"**PEM 도체(protective earthing conductor and a mid−point conductor)**"란 직류회로에서 중간선 겸용 보호도체를 말한다.

"**PEL 도체(protective earthing conductor and a line conductor)**"란 직류회로에서 선도체 겸용 보호도체를 말한다.

(120 전선)

121 전선의 선정 및 식별

121.1 전선 일반 요구사항 및 선정

1. 전선은 통상 사용 상태에서의 온도에 견디는 것이어야 한다.
2. 전선은 설치장소의 환경조건에 적절하고 발생할 수 있는 전기·기계적 응력에 견디는 능력이 있는 것을 선정하여야 한다.
3. 전선은 「전기용품 및 생활용품 안전관리법」의 적용을 받는 것 이외에는 한국산업표준(이하 "KS"라 한다)에 적합한 것을 사용하여야 한다.

121.2 전선의 식별

1. 전선의 색상은 표 121.2−1에 따른다.

표 121.2-1 전선식별

상(문자)	색상
L1	갈색
L2	흑색
L3	회색
N	청색
보호도체	녹색−노란색

2. 색상 식별이 종단 및 연결 지점에서만 이루어지는 나도체 등은 전선 종단부에 색상이 반영구적으로 유지될 수 있는 도색, 밴드, 색 테이프 등의 방법으로 표시해야 한다.
3. 제1 및 제2를 제외한 전선의 식별은 KS C IEC 60445(인간과 기계 간 인터페이스, 표시 식별의 기본 및 안전원칙−장비단자, 도체단자 및 도체의 식별)에 적합하여야 한다.

122 전선의 종류

122.1 절연전선

1. 저압 절연전선은 「전기용품 및 생활용품 안전관리법」의 적용을 받는 것 이외에는 KS에 적합한 것으로서 450/750 V 비닐절연전선·450/750 V 저 독성 난연 폴리올레핀절연전선·450/750 V 저 독성 난연 가교폴리올레핀절연전선·450/750 V 고무절연전선을 사용하여야 한다.
2. 고압·특 고압 절연전선은 KS에 적합한 또는 동등 이상의 전선을 사용하여야 한다.

3. 제1 및 제2에 따른 절연전선은 다음 절연전선인 경우에는 예외로 한다.

　　가. 234.13.3의 1의 "가"에 의한 절연전선

　　나. 241.14.3의 1의 "나"의 단서에 의한 절연전선

　　다. 241.14.3의 4의 "나"에 의하여 241.14.3의 1의 "나"의 단서에 의한 절연전선

　　라. 341.4의 1의 "바"에 의한 특 고압인하용 절연전선

122.2 코드

1. 코드는 「전기용품 및 생활용품 안전관리법」에 의한 안전인증을 취득한 것을 사용하여야 한다.

2. 코드는 이 규정에서 허용된 경우에 한하여 사용할 수 있다.

122.3 캡타이어케이블

캡타이어케이블은 「전기용품 및 생활용품 안전관리법」의 적용을 받는 것 이외에는 KS C IEC 60502-1[정격 전압 1 kV~30 kV 압출 성형 절연 전력 케이블 및 그 부속품-제1부 : 케이블(1 kV－3 kV)]에 적합한 것을 사용하여야 한다.

122.4 저압케이블

1. 사용전압이 저압인 전로(전기기계기구 안의 전로를 제외한다)의 전선으로 사용하는 케이블은 「전기용품 및 생활용품 안전관리법」의 적용을 받는 것 이외에는 KS에 적합한 것으로 0.6/1 kV 연피(鉛皮)케이블, 클로로프렌외장(外裝)케이블, 비닐외장케이블, 폴리에틸렌외장케이블, 무기물 절연케이블, 금속외장케이블, 저독성 난연 폴리올레핀외장케이블, 300/500 V 연질 비닐시스케이블, 제2에 따른 유선텔레비전용 급전겸용 동축 케이블(그 외부도체를 접지하여 사용하는 것에 한한다)을 사용하여야 한다. 다만, 다음의 케이블을 사용하는 경우에는 예외로 한다.

　　가. 232.82에 따른 선박용 케이블

　　나. 232.89에 따른 엘리베이터용 케이블

　　다. 234.13 또는 241.14에 따른 통신용 케이블

　　라. 241.10의 "라"에 따른 용접용 케이블

　　마. 241.12.1의 "다"에 따른 발열선 접속용 케이블

　　바. 335.4의 2에 따른 물밑케이블

2. 유선텔레비전용 급전겸용 동축케이블은 KS C 3339(2012)[CATV용(급전겸용) 알루미늄파이프형 동축케이블]에 적합한 것을 사용한다.

122.5 고압 및 특 고압케이블

1. 사용전압이 고압인 전로(전기기계기구 안의 전로를 제외한다)의 전선으로 사용하는 케이블은 KS에 적합한 것으로 연피케이블·알루미늄피케이블·클로로프렌외장케이블·비닐외장케이블·폴리에틸렌외장케이블·저독성 난연 폴리올레핀외장케이블·콤바인 덕트 케이블 또는 KS에서 정하는 성능 이상의 것을 사용하여야 한다. 다만, 고압 가공전선에 반도전성 외장 조가용 고압케이블을 사용하는 경우, 241.13의 1의 "가"(1)에 따라 비행장등화용 고압케이블을 사용하는 경우 또는 물밑전선로의 시설에 따라 물밑케이블을 사용하는 경우에는 그러하지 아니하다.

2. 사용전압이 특고압인 전로(전기기계기구 안의 전로를 제외한다)에 전선으로 사용하는 케이블은 절

연체가 에틸렌 프로필렌고무혼합물 또는 가교폴리에틸렌 혼합물인 케이블로서 선심 위에 금속제의 전기적 차폐층을 설치한 것이거나 파이프형 압력 케이블·연피케이블·알루미늄피케이블 그 밖의 금속피복을 한 케이블을 사용하여야 한다. 다만, 물밑전선로의 시설에서 특고압 물밑전선로의 전선에 사용하는 케이블에는 절연체가 에틸렌 프로필렌고무혼합물 또는 가교폴리에틸렌 혼합물인 케이블로서 금속제의 전기적 차폐층을 설치하지 아니한 것을 사용할 수 있다.

3. 특고압 전로의 다중접지 지중 배전계통에 사용하는 동심중성선 전력케이블은 다음에 적합한 것을 사용하여야 한다.

가. 최대사용전압은 25.8 kV 이하일 것.

나. 도체는 연동선 또는 알루미늄 선을 소선으로 구성한 원형 압축연선으로 할 것. 연선 작업 전의 연동선 및 알루미늄선의 기계적, 전기적 특성은 각각 KS C 3101(전기용 연동선) 및 KS C 3111(전기용 경알루미늄선) 또는 이와 동등 이상이어야 한다. 도체 내부의 홈에는 물이 쉽게 침투하지 않도록 수밀 혼합물(컴파운드, 파우더 또는 수밀 테이프)을 충전할 것.

다. 절연체는 동심원상으로 동시압출(3중 동시압출)한 내부 반 도전 층, 절연 층 및 외부 반도전 층으로 구성하여야 하며, 건식 방식으로 가교할 것.

   (1) 내부 반 도전 층은 흑색의 반 도전 열경화성 컴파운드를 사용하며, 도체 위에 동심원상으로 완전 밀착되도록 압출성형하고, 도체와는 쉽게 분리되어야 한다. 도체에 접하는 부분에는 반도전성 테이프에 의한 세퍼레이터를 둘 수 있다.

   (2) 절연 층은 가교폴리에틸렌(XLPE) 또는 수트리억제 가교폴리에틸렌(TR-XLPE)을 사용하며, 도체 위에 동심원상으로 형성할 것.

   (3) 외부 반 도전 층은 흑색의 반 도전 열경화성 컴파운드를 사용하며, 절연 층과 밀착되고 균일하게 압출성형하며, 접속작업 시 제거가 용이하도록 절연 층과 쉽게 분리되어야 한다.

라. 중성선 수밀 층은 물이 침투하면 자기부풀음성을 갖는 부풀음 테이프를 사용하며, 구조는 다음 중 하나에 따라야 한다.

   (1) 충실외피를 적용한 충실 케이블은 반도전성 부풀음 테이프를 외부 반 도전층 위에 둘 것.

   (2) 충실외피를 적용하지 않은 케이블은 중성선 아래 및 위에 두며, 중성선 아래층은 반도전성으로 할 것.

마. 중성 선은 반도전성 부풀음 테이프 위에 형성하여야 하며, 꼬임방향은 Z 또는 S-Z 꼬임으로 할 것. 충실외피를 적용한 충실 케이블의 S-Z 꼬임의 경우 중성선위에 적당한 바인더 실을 감을 수 있다. 피치는 중성선 층 외경의 6~10배로 꼬임할 것.

바. 외피

   (1) 충실외피를 적용한 충실 케이블은 중성선 위에 흑색의 폴리에틸렌(PE)을 동심원상으로 압출 피복하여야 하며, 중성선의 소선 사이에도 틈이 없도록 폴리에틸렌으로 채울 것. 외피 두께는 중성선 위에서 측정하여야 한다.

   (2) 충실외피를 적용하지 않은 케이블은 중성선 위에 흑색의 폴리염화비닐(PVC) 또는 할로겐 프리 폴리올레핀을 동심원상으로 압출 피복할 것.

122.6 나전선 등

나전선(비스덕트의 도체, 기타 구부리기 어려운 전선, 라이팅 덕트의 도체 및 절연트롤리선의 도체를 제외한다) 및 지선·가공지선·보호도체·보호망·전력보안 통신용 약 전류전선 기타의 금속선(절연전선·캡타이어케이블 및 241.14.3의 1의 "나" 단서에 따라 사용하는 피복선을 제외한다)은 KS에 적합한 것을 사용하여야 한다.

123 전선의 접속

전선을 접속하는 경우에는 234.9 또는 241.14의 규정에 의하여 시설하는 경우 이외에는 전선의 전기 저항을 증가시키지 아니하도록 접속 하여야 하며, 또한 다음에 따라야 한다.

1. 나전선 상호 또는 나전선과 절연전선 또는 캡타이어 케이블과 접속하는 경우에는 다음에 의할 것.

    가. 전선의 세기[인장하중(引張荷重)으로 표시한다. 이하 같다.]를 20% 이상 감소시키지 아니할 것. 다만, 점퍼 선을 접속하는 경우와 기타 전선에 가하여지는 장력이 전선의 세기에 비하여 현저히 작을 경우에는 적용하지 않는다.

    나. 접속부분은 접속 관 기타의 기구를 사용할 것. 다만, 가공전선 상호, 전차선 상호 또는 광산의 갱도 안에서 전선 상호를 접속하는 경우에 기술상 곤란할 때에는 적용하지 않는다.

2. 절연전선 상호·절연전선과 코드, 캡타이어 케이블과 접속하는 경우에는 제1의 규정에 준하는 이 외에 접속되는 절연전선의 절연물과 동등 이상의 절연성능이 있는 접속기를 사용하거나 접속부분을 그 부분의 절연전선의 절연물과 동등 이상의 절연성능이 있는 것으로 충분히 피복할 것.

3. 코드 상호, 캡타이어 케이블 상호 또는 이들 상호를 접속하는 경우에는 코드 접속기·접속함 기타의 기구를 사용할 것. 다만 공칭단면적이 10 mm² 이상인 캡타이어 케이블 상호를 접속하는 경우에는 접속부분을 제1 및 제2의 규정에 준하여 시설하고 또한, 절연피복을 완전히 유화(硫化)하거나 접속부분의 위에 견고한 금속제의 방호장치를 할 때 또는 금속 피복이 아닌 케이블 상호를 제1 및 제2의 규정에 준하여 접속하는 경우에는 적용하지 않는다.

4. 도체에 알루미늄(알루미늄 합금을 포함한다. 이하 같다)을 사용하는 전선과 동(동합금을 포함한다.)을 사용하는 전선을 접속하는 등 전기화학적 성질이 다른 도체를 접속하는 경우에는 접속부분에 전기적 부식(電氣的腐蝕)이 생기지 않도록 할 것.

5. 도체에 알루미늄을 사용하는 절연전선 또는 케이블을 옥내배선·옥측 배선 또는 옥외배선에 사용하는 경우에 그 전선을 접속할 때에는 KS C IEC 60998-1(가정용 및 이와 유사한 용도의 저 전압용 접속기구)의 "11 구조", "13 절연저항 및 내전압", "14 기계적 강도", "15 온도 상승", "16 내열성"에 적합한 기구를 사용할 것

6. 두 개 이상의 전선을 병렬로 사용하는 경우에는 다음에 의하여 시설할 것.

    가. 병렬로 사용하는 각 전선의 굵기는 동선 50 mm² 이상 또는 알루미늄 70 mm² 이상으로 하고, 전선은 같은 도체, 같은 재료, 같은 길이 및 같은 굵기의 것을 사용할 것.

    나. 같은 극의 각 전선은 동일한 터미널러그에 완전히 접속할 것.

    다. 같은 극인 각 전선의 터미널러그는 동일한 도체에 2개 이상의 리벳 또는 2개 이상의 나사로 접속할 것.

라. 병렬로 사용하는 전선에는 각각에 퓨즈를 설치하지 말 것.

마. 교류회로에서 병렬로 사용하는 전선은 금속관 안에 전자적 불평형이 생기지 않도록 시설할 것.

7. 밀폐된 공간에서 전선의 접속부에 사용하는 테이프 및 튜브 등 도체의 절연에 사용되는 절연 피복은 KS C IEC 60454(전기용 점착 테이프)에 적합한 것을 사용할 것.

(130 전로의 절연)

131 전로의 절연 원칙

전로는 다음 이외에는 대지로부터 절연하여야 한다.

1. 수용장소의 인입구의 접지, 고압 또는 특 고압과 저압의 혼촉에 의한 위험방지 시설, 피뢰기의 접지, 특 압 가공전선로의 지지물에 시설하는 저압 기계기구 등의 시설, 옥내에 시설하는 저압 접촉전선 공사 또는 아크 용접장치의 시설에 따라 저압전로에 접지공사를 하는 경우의 접지 점

2. 고압 또는 특 고압과 저압의 혼촉에 의한 위험방지 시설, 전로의 중성점의 접지 또는 옥내의 네온방전등 공사에 따라 전로의 중성점에 접지공사를 하는 경우의 접지 점

3. 계기용변성기의 2차 측 전로의 접지에 따라 계기용변성기의 2차 측 전로에 접지공사를 하는 경우의 접지 점

4. 특고압 가공전선과 저 고압 가공전선의 병가에 따라 저압 가공 전선의 특 고압 가공 전선과 동일 지지물에 시설되는 부분에 접지공사를 하는 경우의 접지점

5. 중성점이 접지된 특 고압 가공선로의 중성 선에 25 kV 이하인 특고압 가공전선로의 시설에 따라 다중 접지를 하는 경우의 접지 점

6. 파이프라인 등의 전열장치의 시설에 따라 시설하는 소구경관(박스를 포함한다)에 접지공사를 하는 경우의 접지점

7. 저압전로와 사용전압이 300 V 이하의 저압전로[자동제어회로·원방조작회로·원방 감시장치의 신호회로 기타 이와 유사한 전기회로(이하 "제어회로 등"이라 한다)에 전기를 공급하는 전로에 한한다]를 결합하는 변압기의 2차 측 전로에 접지공사를 하는 경우의 접지점

8. 다음과 같이 절연할 수 없는 부분

가. 시험용 변압기, 기구 등의 전로의 절연내력 단서에 규정하는 전력선 반송용 결합 리액터, 전기울타리의 시설에 규정하는 전기울타리용 전원장치, 엑스선발생장치(엑스선관, 엑스선관용변압기, 음극 가열용 변압기 및 이의 부속 장치와 엑스선관 회로의 배선을 말한다. 이하 같다), 전기부식방지 시설에 규정하는 전기부식방지용 양극, 단선 식 전기철도의 귀선(가공 단선 식 또는 제3레일 식 전기 철도의 레일 및 그 레일에 접속하는 전선을 말한다. 이하 같다) 등 전로의 일부를 대지로부터 절연하지 아니하고 전기를 사용하는 것이 부득이한 것.

나. 전기욕기·전기로·전기보일러·전해조 등 대지로부터 절연하는 것이 기술상 곤란한 것.

9. 저압 옥내직류 전기설비의 접지에 의하여 직류계통에 접지공사를 하는 경우의 접지점

132 전로의 절연저항 및 절연내력

1. 사용전압이 저압인 전로의 절연성능은 기술기준 제52조를 충족하여야 한다. 다만, 저압 전로에서 정전이 어려운 경우 등 절연저항 측정이 곤란한 경우 저항성분의 누설전류가 1 mA 이하이면 그 전로의 절연성능은 적합한 것으로 본다.

2. 고압 및 특 고압의 전로(131, 회전기, 정류기, 연료전지 및 태양전지 모듈의 전로, 변압기의 전로, 기구 등의 전로 및 직류식 전기철도용 전차선을 제외한다)는 표 132-1에서 정한 시험전압을 전로와 대지 사이(다심케이블은 심선 상호 간 및 심선과 대지 사이)에 연속하여 10분간 가하여 절연내력을 시험하였을 때에 이에 견디어야 한다. 다만, 전선에 케이블을 사용하는 교류 전로로서 표 132-1에서 정한 시험전압의 2배의 직류전압을 전로와 대지 사이(다심케이블은 심선 상호 간 및 심선과 대지 사이)에 연속하여 10분간 가하여 절연내력을 시험하였을 때에 이에 견디는 것에 대하여는 그러하지 아니하다.

표 132-1 전로의 종류 및 시험전압

전로의 종류	시험전압
1. 최대사용전압 7 KV 이하인 전로	최대사용전압의 1.5배의 전압
2. 최대사용전압 7 KV 초과 25 KV 이하인 중성점 접지식 전로(중성선을 가지는 것으로서 그 중성선을 다중접지 하는 것에 한한다)	최대사용전압의 0.92배의 전압
3. 최대사용전압 7 KV 초과 60 KV 이하인 전로(2란의 것을 제외한다)	최대사용전압의 1.25배의 전압(10.5 KV 미만으로 되는 경우는 10.5 KV)
4. 최대사용전압 60 KV 초과 중성점 비접지식전로(전위변성기를 사용하여 접지하는 것을 포함한다)	최대사용전압의 1.25배의 전압
5. 최대사용전압 60 KV 초과 중성점 접지 식 전로(전위변성기를 사용하여 접지하는 것 및 6란과 7란의 것을 제외한다)	최대사용전압의 1.1배의 전압 (75 KV 미만으로 되는 경우에는 75 KV)
6. 최대사용전압이 60 KV 초과 중성점 직접 접지식 전로(7란의 것을 제외한다)	최대사용전압의 0.72배의 전압
7. 최대사용전압이 170 KV 초과 중성점 직접 접지식 전로로서 그 중성점이 직접 접지되어 있는 발전소 또는 변전소 혹은 이에 준하는 장소에 시설하는 것.	최대사용전압의 0.64배의 전압
8. 최대사용전압이 60 KV를 초과하는 정류기에 접속되고 있는 전로	교류 측 및 직류 고전압 측에 접속되고 있는 전로는 교류 측의 최대사용전압의 1.1배의 직류전압
	직류 측 중성선 또는 귀선이 되는 전로(이하 이장에서 "직류 저압 측 전로"라 한다)는 아래에 규정하는 계산식에 의하여 구한 값

표 132-1의 8에 따른 직류 저압측 전로의 절연내력시험 전압의 계산방법은 다음과 같이 한다.

$$E = V \times \frac{1}{\sqrt{2}} \times 0.5 \times 1.2$$

E : 교류 시험 전압(V를 단위로 한다)

V : 역변환기의 전류 실패 시 중성선 또는 귀선이 되는 전로에 나타나는 교류성 이상전압의 파고
값(V를 단위로 한다). 다만, 전선에 케이블을 사용하는 경우 시험전압은 E의 2배의 직류전압
으로 한다.

3. 최대사용전압이 60 kV를 초과하는 중성점 직접접지식 전로에 사용되는 전력케이블은 정격전압을
24시간 가하여 절연내력을 시험하였을 때 이에 견디는 경우, 제2의 규정에 의하지 아니할 수 있다
(참고표준 : IEC 62067 및 IEC 60840).

4. 최대사용전압이 170 kV를 초과하고 양단이 중성점 직접접지 되어 있는 지중전선로는, 최대사용전
압의 0.64배의 전압을 전로와 대지 사이(다심케이블에 있어서는, 심선상호 간 및 심선과 대지 사이)
에 연속 60분간 절연내력시험을 했을 때 견디는 것인 경우 제2의 규정에 의하지 아니할 수 있다.

5. 특 고압전로와 관련되는 절연내력은 설치하는 기기의 종류별 시험성적서 확인 또는 절연내력 확인
방법에 적합한 시험 및 측정을 하고 결과가 적합한 경우에는 제2(표 132−1의 1을 제외한다)의 규
정에 의하지 아니할 수 있다.

6. 고압 및 특 고압의 전로에 전선으로 사용하는 케이블의 절연체가 XLPE 등 고분자재료인 경우
0.1 Hz 정현파전압을 상 전압의 3배 크기로 전로와 대지사이에 연속하여 1시간 가하여 절연내력을
시험하였을 때에 이에 견디는 것에 대하여는 제2의 규정에 따르지 아니할 수 있다.

133 회전기 및 정류기의 절연내력

회전기 및 정류기는 표 133−1에서 정한 시험방법으로 절연내력을 시험하였을 때에 이에 견디어야 한
다. 다만, 회전변류기 이외의 교류의 회전기로 표 133−1에서 정한 시험전압의 1.6배의 직류전압으로
절연내력을 시험하였을 때 이에 견디는 것을 시설하는 경우에는 그러하지 아니하다.

표 133-1 회전기 및 정류기 시험전압

종류			시험전압	시험방법
회전기	발전기·전동기·조상기·기타회전기(회전변류기를 제외한다)	최대사용전압 7 KV 이하	최대사용전압의 1.5배의 전압(500 V 미만으로 되는 경우에는 500 V)	권선과 대지 사이에 연속하여 10분간 가한다.
		최대사용전압 7 KV 초과	최대사용전압의 1.25배의 전압(10.5 KV 미만으로 되는 경우에는 10.5 KV)	
	회전변류기		직류 측의 최대사용전압의 1배의 교류전압(500 V 미만으로 되는 경우에는 500 V)	
정류기	최대사용전압이 60 KV 이하		직류 측의 최대사용전압의 1배의 교류전압(500 V 미만으로 되는 경우에는 500 V)	충전부분과 외함 간에 연속하여 10분간 가한다.
	최대사용전압 60 KV 초과		교류 측의 최대사용전압의 1.1배의 교류전압 또는 직류 측의 최대사용전압의 1.1배의 직류전압	교류 측 및 직류 고전압 측 단자와 대지 사이에 연속하여 10분간 가한다.

134 연료전지 및 태양전지 모듈의 절연내력

연료전지 및 태양전지 모듈은 최대사용전압의 1.5배의 직류전압 또는 1배의 교류전압(500 V 미만으로 되는 경우에는 500 V)을 충전부분과 대지사이에 연속하여 10분간 가하여 절연내력을 시험하였을 때에 이에 견디는 것이어야 한다.

135 변압기 전로의 절연내력

1. 변압기[방전등용 변압기·엑스선관용 변압기·흡상 변압기·시험용 변압기·계기용변성기와 241.9에 규정(241.9.1의 2 제외)하는 전기집진 응용장치용의 변압기 기타 특수 용도에 사용되는 것을 제외한다. 이하 같다]의 전로는 표 135-1에서 정하는 시험전압 및 시험방법으로 절연내력을 시험하였을 때에 이에 견디어야 한다.

표 135-1 회전기 및 정류기 시험전압

권선의 종류	시험전압	시험방법
1. 최대 사용전압 7 kV 이하	최대 사용전압의 1.5배의 전압 (500 V 미만으로 되는 경우에는 500 V) 다만, 중성점이 접지되고 다중 접지된 중성 선을 가지는 전로에 접속하는 것은 0.92배의 전압(500 V 미만으로 되는 경우에는 500 V)	시험되는 권선과 다른 권선, 철심 및 외함 간에 시험전압을 연속하여 10분간 가한다.
2. 최대 사용전압 7 kV 초과 25 kV 이하의 권선으로서 중성 점 접지식전로(중선 선을 가지는 것으로서 그 중성 선에 다중 접지를 하는 것에 한한다)에 접속하는 것.	최대 사용전압의 0.92배의 전압	
3. 최대 사용전압 7 kV 초과 60 kV 이하의 권선(2란의 것을 제외한다)	최대 사용전압의 1.25배의 전압 (10.5 kV 미만으로 되는 경우에는 10.5 kV)	
4. 최대 사용전압이 60 kV를 초과하는 권선으로서 중성점 비접지식전로(전위 변성기를 사용하여 접지하는 것을 포함한다. 8란의 것을 제외한다)에 접속하는 것.	최대 사용전압의 1.25배의 전압	

권선의 종류	시험전압	시험방법
5. 최대 사용전압이 60 kV를 초과하는 권선(성형결선, 또는 스콧결선의 것에 한한다)으로서 중성점 접지식 전로(전위 변성기를 사용하여 접지 하는 것, 6란 및 8란의 것을 제외한다)에 접속하고 또한 성형결선의 권선의 경우에는 그 중성점에, 스콧결선의 권선의 경우에는 T좌권선과 주좌권선의 접속점에 피뢰기를 시설하는 것.	최대 사용전압의 1.1배의 전압 (75 kV 미만으로 되는 경우에는 75 kV)	시험되는 권선의 중성점단자(스콧결선의 경우에는 T좌권선과 주좌권선의 접속점 단자. 이하 이 표에서 같다) 이외의 임의의 1단자, 다른 권선(다른 권선이 2개 이상 있는 경우에는 각권선)의 임의의 1단자, 철심 및 외함을 접지하고 시험되는 권선의 중성점 단자 이외의 각 단자에 3상 교류의 시험 전압을 연속하여 10분간 가한다. 다만, 3상 교류의 시험전압 가하기 곤란할 경우에는 시험되는 권선의 중성점 단자 및 접지되는 단자 이외의 임의의 1단자와 대지 사이에 단상교류의 시험전압을 연속하여 10분간 가하고 다시 중성점 단자와 대지 사이에 최대 사용전압의 0.64배(스콧 결선의 경우에는 0.96배)의 전압을 연속하여 10분간 가할 수 있다.
6. 최대 사용전압이 60 kV를 초과하는 권선(성형결선의 것에 한한다. 8란의 것을 제외한다)으로서 중성점 직접 접지 식 전로에 접속하는 것. 다만, 170 kV를 초과하는 권선에는 그 중성점에 피뢰기를 시설하는 것에 한한다.	최대 사용전압의 0.72배의 전압	시험되는 권선의 중성점단자, 다른 권선(다른 권선이 2개 이상 있는 경우에는 각 권선)의 임의의 1단자, 철심 및 외함을 접지하고 시험되는 권선의 중성점 단자이외의 임의의 1단자와 대지 사이에 시험전압을 연속하여 10분간 가한다. 이 경우에 중성점에 피뢰기를 시설하는 것에 있어서는 다시 중성점 단자의 대지 간에 최대사용전압의 0.3배의 전압을 연속하여 10분간 가한다.
7. 최대 사용전압이 170 kV를 초과하는 권선(성형결선의 것에 한한다. 8란의 것을 제외한다)으로서 중성 점 직접 접지 식 전로에 접속하고 또한 그 중성점을 직접 접지하는 것.	최대 사용전압의 0.64배의 전압	시험되는 권선의 중성점 단자, 다른 권선(다른 권선이 2개 이상 있는 경우에는 각 권선)의 임의의 1단자, 철심 및 외함을 접지하고 시험되는 권선의 중성점 단자 이외의 임의의 1단자와 대지 사이에 시험전압을 연속하여 10분간 가한다.
8. 최대 사용전압이 60 kV를 초과하는 정류기에 접속하는 권선	정류기의 교류 측의 최대 사용전압의 1.1배의 교류전압 또는 정류기의 직류 측의 최대 사용전압의 1.1배의 직류전압	시험되는 권선과 다른 권선, 철심 및 외함 간에 시험전압을 연속하여 10분간 가한다.
9. 기타 권선	최대 사용전압의 1.1배의 전압 (75 kV 미만으로 되는 경우는 75 kV)	시험되는 권선과 다른 권선, 철심 및 외함 간에 시험전압을 연속하여 10분간 가한다.

2. 특 고압전로와 관련되는 절연내력은 설치하는 기기의 종류별 시험성적서 확인 또는 절연내력 확인 방법에 적합한 시험 및 측정을 하고 결과가 적합한 경우에는 제1의 규정에 의하지 아니할 수 있다.

136 기구 등의 전로의 절연내력

1. 개폐기·차단기·전력용 커패시터·유도전압조정기·계기용변성기 기타의 기구의 전로 및 발전소·

변전소·개폐소 또는 이에 준하는 곳에 시설하는 기계기구의 접속선 및 모선(전로를 구성하는 것에 한한나. 이하 "기구 등의 전로"라 한다)은 표 136-1에서 정하는 시험전압을 충전 부분과 대지 사이(다심케이블은 심선 상호 간 및 심선과 대지 사이)에 연속하여 10분간 가하여 절연내력을 시험하였을 때에 이에 견디어야 한다. 다만, 접지형계기용변압기·전력선 반송용 결합커패시터·뇌서지 흡수용 커패시터·지락검출용 커패시터·재기전압 억제용 커패시터·피뢰기 또는 전력선반송용 결합리액터로서 다음에 따른 표준에 적합한 것 혹은 전선에 케이블을 사용하는 기계기구의 교류의 접속선 또는 모선으로서 표 136-1에서 정한 시험전압의 2배의 직류전압을 충전부분과 대지 사이(다심케이블에서는 심선 상호 간 및 심선과 대지 사이)에 연속하여 10분간 가하여 절연내력을 시험하였을 때에 이에 견디도록 시설할 때에는 그러하지 아니하다.

(140 접지시스템)

141 접지시스템의 구분 및 종류

1. 접지시스템은 계통접지, 보호접지, 피뢰시스템 접지 등으로 구분한다.
2. 접지시스템의 시설 종류에는 단독접지, 공통접지, 통합접지가 있다.

142 접지시스템의 시설

142.1 접지시스템의 구성요소 및 요구사항

142.1.1 접지시스템 구성요소

1. 접지시스템은 접지 극, 접지도체, 보호도체 및 기타 설비로 구성하고, 140에 의하는 것 이외에는 KS C IEC 60364-5-54(저압전기설비-제5-54부 : 전기기기의 선정 및 설치-접지설비 및 보호도체)에 의한다.
2. 접지 극은 접지도체를 사용하여 주 접지 단자에 연결하여야 한다.

142.1.2 접지시스템 요구사항

1. 접지시스템은 다음에 적합하여야 한다.
   가. 전기설비의 보호 요구사항을 충족하여야 한다.
   나. 지락전류와 보호도체 전류를 대지에 전달할 것. 다만, 열적, 열·기계적, 전기·기계적 응력 및 이러한 전류로 인한 감전 위험이 없어야 한다.
   다. 전기설비의 기능적 요구사항을 충족하여야 한다.
2. 접지저항 값은 다음에 의한다.
   가. 부식, 건조 및 동결 등 대지환경 변화에 충족하여야 한다.
   나. 인체감전보호를 위한 값과 전기설비의 기계적 요구에 의한 값을 만족하여야 한다.

142.2 접지극의 시설 및 접지저항

1. 접지극은 다음에 따라 시설하여야 한다.
   가. 토양 또는 콘크리트에 매입되는 접지극의 재료 및 최소 굵기 등은 KS C IEC 60364-5-54(저

압전기설비–제5–54부 : 전기기기의 선정 및 설치–접지설비 및 보호도체)의 "표 54.1(토양 또는 콘크리트에 매설되는 접지 극으로 부식방지 및 기계적 강도를 대비하여 일반적으로 사용되는 재질의 최소 굵기)"에 따라야 한다.

　　나. 피뢰시스템의 접지는 152.1.3을 우선 적용하여야 한다.

2. 접지극은 다음의 방법 중 하나 또는 복합하여 시설하여야 한다.

　　가. 콘크리트에 매입 된 기초 접지 극

　　나. 토양에 매설된 기초 접지 극

　　다. 토양에 수직 또는 수평으로 직접 매설된 금속전극(봉, 전선, 테이프, 배관, 판 등)

　　라. 케이블의 금속외장 및 그 밖에 금속피복

　　마. 지중 금속구조물(배관 등)

　　바. 대지에 매설된 철근콘크리트의 용접된 금속 보강재. 다만, 강화콘크리트는 제외한다.

3. 접지극의 매설은 다음에 의한다.

　　가. 접지극은 매설하는 토양을 오염시키지 않아야 하며, 가능한 다습한 부분에 설치한다.

　　나. 접지극은 동결 깊이를 감안하여 시설하되 고압 이상의 전기설비와 142.5에 의하여 시설하는 접지극의 매설깊이는 지표면으로부터 지하 0.75 m 이상으로 한다. 다만, 발전소·변전소·개폐소 또는 이에 준하는 곳에 접지 극을 322.5의 1의 "가"에 준하여 시설하는 경우에는 그러하지 아니하다.

　　다. 접지도체를 철주 기타의 금속 체를 따라서 시설하는 경우에는 접지 극을 철주의 밑면으로부터 0.3 m 이상의 깊이에 매설하는 경우 이외에는 접지 극을 지중에서 그 금속체로부터 1 m 이상 떼어 매설하여야 한다.

4. 접지시스템 부식에 대한 고려는 다음에 의한다.

　　가. 접지 극에 부식을 일으킬 수 있는 폐기물 집하장 및 번화한 장소에 접지 극 설치는 피해야 한다.

　　나. 서로 다른 재질의 접지 극을 연결할 경우 전식을 고려하여야 한다.

　　다. 콘크리트 기초 접지 극에 접속하는 접지도체가 용융아연도금강제인 경우 접속 부를 토양에 직접 매설해서는 안 된다.

5. 접지극을 접속하는 경우에는 발열성 용접, 압착접속, 클램프 또는 그 밖의 적절한 기계적 접속장치로 접속하여야 한다.

6. 가연성 액체나 가스를 운반하는 금속제 배관은 접지설비의 접지극으로 사용 할 수 없다. 다만, 보호 등전위 본딩은 예외로 한다.

7. 수도관 등을 접지 극으로 사용하는 경우는 다음에 의한다.

　　가. 지중에 매설되어 있고 대지와의 전기저항 값이 3 Ω 이하의 값을 유지하고 있는 금속제 수도관로가 다음에 따르는 경우 접지 극으로 사용이 가능하다.

　　　(1) 접지도체와 금속제 수도관로의 접속은 안지름 75 mm 이상인 부분 또는 여기에서 분기한 안지름 75 mm 미만인 분기점으로부터 5 m 이내의 부분에서 하여야 한다. 다만, 금속제 수도관로와 대지 사이의 전기저항 값이 2 Ω 이하인 경우에는 분기점으로부터의 거리는 5 m

를 넘을 수 있다.

 (2) 집지도체와 금속제 수도관로의 접속 부를 수도계량기로부터 수도 수용가 측에 설치하는 경우에는 수도계량기를 사이에 두고 양측 수도관로를 등 전위본딩 하여야 한다.

 (3) 접지도체와 금속제 수도관로의 접속 부를 사람이 접촉할 우려가 있는 곳에 설치하는 경우에는 손상을 방지하도록 방호장치를 설치하여야 한다.

 (4) 접지도체와 금속제 수도관로의 접속에 사용하는 금속제는 접속부에 전기적 부식이 생기지 않아야 한다.

나. 건축물·구조물의 철골 기타의 금속제는 이를 비접지식 고압전로에 시설하는 기계기구의 철대 또는 금속제 외함의 접지공사 또는 비접지식 고압전로와 저압전로를 결합하는 변압기의 저압전로의 접지공사의 접지 극으로 사용할 수 있다. 다만, 대지와의 사이에 전기저항 값이 $2\,\Omega$이 하인 값을 유지하는 경우에 한한다.

142.3 접지도체·보호도체

142.3.1 접지도체

1. 접지도체의 선정

 가. 접지도체의 단면적은 142.3.2의 1에 의하며 큰 고장전류가 접지도체를 통하여 흐르지 않을 경우 접지도체의 최소 단면적은 다음과 같다.

  (1) 구리는 $6\,\mathrm{mm}^2$ 이상

  (2) 철제는 $50\,\mathrm{mm}^2$ 이상

 나. 접지도체에 피뢰시스템이 접속되는 경우, 접지도체의 단면적은 구리 $16\,\mathrm{mm}^2$ 또는 철 $50\,\mathrm{mm}^2$ 이상으로 하여야 한다.

2. 접지도체와 접지극의 접속은 다음에 의한다.

 가. 접속은 견고하고 전기적인 연속성이 보장되도록, 접속 부는 발열성 용접, 압착접속, 클램프 또는 그 밖에 적절한 기계적 접속장치에 의해야 한다. 다만, 기계적인 접속장치는 제작자의 지침에 따라 설치하여야 한다.

 나. 클램프를 사용하는 경우, 접지 극 또는 접지도체를 손상시키지 않아야 한다. 납땜에만 의존하는 접속은 사용해서는 안 된다.

3. 접지도체를 접지 극이나 접지의 다른 수단과 연결하는 것은 견고하게 접속하고, 전기적, 기계적으로 적합하여야 하며, 부식에 대해 적절하게 보호되어야 한다. 또한, 다음과 같이 매입되는 지점에는 "안전 전기 연결"라벨이 영구적으로 고정되도록 시설하여야 한다.

 가. 접지극의 모든 접지도체 연결지점

 나. 외부도전성 부분의 모든 본딩 도체 연결지점

 다. 주 개폐기에서 분리된 주 접지단자

4. 접지도체는 지하 $0.75\,\mathrm{m}$부터 지표 상 $2\,\mathrm{m}$까지 부분은 합성수지관(두께 $2\,\mathrm{mm}$ 미만의 합성수지제 전선관 및 가연성 콤바인 덕트관은 제외한다) 또는 이와 동등 이상의 절연효과와 강도를 가지는 몰

드로 덮어야 한다.

5. 특고압·고압 전기설비 및 변압기 중성점 접지시스템의 경우 접지도체가 사람이 접촉할 우려가 있는 곳에 시설되는 고정설비인 경우에는 다음에 따라야 한다. 다만, 발전소·변전소·개폐소 또는 이에 준하는 곳에서는 개별 요구사항에 의한다.

　가. 접지도체는 절연전선(옥외용 비닐절연전선은 제외) 또는 케이블(통신용 케이블은 제외)을 사용하여야 한다. 다만, 접지도체를 철주 기타의 금속 체를 따라서 시설하는 경우 이외의 경우에는 접지도체의 지표상 0.6 m를 초과하는 부분에 대하여는 절연전선을 사용하지 않을 수 있다.

　나. 접지 극 매설은 142.2의 3에 따른다.

6. 접지도체의 굵기는 제1의 "가"에서 정한 것 이외에 고장 시 흐르는 전류를 안전하게 통할 수 있는 것으로서 다음에 의한다.

　가. 특 고압·고압 전기설비용 접지도체는 단면적 6 mm^2 이상의 연동선 또는 동등 이상의 단면적 및 강도를 가져야 한다.

　나. 중성점 접지용 접지도체는 공칭단면적 16 mm^2 이상의 연동선 또는 동등 이상의 단면적 및 세기를 가져야 한다. 다만, 다음의 경우에는 공칭단면적 6 mm^2 이상의 연동선 또는 동등 이상의 단면적 및 강도를 가져야 한다.

　　(1) 7 kV 이하의 전로

　　(2) 사용전압이 25 kV 이하인 특 고압 가공전선로. 다만, 중성선 다중접지 방식의 것으로서 전로에 지락이 생겼을 때 2초 이내에 자동적으로 이를 전로로부터 차단하는 장치가 되어 있는 것.

　다. 이동하여 사용하는 전기기계기구의 금속제 외함 등의 접지시스템의 경우는 다음의 것을 사용하여야 한다.

　　(1) 특 고압·고압 전기설비용 접지도체 및 중성점 접지용 접지도체는 클로로프렌 캡타이어케이블(3종 및 4종) 또는 클로로설포네이트 폴리에틸렌캡타이어케이블(3종 및 4종)의 1개 도체 또는 다심 캡타이어케이블의 차폐 또는 기타의 금속체로 단면적이 10 mm^2 이상인 것을 사용한다.

　　(2) 저압 전기설비용 접지도체는 다심 코드 또는 다심 캡타이어케이블의 1개 도체의 단면적이 0.75 mm^2 이상인 것을 사용한다. 다만, 기타 유연성이 있는 연동연선은 1개 도체의 단면적이 1.5 mm^2 이상인 것을 사용한다.

142.3.2 보호도체

1. 보호도체의 최소 단면적은 다음에 의한다.

　가. 보호도체의 최소 단면적은 "나"에 따라 계산하거나 표 142.3−1에 따라 선정할 수 있다. 다만, "다"의 요건을 고려하여 선정한다.

표 142.3-1 보호도체의 최소 단면적

선 도체의 단면적 S (mm², 구리)	보호도체의 최소 단면적(mm², 구리)	
	보호도체의 재질	
	선 도체와 같은 경우	선 도체와 다른 경우
$S \leq 16$	S	$(k_1/k_2) \times S$
$16 < S \leq 35$	16^a	$(k_1/k_2) \times 16$
$S > 35$	$S^a/2$	$(k_1/k_2) \times (S/2)$

여기서,

k_1 : 도체 및 절연의 재질에 따라 KS C IEC 60364-5-54(저압전기설비-제5-54부 : 전기기기의 선정 및 설치-접지설비 및 보호도체)의 "표 A54.1(여러 가지 재료의 변수 값)" 또는 KS C IEC 60364-4-43(저압전기설비-제4-43부 : 안전을 위한 보호-과전류에 대한 보호)의 "표 43A(도체에 대한 k값)"에서 선정된 선도체에 대한 k값

k_2 : KS C IEC 60364-5-54(저압전기설비-제5-54부 : 전기기기의 선정 및 설치-접지설비 및 보호도체)의 "표 A.54.2(케이블에 병합되지 않고 다른 케이블과 묶여 있지 않은 절연 보호도체의 k값)~표 A.54.6(제시된 온도에서 모든 인접 물질에 손상 위험성이 없는 경우 나도체의 k값)"에서 선정된 보호도체에 대한 k값

a : PEN 도체의 최소단면적은 중성선과 동일하게 적용한다[KS C IEC 60364-5-52(저압전기설비-제5-52부 : 전기기기의 선정 및 설치-배선설비) 참조].

나. 차단시간이 5초 이하인 경우에만 다음 계산식을 적용한다.

$$S = \frac{\sqrt{I^2 t}}{k}$$

여기서,

SI : 단면적(mm²)

I : 보호 장치를 통해 흐를 수 있는 예상 고장전류 실효값(A)

t : 자동차단을 위한 보호 장치의 동작시간(s)

k : 보호도체, 절연, 기타 부위의 재질 및 초기온도와 최종온도에 따라 정해지는 계수로 KS C IEC 60364-5-54(저압전기설비-제5-54부 : 전기기기의 선정 및 설치-접지설비 및 보호도체)의 "부속서 A(기본보호에 관한 규정)"에 의한다.

다. 보호도체가 케이블의 일부가 아니거나 선 도체와 동일 외함에 설치되지 않으면 단면적은 다음의 굵기 이상으로 하여야 한다.

(1) 기계적 손상에 대해 보호가 되는 경우는 구리 2.5 mm², 알루미늄 16 mm² 이상

(2) 기계적 손상에 대해 보호가 되지 않는 경우는 구리 4 mm², 알루미늄 16 mm² 이상

(3) 케이블의 일부가 아니라도 전선관 및 트렁킹 내부에 설치되거나, 이와 유사한 방법으로 보호되는 경우 기계적으로 보호되는 것으로 간주한다.

라. 보호도체가 두 개 이상의 회로에 공통으로 사용되면 단면적은 다음과 같이 선정하여야 한다.

(1) 회로 중 가장 부담이 큰 것으로 예상되는 고장전류 및 동작시간을 고려하여 "가" 또는 "나"에 따라 선정한다.

(2) 회로 중 가장 큰 선 도체의 단면적을 기준으로 "가"에 따라 선정한다.

2. 보호도체의 종류는 다음에 의한다.

　가. 보호도체는 다음 중 하나 또는 복수로 구성하여야 한다.

　　(1) 다심케이블의 도체

　　(2) 충전도체와 같은 트렁킹에 수납된 절연도체 또는 나도체

　　(3) 고정된 절연도체 또는 나도체

　　(4) "나" (1), (2) 조건을 만족하는 금속케이블 외장, 케이블 차폐, 케이블 외장, 전선묶음(편조
　　　 전선), 동심도체, 금속관

　나. 전기설비에 저압개폐기, 제어반 또는 버스덕트와 같은 금속제 외함을 가진 기기가 포함된 경
　　 우, 금속함이나 프레임이 다음과 같은 조건을 모두 충족하면 보호도체로 사용이 가능하다.

　　(1) 구조·접속이 기계적, 화학적 또는 전기화학적 열화에 대해 보호할 수 있으며 전기적 연속
　　　 성을 유지 하는 경우

　　(2) 도전성이 제1의"가" 또는 "나"의 조건을 충족하는 경우

　　(3) 연결하고자 하는 모든 분기 접속점에서 다른 보호도체의 연결을 허용하는 경우

　다. 다음과 같은 금속부분은 보호도체 또는 보호 본딩 도체로 사용해서는 안 된다.

　　(1) 금속 수도관

　　(2) 가스·액체·분말과 같은 잠재적인 인화성 물질을 포함하는 금속관

　　(3) 상시 기계적 응력을 받는 지지 구조물 일부

　　(4) 가요성 금속배관. 다만, 보호도체의 목적으로 설계된 경우는 예외로 한다.

　　(5) 가요성 금속전선관

　　(6) 지지선, 케이블트레이 및 이와 비슷한 것

3. 보호도체의 전기적 연속성은 다음에 의한다.

　가. 보호도체의 보호는 다음에 의한다.

　　(1) 기계적인 손상, 화학적·전기화학적 열화, 전기역학적·열역학적 힘에 대해 보호되어야 한다.

　　(2) 나사접속·클램프접속 등 보호도체 사이 또는 보호도체와 타 기기 사이의 접속은 전기적 연
　　　 속 성 보장 및 충분한 기계적강도와 보호를 구비하여야 한다.

　　(3) 보호도체를 접속하는 나사는 다른 목적으로 겸용해서는 안 된다.

　　(4) 접속 부는 납땜(soldering)으로 접속해서는 안 된다.

　나. 보호도체의 접속 부는 검사와 시험이 가능하여야 한다. 다만 다음의 경우는 예외로 한다.

　　(1) 화합물로 충전된 접속 부

　　(2) 캡슐로 보호되는 접속 부

　　(3) 금속관, 덕트 및 버스 덕트에서의 접속 부

　　(4) 기기의 한 부분으로서 규정에 부합하는 접속 부

　　(5) 용접(welding)이나 경 납땜(brazing)에 의한 접속 부

　　(6) 압착 공구에 의한 접속 부

4. 보호도체에는 어떠한 개폐장치를 연결해서는 안 된다. 다만, 시험목적으로 공구를 이용하여 보호

도체를 분리할 수 있는 접속점을 만들 수 있다.

5. 접지에 대한 전기적 감시를 위한 전용장치(동작센서, 코일, 변류기 등)를 설치하는 경우, 보호도체 경로에 직렬로 접속하면 안 된다.

6. 기기·장비의 노출 도전 부는 다른 기기를 위한 보호도체의 부분을 구성하는데 사용할 수 없다. 다만, 제2의 "나"에서 허용하는 것은 제외한다.

142.3.3 보호도체의 단면적 보강

1. 보호도체는 정상 운전상태에서 전류의 전도성 경로(전기자기 간섭 보호용 필터의 접속 등으로 인한)로 사용되지 않아야 한다.

2. 전기설비의 정상 운전상태에서 보호도체에 10 mA를 초과하는 전류가 흐르는 경우, 다음에 의해 보호도체를 증강하여 사용하여야 한다.

   가. 보호도체가 하나인 경우 보호도체의 단면적은 전 구간에 구리 10 mm^2 이상 또는 알루미늄 16 mm^2 이상으로 하여야 한다.

   나. 추가로 보호도체를 위한 별도의 단자가 구비된 경우, 최소한 고장보호에 요구되는 보호도체의 단면적은 구리 10 mm^2, 알루미늄 16 mm^2 이상으로 한다.

142.3.4 보호도체와 계통도체 겸용

1. 보호도체와 계통도체를 겸용하는 겸용도체(중성선과 겸용, 선 도체와 겸용, 중간도체와 겸용 등)는 해당하는 계통의 기능에 대한 조건을 만족하여야 한다.

2. 겸용도체는 고정된 전기설비에서만 사용할 수 있으며 다음에 의한다.

   가. 단면적은 구리 10 mm^2 또는 알루미늄 16 mm^2 이상이어야 한다.

   나. 중성선과 보호도체의 겸용도체는 전기설비의 부하 측으로 시설하여서는 안 된다.

   다. 폭발성 분위기 장소는 보호도체를 전용으로 하여야 한다.

3. 겸용도체의 성능은 다음에 의한다.

   가. 공칭전압과 같거나 높은 절연성능을 가져야 한다.

   나. 배선설비의 금속 외함은 겸용도체로 사용해서는 안 된다. 다만, KS C IEC 60439-2(저전압 개폐장치 및 제어장치 부속품-제2부 : 버스바 트렁킹 시스템의 개별 요구사항)에 의한 것 또는 KS C IEC 61534-1(전원 트랙-제1부 : 일반요구사항)에 의한 것은 제외한다.

4. 겸용도체는 다음 사항을 준수하여야 한다.

   가. 전기설비의 일부에서 중성선·중간도체·선 도체 및 보호도체가 별도로 배선되는 경우, 중성선·중간도체·선 도체를 전기설비의 다른 접지된 부분에 접속해서는 안 된다. 다만, 겸용도체에서 각각의 중성선·중간도체·선 도체와 보호도체를 구성하는 것은 허용한다.

   나. 겸용도체는 보호도체용 단자 또는 바에 접속되어야 한다.

   다. 계통외도전부는 겸용도체로 사용해서는 안 된다.

142.3.5 보호접지 및 기능접지의 겸용도체

1. 보호접지와 기능접지 도체를 겸용하여 사용할 경우 142.3.2에 대한 조건과 143 및 153.2(피뢰시

스템 등 전위 본딩)의 조건에도 적합하여야 한다.

2. 전자통신기기에 전원공급을 위한 직류귀환 도체는 겸용도체(PEL 또는 PEM)로 사용 가능하고, 기능접지도체와 보호도체를 겸용할 수 있다.

142.3.6 감전보호에 따른 보호도체

과전류 보호 장치를 감전에 대한 보호용으로 사용하는 경우, 보호도체는 충전도체와 같은 배선설비에 병합시키거나 근접한 경로로 설치하여야 한다.

142.3.7 주 접지단자

1. 접지시스템은 주 접지단자를 설치하고, 다음의 도체들을 접속하여야 한다.

   가. 등 전위본딩 도체

   나. 접지도체

   다. 보호도체

   라. 관련이 있는 경우, 기능성 접지도체

2. 여러 개의 접지단자가 있는 장소는 접지단자를 상호 접속하여야 한다.

3. 주 접지 단자에 접속하는 각 접지도체는 개별적으로 분리할 수 있어야 하며, 접지저항을 편리하게 측정할 수 있어야 한다. 다만, 접속은 견고해야 하며 공구에 의해서만 분리되는 방법으로 하여야 한다.

142.4 전기수용가 접지

142.4.1 저압수용가 인입구 접지

1. 수용장소 인입구 부근에서 다음의 것을 접지 극으로 사용하여 변압기 중성점 접지를 한 저압전선로의 중성선 또는 접지 측 전선에 추가로 접지공사를 할 수 있다.

   가. 지중에 매설되어 있고 대지와의 전기저항 값이 3 Ω 이하의 값을 유지하고 있는 금속제 수도관로

   나. 대지 사이의 전기저항 값이 3 Ω 이하인 값을 유지하는 건물의 철골

2. 제1에 따른 접지도체는 공칭단면적 6 mm² 이상의 연동선 또는 이와 동등 이상의 세기 및 굵기의 쉽게 부식하지 않는 금속선으로서 고장 시 흐르는 전류를 안전하게 통할 수 있는 것이어야 한다. 다만, 접지도체를 사람이 접촉할 우려가 있는 곳에 시설할 때에는 접지도체는 142.3.1의 6에 따른다.

142.4.2 주택 등 저압수용장소 접지

1. 저압수용장소에서 계통접지가 TN-C-S 방식인 경우에 보호도체는 다음에 따라 시설하여야 한다.

   가. 보호도체의 최소 단면적은 142.3.2의 1에 의한 값 이상으로 한다.

   나. 중성선 겸용 보호도체(PEN)는 고정 전기설비에만 사용할 수 있고, 그 도체의 단면적이 구리는 10 mm² 이상, 알루미늄은 16 mm² 이상이어야 하며, 그 계통의 최고전압에 대하여 절연되어야 한다.

2. 제1에 따른 접지의 경우에는 감전보호용 등 전위본딩을 하여야 한다. 다만, 이 조건을 충족시키지 못하는 경우에 중성선 겸용 보호도체를 수용장소의 인입구 부근에 추가로 접지하여야 하며, 그 접지저항 값은 접촉전압을 허용접촉전압 범위내로 제한하는 값 이하로 하여야 한다.

142.5 변압기 중성점 접지

1. 변압기의 중성점접지 저항 값은 다음에 의한다.

   가. 일반적으로 변압기의 고압·특 고압 측 전로 1선 지락전류로 150을 나눈 값과 같은 저항 값 이하

   나. 변압기의 고압·특 고압 측 전로 또는 사용전압이 35 kV 이하의 특 고압전로가 저압측 전로와 혼촉하고 저압전로의 대지전압이 150 V를 초과하는 경우는 저항 값은 다음에 의한다.

       (1) 1초 초과 2초 이내에 고압·특 고압 전로를 자동으로 차단하는 장치를 설치할 때는 300을 나눈 값 이하

       (2) 1초 이내에 고압·특 고압 전로를 자동으로 차단하는 장치를 설치할 때는 600을 나눈 값 이하

2. 전로의 1선 지락전류는 실측값에 의한다. 다만, 실측이 곤란한 경우에는 선로정수 등으로 계산한 값에 의한다.

142.6 공통접지 및 통합접지

1. 고압 및 특 고압과 저압 전기설비의 접지 극이 서로 근접하여 시설되어 있는 변전소 또는 이와 유사한 곳에서는 다음과 같이 공통접지시스템으로 할 수 있다.

   가. 저압 전기설비의 접지 극이 고압 및 특 고압 접지 극의 접지저항 형성영역에 완전히 포함되어 있다면 위험전압이 발생하지 않도록 이들 접지 극을 상호 접속하여야 한다.

   나. 접지시스템에서 고압 및 특 고압 계통의 지락사고 시 저압계통에 가해지는 상용주파 과전압은 표 142.6-1에서 정한 값을 초과해서는 안 된다.

표 142.6-1 저압설비 허용 상용주파 과전압

고압계통에서 지락고장시간(초)	저압설비 허용 상용주파 과전압(V)	비고
5	$U_0 + 250$	중성선 도체가 없는 계통에서 U_0는 선간전압을 말한다.
≤ 5	$U_0 + 1,200$	

1. 순시 상용주파 과전압에 대한 저압기기의 절연 설계기준과 관련된다.
2. 중성선이 변전소 변압기의 접지계통에 접속된 계통에서, 건축물외부에 설치한 외함이 접지되지 않은 기기의 절연에는 일시적 상용주파 과전압이 나타날 수 있다.

   다. 고압 및 특 고압을 수전 받는 수용가의 접지계통을 수전 전원의 다중 접지된 중성선과 접속하면 "나"의 요건은 충족하는 것으로 간주할 수 있다.

   라. 기타 공통접지와 관련한 사항은 KS C IEC 61936-1(교류 1 kV 초과 전력설비-제1부 : 공통규정)의 "10 접지시스템"에 의한다.

2. 전기설비의 접지설비, 건축물의 피뢰설비·전자통신설비 등의 접지 극을 공용하는 통합접지시스템으로 하는 경우 다음과 같이 하여야 한다.

   가. 통합접지시스템은 제1에 의한다.

   나. 낙뢰에 의한 과전압 등으로부터 전기전자기기 등을 보호하기 위해 153.1의 규정에 따라 서지보호 장치를 설치하여야 한다.

142.7 기계기구의 철대 및 외함의 접지

1. 전로에 시설하는 기계기구의 철대 및 금속제 외함(외함이 없는 변압기 또는 계기용변성기는 철심)에는 140에 의한 접지공사를 하여야 한다.
2. 다음의 어느 하나에 해당하는 경우에는 제1의 규정에 따르지 않을 수 있다.
   가. 사용전압이 직류 300 V 또는 교류 대지전압이 150 V 이하인 기계기구를 건조한 곳에 시설하는 경우
   나. 저압용의 기계 기구를 건조한 목재의 마루 기타 이와 유사한 절연성 물건 위에서 취급하도록 시설하는 경우
   다. 저압용이나 고압용의 기계기구, 341.2에서 규정하는 특 고압 전선로에 접속하는 배전용 변압기나 이에 접속하는 전선에 시설하는 기계기구 또는 333.32의 1과 4에서 규정하는 특 고압 가공전선로의 전로에 시설하는 기계 기구를 사람이 쉽게 접촉할 우려가 없도록 목주 기타 이와 유사한 것의 위에 시설하는 경우
   라. 철대 또는 외함의 주위에 적당한 절연대를 설치하는 경우
   마. 외함이 없는 계기용변성기가 고무·합성수지 기타의 절연물로 피복한 것일 경우
   바. 「전기용품 및 생활용품 안전관리법」의 적용을 받는 이중절연구조로 되어 있는 기계기구를 시설하는 경우
   사. 저압용 기계기구에 전기를 공급하는 전로의 전원 측에 절연변압기(2차 전압이 300 V 이하이며, 정격용량이 3 kVA 이하인 것에 한한다)를 시설하고 또한 그 절연변압기의 부하 측 전로를 접지하지 않은 경우
   아. 물기 있는 장소 이외의 장소에 시설하는 저압용의 개별 기계기구에 전기를 공급하는 전로에 「전기용품 및 생활용품 안전관리법」의 적용을 받는 인체감전보호용 누전차단기(정격감도전류가 30 mA 이하, 동작시간이 0.03초 이하의 전류동작 형에 한한다)를 시설하는 경우
   자. 외함을 충전하여 사용하는 기계기구에 사람이 접촉할 우려가 없도록 시설하거나 절연대를 시설하는 경우

143 감전보호용 등전위본딩

143.1 등 전위 본딩의 적용

1. 건축물·구조물에서 접지도체, 주 접지단자와 다음의 도전성부분은 등 전위본딩하여야 한다. 다만, 이들 부분이 다른 보호도체로 주 접지단자에 연결된 경우는 그러하지 아니하다.
   가. 수도관, 가스관 등 외부에서 내부로 인입되는 금속배관
   나. 건축물, 구조물의 철근, 철골 등 금속보강재
   다. 일상생활에서 접촉이 가능한 금속제 난방배관 및 공조 설비 등 계통외도전부
2. 주 접지단자에 보호 등전위 본딩 도체, 접지도체, 보호도체, 기능성 접지도체를 접속하여야 한다.

143.2 등 전위본딩 시설

143.2.1 보호 등전위 본딩

1. 건축물·구조물의 외부에서 내부로 들어오는 각종 금속세 배관은 다음과 같이 하여야 한다.

   가. 1 개소에 집중하여 인입하고, 인입구 부근에서 서로 접속하여 등 전위 본딩 바에 접속하여야 한다.

   나. 대형건축물 등으로 1개소에 집중하여 인입하기 어려운 경우에는 본딩 도체를 1개의 본딩 바에 연결한다.

2. 수도관·가스관의 경우 내부로 인입된 최초의 밸브 후단에서 등 전위 본딩을 하여야 한다.

3. 건축물·구조물의 철근, 철골 등 금속보강재는 등 전위 본딩을 하여야 한다.

143.2.2 보조 보호 등전위 본딩

1. 보조 보호 등전위 본딩의 대상은 전원자동차단에 의한 감전보호방식에서 고장 시 자동차단시간이 211.2.3의 3에서 요구하는 계통별 최대차단시간을 초과하는 경우이다.

2. 제1의 차단시간을 초과하고 2.5 m 이내에 설치된 고정기기의 노출도전부와 계통외도전부는 보조 보호 등전위 본딩을 하여야 한다. 다만, 보조 보호 등전위 본딩의 유효성에 관해 의문이 생길 경우 동시에 접근 가능한 노출도전부와 계통외도전부 사이의 저항 값(R)이 다음의 조건을 충족하는지 확인하여야 한다.

   교류 계통 : $R \leq \dfrac{50\,V}{I_a}\,(\Omega)$

   직류 계통 : $R \leq \dfrac{120\,V}{I_a}\,(\Omega)$

   I_a : 보호 장치의 동작전류(A)

   (누전차단기의 경우 $I_{\Delta n}$(정격감도전류), 과전류 보호 장치의 경우 5초 이내 동작전류)

143.2.3 비접지 국부 등전위 본딩

1. 절연성 바닥으로 된 비접지 장소에서 다음의 경우 국부 등전위 본딩을 하여야 한다.

   가. 전기설비 상호 간이 2.5 m 이내인 경우

   나. 전기설비와 이를 지지하는 금속 체 사이

2. 전기설비 또는 계통외도전부를 통해 대지에 접촉하지 않아야 한다.

143.3 등 전위 본딩 도체

143.3.1 보호 등전위 본딩 도체

1. 주 접지단자에 접속하기 위한 등 전위 본딩 도체는 설비 내에 있는 가장 큰 보호접지도체 단면적의 1/2 이상의 단면적을 가져야 하고 다음의 단면적 이상이어야 한다.

   가. 구리도체 6 mm²

   나. 알루미늄 도체 16 mm²

   다. 강철 도체 50 mm²

2. 주 접지단자에 접속하기 위한 보호 본딩 도체의 단면적은 구리도체 25 mm² 또는 다른 재질의 동

등한 단면적을 초과할 필요는 없다.

3. 등 전위본딩 도체의 상호접속은 153.2.1의 2를 따른다.

143.3.2 보조 보호 등전위 본딩 도체

1. 두 개의 노출 도전 부를 접속하는 경우 도전성은 노출도전부에 접속된 더 작은 보호도체의 도전성 보다 커야 한다.

2. 노출 도전 부를 계통외도전부에 접속하는 경우 도전성은 같은 단면적을 갖는 보호도체의 1/2 이상 이어야 한다.

3. 케이블의 일부가 아닌 경우 또는 선로도체와 함께 수납되지 않은 본딩도체는 다음 값 이상 이어야 한다.

　가. 기계적 보호가 된 것은 구리도체 2.5 mm², 알루미늄 도체 16 mm²

　나. 기계적 보호가 없는 것은 구리도체 4 mm², 알루미늄 도체 16 mm²

(150 피뢰시스템)

151 피뢰시스템의 적용범위 및 구성

151.1 적용범위

다음에 시설되는 피뢰시스템에 적용한다.

1. 전기전자설비가 설치된 건축물·구조물로서 낙뢰로부터 보호가 필요한 것 또는 지상으로부터 높이가 20 m 이상인 것

2. 전기설비 및 전자설비 중 낙뢰로부터 보호가 필요한 설비

151.2 피뢰시스템의 구성

1. 직격뢰로부터 대상물을 보호하기 위한 외부피뢰시스템

2. 간접뢰 및 유도뢰로부터 대상물을 보호하기 위한 내부피뢰시스템

151.3 피뢰시스템 등급선정

피뢰시스템 등급은 대상물의 특성에 따라 KSC IEC 62305-1(피뢰시스템-제1부 : 일반원칙)의 "8.2 피뢰레벨", KS C IEC 62305-2(피뢰시스템-제2부 : 리스크관리), KSC IEC 62305-3(피뢰시스템-제3부 : 구조물의 물리적 손상 및 인명위험)의 "4.1 피뢰시스템의 등급"에 의한 피뢰레벨 따라 선정한다. 다만, 위험물의 제조소 등에 설치하는 피뢰 시스템은 Ⅱ 등급 이상으로 하여야 한다.

152 외부피뢰시스템

152.1 수뢰 부 시스템

1. 수뢰 부 시스템의 선정은 다음에 의한다.

　가. 돌침, 수평도체, 메시 도체의 요소 중에 한 가지 또는 이를 조합한 형식으로 시설하여야 한다.

　나. 수뢰 부 시스템 재료는 KS C IEC 62305-3(피뢰시스템-제3부 : 구조물의 물리적 손상 및 인명위험)의 "표 6(수뢰도체, 피뢰침, 대지 인입봉과 인하도선의 재료, 형상과 최소단면적)"에 따른다.

다. 자연적 구성부재가 KS C IEC 62305-3(피뢰시스템-제3부 : 구조물의 물리적 손상 및 인명위험)의 "5.2.5 자연적 구성부재"에 적합하면 수뢰부시스템으로 사용할 수 있다.

2. 수뢰 부 시스템의 배치는 다음에 의한다.

　　가. 보호각 법, 회전 구체 법, 메시 법 중 하나 또는 조합된 방법으로 배치하여야 한다. 다만, 피뢰시스템의 보호각, 회전구체 반경, 메시 크기의 최댓값은 KS C IEC 62305-3(피뢰시스템-제3부 : 구조물의 물리적 손상 및 인명위험)의 "표 2(피뢰시스템의 등급별 회전구체 반지름, 메시치수와 보호각의 최댓값)" 및 "그림 1(피뢰시스템의 등급별 보호각)"에 따른다.

　　나. 건축물·구조물의 뾰족한 부분, 모서리 등에 우선하여 배치한다.

3. 지상으로부터 높이 60 m를 초과하는 건축물·구조물에 측뢰 보호가 필요한 경우에는 수뢰부 시스템을 시설하여야 하며, 다음에 따른다.

　　가. 전체 높이 60 m를 초과하는 건축물·구조물의 최상부로부터 20 % 부분에 한하며, 피뢰시스템 등급 Ⅳ의 요구사항에 따른다.

　　나. 자연적 구성부재가 제1의 "다"에 적합하면, 측뢰 보호용 수뢰부로 사용할 수 있다.

4. 건축물·구조물과 분리되지 않은 수뢰 부 시스템의 시설은 다음에 따른다.

　　가. 지붕 마감재가 불연성 재료로 된 경우 지붕표면에 시설할 수 있다.

　　나. 지붕 마감재가 높은 가연성 재료로 된 경우 지붕재료와 다음과 같이 이격하여 시설한다.

　　　　(1) 초가지붕 또는 이와 유사한 경우 0.15 m 이상

　　　　(2) 다른 재료의 가연성 재료인 경우 0.1 m 이상

5. 건축물·구조물을 구성하는 금속판 또는 금속배관 등 자연적 구성부재를 수뢰부로 사용하는 경우 제1의 "다" 조건에 충족하여야 한다.

152.2 인하도선시스템

1. 수뢰 부 시스템과 접지시스템을 전기적으로 연결하는 것으로 다음에 의한다.

　　가. 복수의 인하도선을 병렬로 구성해야 한다. 다만, 건축물·구조물과 분리된 피뢰시스템인 경우 예외로 할 수 있다.

　　나. 도선경로의 길이가 최소가 되도록 한다.

　　다. 인하도선시스템 재료는 KS C IEC 62305-3(피뢰시스템-제3부 : 구조물의 물리적 손상 및 인명위험)의 "표 6(수뢰도체, 피뢰침, 대지 인입봉과 인하도선의 재료, 형상과 최소단면적)"에 따른다.

2. 배치 방법은 다음에 의한다.

　　가. 건축물·구조물과 분리된 피뢰시스템인 경우

　　　　(1) 뇌전류의 경로가 보호대상물에 접촉하지 않도록 하여야 한다.

　　　　(2) 별개의 지주에 설치되어 있는 경우 각 지주마다 1가닥 이상의 인하도선을 시설한다.

　　　　(3) 수평도체 또는 메시 도체인 경우 지지 구조물마다 1가닥 이상의 인하도선을 시설한다.

　　나. 건축물, 구조물과 분리되지 않은 피뢰시스템인 경우

　　　　(1) 벽이 불연성 재료로 된 경우에는 벽의 표면 또는 내부에 시설할 수 있다. 다만, 벽이 가연성

재료인 경우에는 0.1 m 이상 이격하고, 이격이 불가능 한 경우에는 도체의 단면적을 100 mm² 이상으로 한다.

(2) 인하도선의 수는 2가닥 이상으로 한다.

(3) 보호대상 건축물·구조물의 투영에 따른 둘레에 가능한 한 균등한 간격으로 배치한다. 다만, 노출된 모서리 부분에 우선하여 설치한다.

(4) 병렬 인하도선의 최대 간격은 피뢰시스템 등급에 따라 Ⅰ·Ⅱ 등급은 10 m, Ⅲ 등급은 15 m, Ⅳ 등급은 20 m로 한다.

3. 수뢰부시스템과 접지극시스템 사이에 전기적 연속성이 형성되도록 다음에 따라 시설하여야 한다.

가. 경로는 가능한 한 루프 형성이 되지 않도록 하고, 최단거리로 곧게 수직으로 시설하여야 하며, 처마 또는 수직으로 설치 된 홈통 내부에 시설하지 않아야 한다.

나. 철근콘크리트 구조물의 철근을 자연적구성부재의 인하도선으로 사용하기 위해서는 해당 철근 전체 길이의 전기저항 값은 0.2 Ω 이하가 되어야하며, 전기적 연속성은 KS C IEC 62305-3(피뢰시스템-제3부 : 구조물의 물리적 손상 및 인명위험)의 "4.3 철근콘크리트 구조물에서 강제 철골조의 전기적 연속성"에 따라야 한다.

다. 시험용 접속점을 접지 극 시스템과 가까운 인하도선과 접지 극 시스템의 연결부분에 시설하고, 이 접속점은 항상 폐로 되어야 하며 측정 시에 공구 등으로만 개방할 수 있어야 한다. 다만, 자연적 구성부재를 이용하거나, 자연적 구성부재 등과 본딩을 하는 경우에는 예외로 한다.

4. 인하도선으로 사용하는 자연적 구성부재는 KS C IEC 62305-3(피뢰시스템-제3부 : 구조물의 물리적 손상 및 인명위험)의 "4.3 철근콘크리트 구조물에서 강제 철골조의 전기적 연속성"과 "5.3.5 자연적 구성 부재"의 조건에 적합해야 하며 다음에 따른다.

가. 각 부분의 전기적 연속성과 내구성이 확실하고, 제1의 "다"에서 인하도선으로 규정된 값 이상 인 것

나. 전기적 연속성이 있는 구조물 등의 금속제 구조 체(철골, 철근 등)

다. 구조물 등의 상호 접속된 강제 구조 체

라. 건축물 외벽 등을 구성하는 금속 구조재의 크기가 인하도선에 대한 요구사항에 부합하고 또한 두께가 0.5 mm 이상인 금속판 또는 금속관

마. 인하도선을 구조물 등의 상호 접속된 철근·철골 등과 본딩하거나, 철근·철골 등을 인하도선으로 사용하는 경우 수평 환상도체는 설치하지 않아도 된다.

바. 인하도선의 접속은 152.4에 따른다.

152.3 접지 극 시스템

1. 뇌전류를 대지로 방류시키기 위한 접지 극 시스템은 다음에 의한다.

가. A형 접지 극(수평 또는 수직접지 극) 또는 B형 접지 극(환상도체 또는 기초접지 극) 중 하나 또는 조합하여 시설할 수 있다.

나. 접지 극 시스템의 재료는 KS C IEC 62305-3(피뢰시스템-제3부 : 구조물의 물리적 손상 및 인명위험)의 "표 7(접지극의 재료, 형상과 최소치수)"에 따른다.

2. 접지 극 시스템 배치는 다음에 의한다.

　　가. A형 접지 극은 최소 2개 이상을 균등한 간격으로 배치해야 하고, KS C IEC 62305-3(피뢰시스템-제3부 : 구조물의 물리적 손상 및 인명위험)의 "5.4.2.1 A형 접지 극 배열"에 의한 피뢰시스템 등급별 대지 저항률에 따른 최소길이 이상으로 한다.

　　나. B형 접지 극은 접지 극 면적을 환산한 평균반지름이 KS C IEC 62305-3(피뢰시스템-제3부 : 구조물의 물리적 손상 및 인명위험)의 "그림 3(LPS 등급별 각 접지극의 최소길이)"에 의한 최소길이 이상으로 하여야 하며, 평균반지름이 최소길이 미만인 경우에는 해당하는 길이의 수평 또는 수직매설 접지 극을 추가로 시설하여야 한다. 다만, 추가하는 수평 또는 수직매설 접지극의 수는 최소 2개 이상으로 한다.

　　다. 접지극시스템의 접지저항이 10 Ω 이하인 경우 제2의 "가"와 "나"에도 불구하고 최소 길이 이하로 할 수 있다.

3. 접지 극은 다음에 따라 시설한다.

　　가. 지표면에서 0.75 m 이상 깊이로 매설 하여야 한다. 다만, 필요시는 해당 지역의 동결심도를 고려한 깊이로 할 수 있다.

　　나. 대지가 암반지역으로 대지저항이 높거나 건축물·구조물이 전자통신시스템을 많이 사용하는 시설의 경우에는 환상 도체 접지 극 또는 기초접지 극으로 한다.

　　다. 접지 극 재료는 대지에 환경오염 및 부식의 문제가 없어야 한다.

　　라. 철근콘크리트 기초 내부의 상호 접속된 철근 또는 금속제 지하구조물 등 자연적 구성부재는 접지 극으로 사용할 수 있다.

152.4 부품 및 접속

1. 재료의 형상에 따른 최소단면적은 KS C IEC 62305-3(피뢰시스템-제3부 : 구조물의 물리적 손상 및 인명위험)의 "표 6(수뢰도체, 피뢰침, 대지 인입 붕괴 인하도선의 재료, 형상과 최소단면적)"에 따른다.

2. 피뢰시스템용의 부품은 KS C IEC 62305-3(구조물의 물리적 손상 및 인명위험) 표 5(피뢰시스템의 재료와 사용조건)에 의한 재료를 사용하여야 한다. 다만, 기계적, 전기적, 화학적 특성이 동등 이상인 경우 다른 재료를 사용할 수 있다.

3. 도체의 접속부 수는 최소한으로 하여야 하며, 접속은 용접, 압착, 봉합, 나사 조임, 볼트 조임 등의 방법으로 확실하게 하여야 한다. 다만, 철근콘크리트 구조물 내부의 철골조의 접속은 152.2의 3의 "나"에 따른다.

152.5 옥외에 시설된 전기설비의 피뢰시스템

1. 고압 및 특 고압 전기설비에 대한 피뢰시스템은 152.1내지 152.4에 따른다.

2. 외부에 낙뢰차폐선이 있는 경우 이것을 접지하여야 한다.

3. 자연적구성부재의 조건에 적합한 강철제 구조체 등을 자연적 구성부재 인하도선으로 사용할 수 있다.

153 내부피뢰시스템

153.1 전기전자설비 보호

153.1.1 일반사항

1. 전기전자설비의 뇌 서지에 대한 보호는 다음에 따른다.
    가. 피뢰구역의 구분은 KS C IEC 62305-4(피뢰시스템-제4부 : 구조물 내부의 전기전자시스템)의 "4.3 피뢰구역(LPZ)"에 의한다.
    나. 피뢰구역 경계부분에서는 접지 또는 본딩을 하여야 한다. 다만, 직접 본딩이 불가능한 경우에는 서지 보호 장치를 설치한다.
    다. 서로 분리된 구조물 사이가 전력선 또는 신호 선으로 연결된 경우 각각의 피뢰구역은 153.1.3의 2의 "다"에 의한 방법으로 서로 접속한다.
2. 전기전자기기의 선정 시 정격 임펄스내전압은 KS C IEC 60364-4-44(저압설비 제4-44부 : 안전을 위한 보호-전압 및 전기자기 방행에 대한 보호)의 표 44.B(기기에 요구되는 정격 임펄스 내전압)에서 제시한 값 이상이어야 한다.

153.1.2 전기적 절연

1. 수뢰 부 또는 인하도선과 건축물·구조물의 금속부분, 내부시스템 사이의 전기적인 절연은 KS C IEC 62305-3(피뢰시스템-제3부 : 구조물의 물리적 손상 및 인명위험)의 "6.3 외부 피뢰시스템의 전기적 절연"에 의한 이격거리로 한다.
2. 제1에도 불구하고 건축물·구조물이 금속제 또는 전기적 연속성을 가진 철근콘크리트 구조물 등의 경우에는 전기적 절연을 고려하지 않아도 된다.

153.1.3 접지와 본딩

1. 전기. 전자설비를 보호하기 위한 접지와 피뢰 등전위 본딩은 다음에 따른다.
    가. 뇌서지 전류를 대지로 방류시키기 위한 접지를 시설하여야 한다.
    나. 전위차를 해소하고 자계를 감소시키기 위한 본딩을 구성하여야 한다.
2. 접지 극은 152.3에 의하는 것 이외에는 다음에 적합하여야 한다.
    가. 전자·통신설비(또는 이와 유사한 것)의 접지는 환상 도체접지 극 또는 기초접지 극으로 한다.
    나. 개별 접지시스템으로 된 복수의 건축물·구조물 등을 연결하는 콘크리트덕트, 금속제 배관의 내부에 케이블(또는 같은 경로로 배치된 복수의 케이블)이 있는 경우 각각의 접지 상호 간은 병행 설치된 도체로 연결하여야 한다. 다만, 차폐케이블인 경우는 차폐선을 양끝에서 각각의 접지시스템에 등 전위 본딩 하는 것으로 한다.
3. 전자·통신설비(또는 이와 유사한 것)에서 위험한 전위차를 해소하고 자계를 감소시킬 필요가 있는 경우 다음에 의한 등 전위 본딩망을 시설하여야 한다.
    가. 등 전위 본딩 망은 건축물·구조물의 도전성 부분 또는 내부설비 일부분을 통합하여 시설한다.
    나. 등 전위 본딩 망은 메시 폭이 5 m 이내가 되도록 하여 시설하고 구조물과 구조물 내부의 금속부분은 다중으로 접속한다. 다만, 금속 부분이나 도전성 설비가 피뢰구역의 경계를 지나가는

경우에는 직접 또는 서지 보호 장치를 통하여 본딩 한다.

　　다. 도전성 부분의 등 전위 본딩은 방사형, 메시 형 또는 이들의 조합형으로 한다.

153.1.4 서지 보호 장치 시설

1. 전기전자설비 등에 연결된 전선로를 통하여 서지가 유입되는 경우, 해당 선로에는 서지 보호 장치를 설치하여 한다.

2. 서지 보호 장치의 선정은 다음에 의한다.

　　가. 전기설비의 보호는 KS C IEC 61643-12(저 전압 서지 보호 장치-제12부 : 저 전압 배전 계통에 접속한 서지보호 장치-선정 및 적용 지침)와 KS C IEC 60364-5-53(건축 전기 설비-제5-53부 : 전기 기기의 선정 및 시공-절연, 개폐 및 제어)에 따르며, KS C IEC 61643-11(저압 서지 보호 장치-제11부 : 저압전력 계통의 저압 서지 보호 장치-요구사항 및 시험방법)에 의한 제품을 사용하여야 한다.

　　나. 전자·통신설비(또는 이와 유사한 것)의 보호는 KS C IEC 61643-22(저 전압 서지 보호 장치-제22부 : 통신망과 신호망 접속용 서지 보호 장치-선정 및 적용지침)에 따른다.

3. 지중 저압수전의 경우, 내부에 설치하는 전기전자기기의 과전압범주별 임펄스내전압이 규정 값에 충족하는 경우는 서지 보호 장치를 생략할 수 있다.

153.2 피뢰 등 전위 본딩

153.2.1 일반사항

1. 피뢰시스템의 등전위화는 다음과 같은 설비들을 서로 접속함으로써 이루어진다.

　　가. 금속제 설비

　　나. 구조물에 접속된 외부 도전성 부분

　　다. 내부시스템

2. 등 전위 본딩의 상호 접속은 다음에 의한다.

　　가. 자연적 구성부재로 인한 본딩으로 전기적 연속성을 확보할 수 없는 장소는 본딩 도체로 연결한다.

　　나. 본딩 도체로 직접 접속할 수 없는 장소의 경우에는 서지 보호 장치를 이용한다.

　　다. 본딩 도체로 직접 접속이 허용되지 않는 장소의 경우에는 절연방전갭(ISG)을 이용한다.

3. 등 전위 본딩 부품의 재료 및 최소 단면적은 KS C IEC 62305-3(피뢰시스템-제3부 : 구조물의 물리적 손상 및 인명위험)의 "5.6 재료 및 치수"에 따른다.

4. 기타 등 전위 본딩에 대하여는 KS C IEC 62305-3(피뢰시스템-제3부 : 구조물의 물리적 손상 및 인명위험)의 "6.2 피뢰 등 전위 본딩"에 의한다.

153.2.2 금속제 설비의 등 전위 본딩

1. 건축물·구조물과 분리된 외부피뢰시스템의 경우, 등 전위 본딩은 지표면 부근에서 시행하여야 한다.

2. 건축물·구조물과 접속된 외부피뢰시스템의 경우, 피뢰 등 전위 본딩은 다음에 따른다.

　　가. 기초부분 또는 지표면 부근 위치에서 하여야하며, 등 전위 본딩 도체는 등 전위 본딩 바에 접속하고, 등 전위 본딩 바는 접지시스템에 접속하여야 한다. 또한 쉽게 점검할 수 있도록 하여야

한다.

나. 153.1.2의 전기적 절연 요구조건에 따른 안전이격거리를 확보할 수 없는 경우에는 피뢰시스템과 건축물·구조물 또는 내부설비의 도전성 부분은 등 전위 본딩 하여야 하며, 직접 접속하거나 충전부인 경우는 서지 보호 장치를 경유하여 접속하여야 한다. 다만, 서지보호 장치를 사용하는 경우 보호레벨은 보호구간 기기의 임펄스내 전압보다 작아야 한다.

3. 건축물·구조물에는 지하 0.5 m와 높이 20 m 마다 환상도체를 설치한다. 다만 철근콘크리트, 철골구조물의 구조 체에 인하도선을 등 전위 본딩하는 경우 환상도체는 설치하지 않아도 된다.

153.2.3 인입설비의 등 전위 본딩

1. 건축물·구조물의 외부에서 내부로 인입되는 설비의 도전부에 대한 등전위본딩은 다음에 의한다.

   가. 인입구 부근에서 143.1에 따라 등 전위 본딩한다.

   나. 전원 선은 서지 보호 장치를 사용하여 등 전위 본딩한다.

   다. 통신 및 제어 선은 내부와의 위험한 전위차 발생을 방지하기 위해 직접 또는 서지 보호장치를 통해 등 전위 본딩한다.

2. 가스관 또는 수도관의 연결부가 절연체인 경우, 해당설비 공급사업자의 동의를 받아 적절한 공법(절연 방전 갭 등 사용)으로 등 전위 본딩하여야 한다.

153.2.4 등 전위 본딩 바

1. 설치위치는 짧은 도전성경로로 접지시스템에 접속할 수 있는 위치이어야 한다.

2. 접지시스템(환상접지전극, 기초접지전극, 구조물의 접지보강재 등)에 짧은 경로로 접속하여야 한다.

3. 외부 도전성 부분, 전원선과 통신선의 인입점이 다른 경우 여러 개의 등 전위 본딩 바를 설치할 수 있다.

신 에너지 및 재생 에너지 개발·이용·보급 촉진법 (약칭 : 신·재생 에너지법)

[시행 2021. 10. 21] [법률 제18095호, 2021. 4. 20, 일부개정]

제1조(목적) 이 법은 신 에너지 및 재생 에너지의 기술개발 및 이용·보급 촉진과 신 에너지 및 재생 에너지 산업의 활성화를 통하여 에너지원을 다양화하고, 에너지의 안정적인 공급, 에너지 구조의 환경 친화적 전환 및 온실가스 배출의 감소를 추진함으로써 환경의 보전, 국가경제의 건전하고 지속적인 발전 및 국민복지의 증진에 이바지함을 목적으로 한다.

제2조(정의) 이 법에서 사용하는 용어의 뜻은 다음과 같다. 〈개정 2013. 3. 23., 2013. 7. 30., 2014. 1. 21., 2019. 1. 15.〉

1. "신 에너지"란 기존의 화석연료를 변환시켜 이용하거나 수소·산소 등의 화학 반응을 통하여 전기 또는 열을 이용하는 에너지로서 다음 각 목의 어느 하나에 해당하는 것을 말한다.

    가. 수소 에너지

    나. 연료전지

    다. 석탄을 액화·가스화한 에너지 및 중질잔사유(重質殘渣油)를 가스화한 에너지로서 대통령령으로 정하는 기준 및 범위에 해당하는 에너지

    라. 그 밖에 석유·석탄·원자력 또는 천연가스가 아닌 에너지로서 대통령령으로 정하는 에너지

2. "재생 에너지"란 햇빛·물·지열(地熱)·강수(降水)·생물유기체 등을 포함하는 재생 가능한 에너지를 변환시켜 이용하는 에너지로서 다음 각 목의 어느 하나에 해당하는 것을 말한다.

    가. 태양 에너지

    나. 풍력

    다. 수력

    라. 해양 에너지

    마. 지열 에너지

    바. 생물자원을 변환시켜 이용하는 바이오 에너지로서 대통령령으로 정하는 기준 및 범위에 해당하는 에너지

    사. 폐기물 에너지(비재생폐기물로부터 생산된 것은 제외한다)로서 대통령령으로 정하는 기준 및 범위에 해당하는 에너지

    아. 그 밖에 석유·석탄·원자력 또는 천연가스가 아닌 에너지로서 대통령령으로 정하는 에너지

3. "신 에너지 및 재생 에너지 설비"(이하 "신·재생 에너지 설비"라 한다)란 신 에너지 및 재생 에너지(이하 "신·재생 에너지"라 한다)를 생산 또는 이용하거나 신·재생 에너지의 전력계통 연계조건을

개선하기 위한 설비로서 산업통상자원부령으로 정하는 것을 말한다.

4. "신·재생 에너지 발전"이란 신·재생 에너지를 이용하여 전기를 생산하는 것을 말한다.

5. "신·재생 에너지 발전사업자"란 「전기사업법」 제2조제4호에 따른 발전사업자 또는 같은 조 제19호에 따른 자가용전기설비를 설치한 자로서 신·재생 에너지 발전을 하는 사업자를 말한다.

제3조 삭제

제4조(시책과 장려 등) ① 정부는 신·재생 에너지의 기술개발 및 이용·보급의 촉진에 관한 시책을 마련하여야 한다.

② 정부는 지방자치단체, 「공공기관의 운영에 관한 법률」 제4조에 따른 공공기관(이하 "공공기관"이라 한다), 기업체 등의 자발적인 신·재생 에너지 기술개발 및 이용·보급을 장려하고 보호·육성하여야 한다.

제5조(기본계획의 수립) ① 산업통상자원부장관은 관계 중앙행정기관의 장과 협의를 한 후 제8조에 따른 신·재생 에너지정책심의회의 심의를 거쳐 신·재생 에너지의 기술개발 및 이용·보급을 촉진하기 위한 기본계획(이하 "기본계획"이라 한다)을 5년마다 수립하여야 한다.

② 기본계획의 계획기간은 10년 이상으로 하며, 기본계획에는 다음 각 호의 사항이 포함되어야 한다.

1. 기본계획의 목표 및 기간

2. 신·재생 에너지원별 기술개발 및 이용·보급의 목표

3. 총전력생산량 중 신·재생 에너지 발전량이 차지하는 비율의 목표

4. 「에너지법」 제2조제10호에 따른 온실가스의 배출 감소 목표

5. 기본계획의 추진방법

6. 신·재생 에너지 기술수준의 평가와 보급전망 및 기대효과

7. 신·재생 에너지 기술개발 및 이용·보급에 관한 지원 방안

8. 신·재생 에너지 분야 전문인력 양성계획

9. 직전 기본계획에 대한 평가

10. 그 밖에 기본계획의 목표달성을 위하여 산업통상자원부장관이 필요하다고 인정하는 사항

③ 산업통상자원부장관은 신·재생 에너지의 기술개발 동향, 에너지 수요·공급 동향의 변화, 그 밖의 사정으로 인하여 수립된 기본계획을 변경할 필요가 있다고 인정하면 관계 중앙행정기관의 장과 협의를 한 후 제8조에 따른 신·재생 에너지정책심의회의 심의를 거쳐 그 기본계획을 변경할 수 있다.

제6조(연차별 실행계획) ① 산업통상자원부장관은 기본계획에서 정한 목표를 달성하기 위하여 신·재생 에너지의 종류별로 신·재생 에너지의 기술개발 및 이용·보급과 신·재생 에너지 발전에 의한 전기의 공급에 관한 실행계획(이하 "실행계획"이라 한다)을 매년 수립·시행하여야 한다.

② 산업통상자원부장관은 실행계획을 수립·시행하려면 미리 관계 중앙행정기관의 장과 협의하여야 한다.

③ 산업통상자원부장관은 실행계획을 수립하였을 때에는 이를 공고하여야 한다.

제7조(신·재생 에너지 기술개발 등에 관한 계획의 사전협의) 국가기관, 지방자치단체, 공공기관, 그 밖에 대통령령으로 정하는 자가 신·재생 에너지 기술개발 및 이용·보급에 관한 계획을 수립·시행하려면 대통령령으로 정하는 바에 따라 미리 산업통상자원부장관과 협의하여야 한다.

제8조(신·재생 에너지정책심의회) ① 신·재생 에너지의 기술개발 및 이용·보급에 관한 중요 사항을 심의하기 위하여 산업통상자원부에 신·재생 에너지정책심의회(이하 "심의회"라 한다)를 둔다.

② 심의회는 다음 각 호의 사항을 심의한다. 〈개정 2013. 3. 23., 2020. 3. 31.〉

1. 기본계획의 수립 및 변경에 관한 사항. 다만, 기본계획의 내용 중 대통령령으로 정하는 경미한 사항을 변경하는 경우는 제외한다.

2. 신·재생 에너지의 기술개발 및 이용·보급에 관한 중요 사항

3. 신·재생 에너지 발전에 의하여 공급되는 전기의 기준가격 및 그 변경에 관한 사항

4. 신·재생 에너지 이용·보급에 필요한 관계 법령의 정비 등 제도개선에 관한 사항

5. 그 밖에 산업통상자원부장관이 필요하다고 인정하는 사항

③ 심의회의 구성·운영과 그 밖에 필요한 사항은 대통령령으로 정한다.

제9조(신·재생 에너지 기술개발 및 이용·보급 사업비의 조성) 정부는 실행계획을 시행하는 데에 필요한 사업비를 회계연도마다 세출예산에 계상(計上)하여야 한다.

제10조(조성된 사업비의 사용) 산업통상자원부장관은 제9조에 따라 조성된 사업비를 다음 각 호의 사업에 사용한다.

1. 신·재생 에너지의 자원조사, 기술수요조사 및 통계작성

2. 신·재생 에너지의 연구·개발 및 기술평가

3. 삭제

4. 신·재생 에너지 공급의무화 지원

5. 신·재생 에너지 설비의 성능평가·인증 및 사후관리

6. 신·재생 에너지 기술정보의 수집·분석 및 제공

7. 신·재생 에너지 분야 기술지도 및 교육·홍보

8. 신·재생 에너지 분야 특성화대학 및 핵심기술연구센터 육성

9. 신·재생 에너지 분야 전문인력 양성

10. 신·재생 에너지 설비 설치기업의 지원

11. 신·재생 에너지 시범사업 및 보급사업

12. 신·재생 에너지 이용의무화 지원

13. 신·재생 에너지 관련 국제협력

14. 신·재생 에너지 기술의 국제표준화 지원

15. 신·재생 에너지 설비 및 그 부품의 공용화 지원

16. 그 밖에 신·재생 에너지의 기술개발 및 이용·보급을 위하여 필요한 사업으로서 대통령령으로 정하는 사업

제11조(사업의 실시) ① 산업통상자원부장관은 제10조 각 호의 사업을 효율적으로 추진하기 위하여 필요하다고 인정하면 다음 각 호의 어느 하나에 해당하는 자와 협약을 맺어 그 사업을 하게 할 수 있다.

1. 「특정연구기관 육성법」에 따른 특정연구기관

2. 「기초연구진흥 및 기술개발지원에 관한 법률」 제14조의2제1항에 따라 인정받은 기업부설연구소

3. 「산업기술연구조합 육성법」에 따른 산업기술연구조합

4. 「고등교육법」에 따른 대학 또는 전문대학

5. 국공립연구기관

6. 국가기관, 지방자치단체 및 공공기관

7. 그 밖에 산업통상자원부장관이 기술개발능력이 있다고 인정하는 자

② 산업통상자원부장관은 제1항 각 호의 어느 하나에 해당하는 자가 하는 기술개발사업 또는 이용·보급 사업에 드는 비용의 전부 또는 일부를 출연(出捐)할 수 있다.

③ 제2항에 따른 출연금의 지급·사용 및 관리 등에 필요한 사항은 대통령령으로 정한다.

제12조(신·재생 에너지사업에의 투자권고 및 신·재생 에너지 이용의무화 등) ① 산업통상자원부장관은 신·재생 에너지의 기술개발 및 이용·보급을 촉진하기 위하여 필요하다고 인정하면 에너지 관련 사업을 하는 자에 대하여 제10조 각 호의 사업을 하거나 그 사업에 투자 또는 출연할 것을 권고할 수 있다.

② 산업통상자원부장관은 신·재생 에너지의 이용·보급을 촉진하고 신·재생 에너지산업의 활성화를 위하여 필요하다고 인정하면 다음 각 호의 어느 하나에 해당하는 자가 신축·증축 또는 개축하는 건축물에 대하여 대통령령으로 정하는 바에 따라 그 설계 시 산출된 예상 에너지사용량의 일정 비율 이상을 신·재생 에너지를 이용하여 공급되는 에너지를 사용하도록 신·재생 에너지 설비를 의무적으로 설치하게 할 수 있다.

1. 국가 및 지방자치단체

2. 공공기관

3. 정부가 대통령령으로 정하는 금액 이상을 출연한 정부출연기관

4. 「국유재산법」 제2조제6호에 따른 정부출자기업체

5. 지방자치단체 및 제2호부터 제4호까지의 규정에 따른 공공기관, 정부출연기관 또는 정부출자기업체가 대통령령으로 정하는 비율 또는 금액 이상을 출자한 법인

6. 특별법에 따라 설립된 법인

③ 산업통상자원부장관은 신·재생 에너지의 활용 여건 등을 고려할 때 신·재생 에너지를 이용하는 것이 적절하다고 인정되는 공장·사업장 및 집단주택단지 등에 대하여 신·재생 에너지의 종류를 지정하여 이용하도록 권고하거나 그 이용설비를 설치하도록 권고할 수 있다.

제12조의2 삭제

제12조의3 삭제

제12조의4 삭제

제12조의5(신·재생 에너지 공급의무화 등) ① 산업통상자원부장관은 신·재생 에너지의 이용·보급을 촉진하고 신·재생 에너지산업의 활성화를 위하여 필요하다고 인정하면 다음 각 호의 어느 하나에 해당하는 자 중 대통령령으로 정하는 자(이하 "공급의무자"라 한다)에게 발전량의 일정량 이상을 의무적으로 신·재생 에너지를 이용하여 공급하게 할 수 있다.

1. 「전기사업법」 제2조에 따른 발전사업자

2. 「집단에너지사업법」 제9조 및 제48조에 따라 「전기사업법」 제7조제1항에 따른 발전사업의 허가를 받은 것으로 보는 자

3. 공공기관

② 제1항에 따라 공급의무자가 의무적으로 신·재생 에너지를 이용하여 공급하여야 하는 발전량(이하 "의무공급량"이라 한다)의 합계는 총 전력생산량의 10% 이내의 범위에서 연도별로 대통령령으로 정한다. 이 경우 균형 있는 이용·보급이 필요한 신·재생 에너지에 대하여는 대통령령으로 정하는 바에 따라 총의무공급량 중 일부를 해당 신·재생 에너지를 이용하여 공급하게 할 수 있다.

③ 공급의무자의 의무공급량은 산업통상자원부장관이 공급의무자의 의견을 들어 공급의무자별로 정하여 고시한다. 이 경우 산업통상자원부장관은 공급의무자의 총발전량 및 발전원(發電源) 등을 고려하여야 한다.

④ 공급의무자는 의무공급량의 일부에 대하여 3년의 범위에서 그 공급의무의 이행을 연기할 수 있다.

⑤ 공급의무자는 제12조의7에 따른 신·재생 에너지 공급인증서를 구매하여 의무공급량에 충당할 수 있다.

⑥ 산업통상자원부장관은 제1항에 따른 공급의무의 이행 여부를 확인하기 위하여 공급의무자에게 대통령령으로 정하는 바에 따라 필요한 자료의 제출 또는 제5항에 따라 구매하여 의무공급량에 충당하거나 제12조의7제1항에 따라 발급받은 신·재생 에너지 공급인증서의 제출을 요구할 수 있다.

⑦ 제4항에 따라 공급의무의 이행을 연기할 수 있는 총량과 연차별 허용량, 그 밖에 필요한 사항은 대통령령으로 정한다.

제12조의5(신·재생 에너지 공급의무화 등) ① 산업통상자원부장관은 신·재생 에너지의 이용·보급을 촉진하고 신·재생 에너지산업의 활성화를 위하여 필요하다고 인정하면 다음 각 호의 어느 하나에 해당하는 자 중 대통령령으로 정하는 자(이하 "공급의무자"라 한다)에게 발전량의 일정량 이상을 의무적으로 신·재생 에너지를 이용하여 공급하게 할 수 있다.

1. 「전기사업법」 제2조에 따른 발전사업자

2. 「집단에너지사업법」 제9조 및 제48조에 따라 「전기사업법」 제7조제1항에 따른 발전사업의 허가를 받은 것으로 보는 자

3. 공공기관

② 제1항에 따라 공급의무자가 의무적으로 신·재생 에너지를 이용하여 공급하여야 하는 발전량(이하 "의무공급량"이라 한다)의 합계는 총전력생산량의 25퍼센트 이내의 범위에서 연도별로 대통령령으로

정한다. 이 경우 균형 있는 이용·보급이 필요한 신·재생 에너지에 대하여는 대통령령으로 정하는 바에 따라 총의무공급량 중 일부를 해당 신·재생 에너지를 이용하여 공급하게 할 수 있다. 〈개정 2021. 4. 20.〉

③ 공급의무자의 의무공급량은 산업통상자원부장관이 공급의무자의 의견을 들어 공급의무자별로 정하여 고시한다. 이 경우 산업통상자원부장관은 공급의무자의 총발전량 및 발전원(發電源) 등을 고려하여야 한다.

④ 공급의무자는 의무공급량의 일부에 대하여 3년의 범위에서 그 공급의무의 이행을 연기할 수 있다.

⑤ 공급의무자는 제12조의7에 따른 신·재생 에너지 공급인증서를 구매하여 의무공급량에 충당할 수 있다.

⑥ 산업통상자원부장관은 제1항에 따른 공급의무의 이행 여부를 확인하기 위하여 공급의무자에게 대통령령으로 정하는 바에 따라 필요한 자료의 제출 또는 제5항에 따라 구매하여 의무공급량에 충당하거나 제12조의7제1항에 따라 발급받은 신·재생 에너지 공급인증서의 제출을 요구할 수 있다.

⑦ 제4항에 따라 공급의무의 이행을 연기할 수 있는 총량과 연차별 허용량, 그 밖에 필요한 사항은 대통령령으로 정한다. 〈신설 2014. 1. 21.〉 [본조신설 2010. 4. 12.] [시행일 : 2021. 10. 21.] 제12조의5

제12조의6(신·재생 에너지 공급 불이행에 대한 과징금) ① 산업통상자원부장관은 공급의무자가 의무공급량에 부족하게 신·재생 에너지를 이용하여 에너지를 공급한 경우에는 대통령령으로 정하는 바에 따라 그 부족분에 제12조의7에 따른 신·재생 에너지 공급인증서의 해당 연도 평균거래 가격의 100분의 150을 곱한 금액의 범위에서 과징금을 부과할 수 있다.

② 제1항에 따른 과징금을 납부한 공급의무자에 대하여는 그 과징금의 부과기간에 해당하는 의무공급량을 공급한 것으로 본다.

③ 산업통상자원부장관은 제1항에 따른 과징금을 납부하여야 할 자가 납부기한까지 그 과징금을 납부하지 아니한 때에는 국세 체납처분의 예를 따라 징수한다.

④ 제1항 및 제3항에 따라 징수한 과징금은 「전기사업법」에 따른 전력산업기반기금의 재원으로 귀속된다.

제12조의7(신·재생 에너지 공급인증서 등) ① 신·재생 에너지를 이용하여 에너지를 공급한 자(이하 "신·재생 에너지 공급자"라 한다)는 산업통상자원부장관이 신·재생 에너지를 이용한 에너지 공급의 증명 등을 위하여 지정하는 기관(이하 "공급인증기관"이라 한다)으로부터 그 공급 사실을 증명하는 인증서(전자문서로 된 인증서를 포함한다. 이하 "공급인증서"라 한다)를 발급받을 수 있다. 다만, 제17조에 따라 발전차액을 지원받은 신·재생 에너지 공급자에 대한 공급인증서는 국가에 대하여 발급한다.

② 공급인증서를 발급받으려는 자는 공급인증기관에 대통령령으로 정하는 바에 따라 공급인증서의 발급을 신청하여야 한다.

③ 공급인증기관은 제2항에 따른 신청을 받은 경우에는 신·재생 에너지의 종류별 공급량 및 공급기간 등을 확인한 후 다음 각 호의 기재사항을 포함한 공급인증서를 발급하여야 한다. 이 경우 균형 있는 이용·보급과 기술개발 촉진 등이 필요한 신·재생 에너지에 대하여는 대통령령으로 정하는 바에

따라 실제 공급량에 가중치를 곱한 양을 공급량으로 하는 공급인증서를 발급할 수 있다.

1. 신·재생 에너지 공급자

2. 신·재생 에너지의 종류별 공급량 및 공급기간

3. 유효기간

④ 공급인증서의 유효기간은 발급받은 날부터 3년으로 하되, 제12조의5제5항 및 제6항에 따라 공급의무자가 구매하여 의무공급량에 충당하거나 발급받아 산업통상자원부장관에게 제출한 공급인증서는 그 효력을 상실한다. 이 경우 유효기간이 지나거나 효력을 상실한 해당 공급인증서는 폐기하여야 한다.

⑤ 공급인증서를 발급받은 자는 그 공급인증서를 거래하려면 제12조의9제2항에 따른 공급인증서 발급 및 거래시장 운영에 관한 규칙으로 정하는 바에 따라 공급인증기관이 개설한 거래시장(이하 "거래시장"이라 한다)에서 거래하여야 한다.

⑥ 산업통상자원부장관은 다른 신·재생 에너지와의 형평을 고려하여 공급인증서가 일정 규모 이상의 수력을 이용하여 에너지를 공급하고 발급된 경우 등 산업통상자원부령으로 정하는 사유에 해당할 때에는 거래시장에서 해당 공급인증서가 거래될 수 없도록 할 수 있다.

⑦ 산업통상자원부장관은 거래시장의 수급조절과 가격안정화를 위하여 대통령령으로 정하는 바에 따라 국가에 대하여 발급된 공급인증서를 거래할 수 있다. 이 경우 산업통상자원부장관은 공급의무자의 의무공급량, 의무이행실적 및 거래시장 가격 등을 고려하여야 한다.

⑧ 신·재생 에너지 공급자가 신·재생 에너지 설비에 대한 지원 등 대통령령으로 정하는 정부의 지원을 받은 경우에는 대통령령으로 정하는 바에 따라 공급인증서의 발급을 제한할 수 있다.

제12조의8(공급인증기관의 지정 등) ① 산업통상자원부장관은 공급인증서 관련 업무를 전문적이고 효율적으로 실시하고 공급인증서의 공정한 거래를 위하여 다음 각 호의 어느 하나에 해당하는 자를 공급인증기관으로 지정할 수 있다.

1. 제31조에 따른 신·재생 에너지센터

2. 「전기사업법」 제35조에 따른 한국전력거래소

3. 제12조의9에 따른 공급인증기관의 업무에 필요한 인력·기술능력·시설·장비 등 대통령령으로 정하는 기준에 맞는 자

② 제1항에 따라 공급인증기관으로 지정받으려는 자는 산업통상자원부장관에게 지정을 신청하여야 한다.

③ 공급인증기관의 지정방법·지정절차, 그 밖에 공급인증기관의 지정에 필요한 사항은 산업통상자원부령으로 정한다.

제12조의9(공급인증기관의 업무 등) ① 제12조의8에 따라 지정된 공급인증기관은 다음 각 호의 업무를 수행한다.

1. 공급인증서의 발급, 등록, 관리 및 폐기

2. 국가가 소유하는 공급인증서의 거래 및 관리에 관한 사무의 대행

3. 거래시장의 개설

4. 공급의무자가 제12조의5에 따른 의무를 이행하는 데 지급한 비용의 정산에 관한 업무

5. 공급인증서 관련 정보의 제공

6. 그 밖에 공급인증서의 발급 및 거래에 딸린 업무

② 공급인증기관은 업무를 시작하기 전에 산업통상자원부령으로 정하는 바에 따라 공급인증서 발급 및 거래시장 운영에 관한 규칙(이하 "운영규칙"이라 한다)을 제정하여 산업통상자원부장관의 승인을 받아야 한다. 운영규칙을 변경하거나 폐지하는 경우(산업통상자원부령으로 정하는 경미한 사항의 변경은 제외한다)에도 또한 같다.

③ 산업통상자원부장관은 공급인증기관에 제1항에 따른 업무의 계획 및 실적에 관한 보고를 명하거나 자료의 제출을 요구할 수 있다.

④ 산업통상자원부장관은 다음 각 호의 어느 하나에 해당하는 경우에는 공급인증기관에 시정기간을 정하여 시정을 명할 수 있다.

1. 운영규칙을 준수하지 아니한 경우

2. 제3항에 따른 보고를 하지 아니하거나 거짓으로 보고한 경우

3. 제3항에 따른 자료의 제출 요구에 따르지 아니하거나 거짓의 자료를 제출한 경우

제12조의10(공급인증기관 지정의 취소 등) ① 산업통상자원부장관은 공급인증기관이 다음 각 호의 어느 하나에 해당하는 경우에는 산업통상자원부령으로 정하는 바에 따라 그 지정을 취소하거나 1년 이내의 기간을 정하여 그 업무의 전부 또는 일부의 정지를 명할 수 있다. 다만, 제1호 또는 제2호에 해당하는 때에는 그 지정을 취소하여야 한다.

1. 거짓이나 그 밖의 부정한 방법으로 지정을 받은 경우

2. 업무정지 처분을 받은 후 그 업무정지 기간에 업무를 계속한 경우

3. 제12조의8제1항제3호에 따른 지정기준에 부적합하게 된 경우

4. 세12조의9제4항에 따른 시성명령을 시정기간에 이행하지 아니한 경우

② 산업통상자원부장관은 공급인증기관이 제1항제3호 또는 제4호에 해당하여 업무정지를 명하여야 하는 경우로서 그 업무의 정지가 그 이용자 등에게 심한 불편을 주거나 그 밖에 공익을 해칠 우려가 있으면 그 업무정지 처분을 갈음하여 5천만원 이하의 과징금을 부과할 수 있다.

③ 제2항에 따라 과징금을 부과하는 위반행위의 종별·정도 등에 따른 과징금의 금액과 그 밖에 필요한 사항은 대통령령으로 정한다.

④ 산업통상자원부장관은 제2항에 따른 과징금을 납부하여야 할 자가 납부기한까지 그 과징금을 납부하지 아니한 때에는 국세 체납처분의 예를 따라 징수한다.

제12조의11(신·재생 에너지 연료 품질기준) ① 산업통상자원부장관은 신·재생 에너지 연료(신·재생 에너지를 이용한 연료 중 대통령령으로 정하는 기준 및 범위에 해당하는 것을 말하며, 「폐기물관리법」 제2조제1호에 따른 폐기물을 이용하여 제조한 것은 제외한다. 이하 같다)의 적정한 품질을 확보하기 위하여 품질기준을 정할 수 있다. 대기환경에 영향을 미치는 품질기준을 정하는 경우에는 미리 환경

부장관과 협의를 하여야 한다.

② 산업통상자원부장관은 제1항에 따라 품질기준을 정한 경우에는 이를 고시하여야 한다.

③ 제1항에 따른 신·재생 에너지 연료를 제조·수입 또는 판매하는 사업자(이하 "신·재생 에너지 연료사업자"라 한다)는 산업통상자원부장관이 제1항에 따라 품질기준을 정한 경우에는 그 품질기준에 맞도록 신·재생 에너지 연료의 품질을 유지하여야 한다.

제12조의12(신·재생 에너지 연료 품질검사) ① 신·재생 에너지 연료사업자는 제조·수입 또는 판매하는 신·재생 에너지 연료가 제12조의11제1항에 따른 품질기준에 맞는지를 확인하기 위하여 대통령령으로 정하는 신·재생 에너지 품질검사기관(이하 "품질검사기관"이라 한다)의 품질검사를 받아야 한다.

② 제1항에 따른 품질검사의 방법과 절차, 그 밖에 필요한 사항은 산업통상자원부령으로 정한다.

제13조(신·재생 에너지 설비의 인증 등) ① 신·재생 에너지 설비를 제조하거나 수입하여 판매하려는 자는 「산업표준화법」 제15조에 따른 제품의 인증(이하 "설비인증"이라 한다)을 받을 수 있다.

② 산업통상자원부장관은 산업통상자원부령으로 정하는 바에 따라 제1항에 따른 설비인증에 드는 경비의 일부를 지원하거나, 「산업표준화법」 제13조에 따라 지정된 설비인증기관(이하 "설비인증기관"이라 한다)에 대하여 지정 목적상 필요한 범위에서 행정상의 지원 등을 할 수 있다.

③ 설비인증에 관하여 이 법에 특별한 규정이 있는 경우를 제외하고는 「산업표준화법」에서 정하는 바에 따른다.

④ 삭제

⑤ 삭제

⑥ 삭제

제13조의2(보험·공제 가입) ① 제13조에 따라 설비인증을 받은 자는 신·재생 에너지 설비의 결함으로 인하여 제3자가 입을 수 있는 손해를 담보하기 위하여 보험 또는 공제에 가입하여야 한다.

② 제1항에 따른 보험 또는 공제의 기간·종류·대상 및 방법에 필요한 사항은 대통령령으로 정한다.

제14조 삭제

제15조 삭제

제16조(수수료) ① 품질검사기관은 품질검사를 신청하는 자로부터 산업통상자원부령으로 정하는 바에 따라 수수료를 받을 수 있다.

② 공급인증기관은 공급인증서의 발급(발급에 딸린 업무를 포함한다)을 신청하는 자 또는 공급인증서를 거래하는 자로부터 산업통상자원부령으로 정하는 바에 따라 수수료를 받을 수 있다.

제17조(신·재생 에너지 발전 기준가격의 고시 및 차액 지원) ① 산업통상자원부장관은 신·재생 에너지 발전에 의하여 공급되는 전기의 기준가격을 발전원별로 정한 경우에는 그 가격을 고시하여야 한다. 이 경우 기준가격의 산정기준은 대통령령으로 정한다.

② 산업통상자원부장관은 신·재생 에너지 발전에 의하여 공급한 전기의 전력거래가격(「전기사업법」

제33조에 따른 전력거래가격을 말한다)이 제1항에 따라 고시한 기준가격보다 낮은 경우에는 그 전기를 공급한 신·재생 에너지 발전사업자에 대하여 기준가격과 전력거래가격의 차액(이하 "발전차액"이라 한다)을 「전기사업법」 제48조에 따른 전력산업기반기금에서 우선적으로 지원한다.

③ 산업통상자원부장관은 제1항에 따라 기준가격을 고시하는 경우에는 발전차액을 지원하는 기간을 포함하여 고시할 수 있다.

④ 산업통상자원부장관은 발전차액을 지원받은 신·재생 에너지 발전사업자에게 결산재무제표(決算財務諸表) 등 기준가격 설정을 위하여 필요한 자료를 제출할 것을 요구할 수 있다.

제18조(지원 중단 등) ① 산업통상자원부장관은 발전차액을 지원받은 신·재생 에너지 발전사업자가 다음 각 호의 어느 하나에 해당하면 산업통상자원부령으로 정하는 바에 따라 경고를 하거나 시정을 명하고, 그 시정명령에 따르지 아니하는 경우에는 발전차액의 지원을 중단할 수 있다.

1. 거짓이나 부정한 방법으로 발전차액을 지원받은 경우

2. 제17조제4항에 따른 자료요구에 따르지 아니하거나 거짓으로 자료를 제출한 경우

② 산업통상자원부장관은 발전차액을 지원받은 신·재생 에너지 발전사업자가 제1항제1호에 해당하면 산업통상자원부령으로 정하는 바에 따라 그 발전차액을 환수(還收)할 수 있다. 이 경우 산업통상자원부장관은 발전차액을 반환할 자가 30일 이내에 이를 반환하지 아니하면 국세 체납처분의 예에 따라 징수할 수 있다.

제19조 삭제

제20조(신·재생 에너지 기술의 국제표준화 지원) ① 산업통상자원부장관은 국내에서 개발되었거나 개발 중인 신·재생 에너지 관련 기술이 「국가표준기본법」 제3조제2호에 따른 국제표준에 부합되도록 하기 위하여 설비인증기관에 대하여 표준화기반 구축, 국제활동 등에 필요한 지원을 할 수 있다.

② 제1항에 따른 지원 범위 등에 관하여 필요한 사항은 대통령령으로 정한다.

제21조(신·재생 에너지 설비 및 그 부품의 공용화) ① 산업통상자원부장관은 신·재생 에너지 설비 및 그 부품의 호환성(互換性)을 높이기 위하여 그 설비 및 부품을 산업통상자원부장관이 정하여 고시하는 바에 따라 공용화 품목으로 지정하여 운영할 수 있다.

② 다음 각 호의 어느 하나에 해당하는 자는 신·재생 에너지 설비 및 그 부품 중 공용화가 필요한 품목을 공용화 품목으로 지정하여 줄 것을 산업통상자원부장관에게 요청할 수 있다.

1. 제31조에 따른 신·재생 에너지센터

2. 그 밖에 산업통상자원부령으로 정하는 기관 또는 단체

③ 산업통상자원부장관은 신·재생 에너지 설비 및 그 부품의 공용화를 효율적으로 추진하기 위하여 필요한 지원을 할 수 있다.

④ 제1항부터 제3항까지의 규정에 따른 공용화 품목의 지정·운영, 지정 요청, 지원기준 등에 관하여 필요한 사항은 대통령령으로 정한다.

제22조 삭제

제22조의2 삭제

제23조 삭제

제23조의2(신·재생 에너지 연료 혼합의무 등) ① 산업통상자원부장관은 신·재생 에너지의 이용·보급을 촉진하고 신·재생 에너지 산업의 활성화를 위하여 필요하다고 인정하는 경우 대통령령으로 정하는 바에 따라 「석유 및 석유대체연료 사업법」 제2조에 따른 석유정제업자 또는 석유수출입업자(이하 "혼합의무자"라 한다)에게 일정 비율(이하 "혼합의무비율"이라 한다) 이상의 신·재생 에너지 연료를 수송용연료에 혼합하게 할 수 있다.

② 산업통상자원부장관은 제1항에 따른 혼합의무의 이행 여부를 확인하기 위하여 혼합의무자에게 대통령령으로 정하는 바에 따라 필요한 자료의 제출을 요구할 수 있다.

제23조의3(의무 불이행에 대한 과징금) ① 산업통상자원부장관은 혼합의무자가 혼합의무비율을 충족시키지 못한 경우에는 대통령령으로 정하는 바에 따라 그 부족분에 해당 연도 평균거래가격의 100분의 150을 곱한 금액의 범위에서 과징금을 부과할 수 있다.

② 산업통상자원부장관은 제1항에 따른 과징금을 납부하여야 할 자가 납부기한까지 그 과징금을 납부하지 아니한 때에는 국세 체납처분의 예에 따라 징수한다.

③ 제1항 및 제2항에 따라 징수한 과징금은 「에너지 및 자원사업 특별회계법」에 따른 에너지 및 자원사업 특별회계의 재원으로 귀속된다.

제23조의4(관리기관의 지정) ① 산업통상자원부장관은 혼합의무자의 혼합의무비율 이행을 효율적으로 관리하기 위하여 다음 각 호의 어느 하나에 해당하는 자를 혼합의무 관리기관(이하 "관리기관"이라 한다)으로 지정할 수 있다

1. 제31조에 따른 신·재생 에너지센터

2. 「석유 및 석유대체연료 사업법」 제25조의2에 따른 한국석유관리원

② 관리기관으로 지정받으려는 자는 산업통상자원부장관에게 지정을 신청하여야 한다.

③ 관리기관의 신청 및 지정 기준·방법 및 절차, 그 밖에 필요한 사항은 산업통상자원부령으로 정한다.

제23조의5(관리기관의 업무) ① 제23조의4에 따라 지정된 관리기관은 다음 각 호의 업무를 수행한다.

1. 혼합의무 이행실적의 집계 및 검증

2. 의무이행 관련 정보의 수집 및 관리

3. 그 밖에 혼합의무의 이행과 관련하여 산업통상자원부장관이 필요하다고 인정하는 업무

② 관리기관은 제1항에 따른 업무를 수행하기 위하여 필요한 기준(이하 "혼합의무 관리기준"이라 한다)을 정하여 산업통상자원부장관의 승인을 받아야 한다. 승인받은 혼합의무 관리기준을 변경하는 경우에도 또한 같다.

③ 산업통상자원부장관은 관리기관에 혼합의무 관리에 관한 계획, 실적 및 정보에 관한 보고를 명하거나 자료의 제출을 요구할 수 있다.

④ 제3항에 따른 관리기관의 보고, 자료제출 및 그 밖에 혼합의무 운영에 필요한 사항은 산업통상자

원부령으로 정한다.

⑤ 산업통상자원부장관은 관리기관이 다음 각 호의 어느 하나에 해당하는 경우에는 기간을 정하여 시정을 명할 수 있다.

1. 혼합의무 관리기준을 준수하지 아니한 경우

2. 제3항에 따른 보고 또는 자료제출을 하지 아니하거나 거짓으로 보고 또는 자료제출을 한 경우

제23조의6(관리기관의 지정 취소 등) ① 산업통상자원부장관은 관리기관이 다음 각 호의 어느 하나에 해당하는 경우에는 그 지정을 취소하거나 1년 이내의 기간을 정하여 업무의 전부 또는 일부의 정지를 명할 수 있다. 다만 제1호 또는 제2호에 해당하는 경우에는 그 지정을 취소하여야 한다.

1. 거짓이나 그 밖의 부정한 방법으로 관리기관 지정을 받은 경우

2. 업무정지 기간에 관리업무를 계속한 경우

3. 제23조의4에 따른 지정기준에 부적합하게 된 경우

4. 제23조의5제5항에 따른 시정명령을 이행하지 아니한 경우

② 산업통상자원부장관은 관리기관이 제1항제3호 또는 제4호에 해당하여 업무정지를 명하여야 하는 경우로서 그 업무의 정지가 그 이용자 등에게 심한 불편을 주거나 그 밖에 공익을 해칠 우려가 있으면 그 업무정지 처분을 갈음하여 5천만원 이하의 과징금을 부과할 수 있다.

③ 제2항에 따라 과징금을 부과하는 위반행위의 종별·정도 등에 따른 과징금의 금액과 그 밖에 필요한 사항은 대통령령으로 정한다.

④ 산업통상자원부장관은 제2항에 따른 과징금을 납부하여야 할 자가 납부기한까지 그 과징금을 납부하지 아니 한 때에는 국세 체납처분의 예에 따라 징수한다.

⑤ 제1항에 따른 지정 취소, 업무정지의 기준 및 절차, 그 밖에 필요한 사항은 산업통상자원부령으로 정한다.

제24조(청문) 산업통상자원부장관은 다음 각 호에 해당하는 처분을 하려면 청문을 하여야 한다.

1. 제12조의10제1항에 따른 공급인증기관의 지정 취소

2. 삭제

3. 제23조의6에 따른 관리기관의 지정 취소

제25조(관련 통계의 작성 등) ① 산업통상자원부장관은 기본계획 및 실행계획 등 신·재생 에너지 관련 시책을 효과적으로 수립·시행하기 위하여 필요한 국내외 신·재생 에너지의 수요·공급에 관한 통계 자료를 조사·작성·분석 및 관리할 수 있으며, 이를 위하여 필요한 자료와 정보를 제11조제1항에 따른 기관이나 신·재생 에너지 설비의 생산자·설치자·사용자에게 요구할 수 있다.

② 산업통상자원부장관은 산업통상자원부령으로 정하는 바에 따라 전문성이 있는 기관을 지정하여 제1항에 따른 통계의 조사·작성·분석 및 관리에 관한 업무의 전부 또는 일부를 하게 할 수 있다.

제26조(국유재산·공유재산의 임대 등) ① 국가 또는 지방자치단체는 국유재산 또는 공유재산을 신·재생 에너지 기술개발 및 이용·보급에 관한 사업을 하는 자에게 대부계약의 체결 또는 사용허가(이하

"임대"라 한다)를 하거나 처분할 수 있다. 이 경우 국가 또는 지방자치단체는 신·재생 에너지 기술개발 및 이용·보급에 관한 사업을 위하여 필요하다고 인정하면 「국유재산법」 또는 「공유재산 및 물품 관리법」에도 불구하고 수의계약(隨意契約)으로 국유재산 또는 공유재산을 임대 또는 처분할 수 있다. 〈개정 2020. 3. 31.〉

② 국가 또는 지방자치단체가 제1항에 따라 국유재산 또는 공유재산을 임대하는 경우에는 「국유재산법」 또는 「공유재산 및 물품 관리법」에도 불구하고 자진철거 및 철거비용의 공탁을 조건으로 영구시설물을 축조하게 할 수 있다. 다만, 공유재산에 영구시설물을 축조하려면 지방의회의 동의를 받아야 하며, 지방의회의 동의 절차에 관하여는 지방자치단체의 조례로 정할 수 있다. 〈개정 2020. 3. 31.〉

③ 제1항에 따른 국유재산 및 공유재산의 임대기간은 10년 이내로 하되, 제31조에 따른 신·재생 에너지센터(이하 "센터"라 한다)로부터 신·재생 에너지 설비의 정상가동 여부를 확인받는 등 운영의 특별한 사유가 없으면 각각 10년 이내의 기간에서 2회에 걸쳐 갱신할 수 있다. 〈개정 2020. 3. 31.〉

④ 제1항에 따라 국유재산 또는 공유재산을 임차하거나 취득한 자가 임대일 또는 취득일부터 2년 이내에 해당 재산에서 신·재생 에너지 기술개발 및 이용·보급에 관한 사업을 시행하지 아니하는 경우에는 대부계약 또는 사용허가를 취소하거나 환매할 수 있다.

⑤ 국가 또는 지방자치단체가 제1항에 따라 국유재산 또는 공유재산을 임대하는 경우에는 「국유재산법」 또는 「공유재산 및 물품관리법」에도 불구하고 임대료를 100분의 50의 범위에서 경감할 수 있다. 〈개정 2020. 3. 31.〉

⑥ 산업통상자원부장관은 제1항에 따라 임대 또는 처분할 수 있는 국유재산의 범위와 대상을 기획재정부장관과 협의하여 산업통상자원부령으로 정할 수 있다. 〈신설 2020. 3. 31.〉 [전문개정 2010. 4. 12.]

제27조(보급사업) ① 산업통상자원부장관은 신·재생 에너지의 이용·보급을 촉진하기 위하여 필요하다고 인정하면 대통령령으로 정하는 바에 따라 다음 각 호의 보급사업을 할 수 있다.

1. 신기술의 적용사업 및 시범사업
2. 환경친화적 신·재생 에너지 집적화단지(集積化團地) 및 시범단지 조성사업
3. 지방자치단체와 연계한 보급사업
4. 실용화된 신·재생 에너지 설비의 보급을 지원하는 사업
5. 그 밖에 신·재생 에너지 기술의 이용·보급을 촉진하기 위하여 필요한 사업으로서 산업통상자원부장관이 정하는 사업

② 산업통상자원부장관은 개발된 신·재생 에너지 설비가 설비인증을 받거나 신·재생 에너지 기술의 국제표준화 또는 신·재생 에너지 설비와 그 부품의 공용화가 이루어진 경우에는 우선적으로 제1항에 따른 보급사업을 추진할 수 있다.

③ 관계 중앙행정기관의 장은 환경 개선과 신·재생 에너지의 보급 촉진을 위하여 필요한 협조를 할 수 있다.

제27조의2(신·재생 에너지 발전사업에 대한 주민 참여)

① 신·재생 에너지 설비가 설치된 지역의 주민은 다음 각 호의 어느 하나에 따른 방식으로 해당 지역

의 신·재생 에너지 발전사업에 참여할 수 있다.

1. 신·재생 에너지 발전사업에 출자하는 방식

2. 신·재생 에너지 발전사업을 목적으로 하는 협동조합(「협동조합 기본법」에 따라 설립된 협동조합을 말한다.)에 조합원으로 출자하는 방식

3. 그 밖에 산업통상자원부장관이 정하는 방식

② 신·재생 에너지 발전사업자는 제12조의7제3항에 따라 발급받은 공급인증서 중 제1항에 따른 주민 참여로 인한 가중치로 발생한 수익을 지역 주민에게 제공하여야 한다.

③ 제1항에 따른 지역의 범위 및 제2항에 따라 지역 주민에게 제공하는 수익과 관련한 기준·절차·내용, 그 밖에 필요한 사항은 산업통상자원부장관이 정한다. [본조신설 2020. 10. 20.]

제28조(신·재생 에너지 기술의 사업화) ① 산업통상자원부장관은 자체 개발한 기술이나 제10조에 따른 사업비를 받아 개발한 기술의 사업화를 촉진시킬 필요가 있다고 인정하면 다음 각 호의 지원을 할 수 있다.

1. 시험제품 제작 및 설비투자에 드는 자금의 융자

2. 신·재생 에너지 기술의 개발사업을 하여 정부가 취득한 산업재산권의 무상 양도

3. 개발된 신·재생 에너지 기술의 교육 및 홍보

4. 그 밖에 개발된 신·재생 에너지 기술을 사업화하기 위하여 필요하다고 인정하여 산업통상자원부장관이 정하는 지원사업

② 제1항에 따른 지원의 대상, 범위, 조건 및 절차, 그 밖에 필요한 사항은 산업통상자원부령으로 정한다.

제29조(재정상 조치 등) 정부는 제12조에 따라 권고를 받거나 의무를 준수하여야 하는 자, 신·재생 에너지 기술 개발 및 이용·보급을 하고 있는 자 또는 제13조에 따라 설비인증을 받은 자에 대하여 필요한 경우 금융상·세제상의 지원대책이나 그 밖에 필요한 지원대책을 마련하여야 한다.

제30조(신·재생 에너지의 교육·홍보 및 전문인력 양성) ① 정부는 교육·홍보 등을 통하여 신·재생 에너지의 기술개발 및 이용·보급에 관한 국민의 이해와 협력을 구하도록 노력하여야 한다.

② 산업통상자원부장관은 신·재생 에너지 분야 전문인력의 양성을 위하여 신·재생 에너지 분야 특성화대학 및 핵심기술연구센터를 지정하여 육성·지원할 수 있다.

제30조의2(신·재생 에너지사업자의 공제조합 가입 등) ① 신·재생 에너지 발전사업자, 신·재생 에너지 연료사업자, 신·재생 에너지 설비 설치기업, 신·재생 에너지 설비의 제조·수입 및 판매 등의 사업을 영위하는 자(이하 "신·재생 에너지사업자"라 한다)는 신·재생 에너지의 기술개발 및 이용·보급에 필요한 사업(이하 "신·재생 에너지사업"이라 한다)을 원활히 수행하기 위하여 「엔지니어링산업 진흥법」 제34조에 따른 공제조합의 조합원으로 가입할 수 있다.

② 제1항에 따른 공제조합은 다음 각 호의 사업을 실시할 수 있다.

1. 신·재생 에너지사업에 따른 채무 또는 의무 이행에 필요한 공제, 보증 및 자금의 융자

2. 신·재생 에너지사업의 수출에 따른 공제 및 주거래은행의 설정에 관한 보증

3. 신·재생 에너지사업의 대가로 받은 어음의 할인

4. 신·재생 에너지사업에 필요한 기자재의 공동구매·조달 알선 또는 공동위탁판매

5. 조합원 및 조합원에게 고용된 자의 복지 향상을 위한 공제사업

6. 조합원의 정보처리 및 컴퓨터 운용과 관련된 서비스 제공

7. 조합원이 공동으로 이용하는 시설의 설치, 운영, 그 밖에 조합원의 편익 증진을 위한 사업

8. 그 밖에 제1호부터 제7호까지의 사업에 부대되는 사업으로서 정관으로 정하는 공제사업

③ 제2항에 따른 공제규정, 공제규정으로 정할 내용, 공제사업의 절차 및 운영 방법에 필요한 사항은 대통령령으로 정한다.

제30조의3(하자보수) ① 신·재생 에너지 설비를 설치한 시공자는 해당 설비에 대하여 성실하게 무상으로 하자보수를 실시하여야 하며 그 이행을 보증하는 증서를 신·재생 에너지 설비의 소유자 또는 산업통상자원부령으로 정하는 자에게 제공하여야 한다. 다만, 하자보수에 관하여 「국가를 당사자로 하는 계약에 관한 법률」 또는 지방자치단체를 당사자로 하는 계약에 관한 법률」에 특별한 규정이 있는 경우에는 해당 법률이 정하는 바에 따른다.

② 제1항에 따른 하자보수의 대상이 되는 신·재생 에너지 설비 및 하자보수 기간 등은 산업통상자원부령으로 정한다.

제30조의4(신·재생 에너지 설비에 대한 사후관리) ① 신·재생 에너지 보급사업의 시행기관 등 대통령령으로 정하는 기관의 장(이하 이 조에서 "시행기관의 장"이라 한다)은 제27조제1항에 따라 설치된 신·재생 에너지 설비 등 산업통상자원부장관이 정하여 고시하는 신·재생 에너지 설비에 대하여 사후관리에 관한 계획을 매년 수립·시행하여야 한다.

② 시행기관의 장은 제1항에 따라 고시된 신·재생 에너지 설비에 대한 사후관리 계획을 수립할 때에는 신·재생 에너지 설비의 시공자에게 해당 설비의 가동상태 등을 조사하여 그 결과를 보고하게 할 수 있다.

③ 제1항에 따라 고시된 신·재생 에너지 설비의 시공자는 대통령령으로 정하는 바에 따라 연 1회 이상 사후관리를 의무적으로 실시하고, 그 실적을 시행기관의 장에게 보고하여야 한다.

④ 시행기관의 장은 제1항에 따른 사후관리 시행결과를 센터에 제출하여야 하고, 센터는 이를 종합하여 산업통상자원부장관에게 보고하여야 한다.

⑤ 제1항에 따른 사후관리 계획에 포함될 점검사항 및 점검시기, 제3항 또는 제4항에 따른 보고의 절차 등에 관하여 필요한 사항은 산업통상자원부령으로 정한다.

⑥ 산업통상자원부장관은 제4항에 따라 센터로부터 보고받은 신·재생 에너지 설비에 대한 사후관리 시행결과를 확정한 후 국회 소관 상임위원회에 제출하여야 한다. 〈신설 2020. 10. 20.〉 [본조신설 2020. 3. 31.]

제31조(신·재생 에너지센터) ① 산업통상자원부장관은 신·재생 에너지의 이용 및 보급을 전문적이고 효율적으로 추진하기 위하여 대통령령으로 정하는 에너지 관련 기관에 신·재생 에너지센터를 두어

신·재생 에너지 분야에 관한 다음 각 호의 사업을 하게 할 수 있다. 〈개정 2013. 3. 23., 2013. 7. 30., 2015. 1. 28., 2020. 3. 31.〉

1. 제11조제1항에 따른 신·재생 에너지의 기술개발 및 이용·보급사업의 실시자에 대한 지원·관리

2. 제12조제2항 및 제3항에 따른 신·재생 에너지 이용의무의 이행에 관한 지원·관리

3. 삭제

4. 제12조의5에 따른 신·재생 에너지 공급의무의 이행에 관한 지원·관리

5. 제12조의9에 따른 공급인증기관의 업무에 관한 지원·관리

6. 제13조에 따른 설비인증에 관한 지원·관리

7. 이미 보급된 신·재생 에너지 설비에 대한 기술지원

8. 제20조에 따른 신·재생 에너지 기술의 국제표준화에 대한 지원·관리

9. 제21조에 따른 신·재생 에너지 설비 및 그 부품의 공용화에 관한 지원·관리

10. 신·재생 에너지 설비 설치기업에 대한 지원·관리

11. 제23조의2에 따른 신·재생 에너지 연료 혼합의무의 이행에 관한 지원·관리

12. 제25조에 따른 통계관리

13. 제27조에 따른 신·재생 에너지 보급사업의 지원·관리

14. 제28조에 따른 신·재생 에너지 기술의 사업화에 관한 지원·관리

15. 제30조에 따른 교육·홍보 및 전문인력 양성에 관한 지원·관리

15의2. 신·재생 에너지 설비의 효율적 사용에 관한 지원·관리

16. 국내외 조사·연구 및 국제협력 사업

17. 제1호·제3호 및 제5호부터 제8호까지의 사업에 딸린 사업

18. 그 밖에 신·재생 에너지의 이용·보급 촉진을 위하여 필요한 사업으로서 산업통상자원부장관이 위탁하는 사업

② 산업통상자원부장관은 센터가 제1항의 사업을 하는 경우 자금 출연이나 그 밖에 필요한 지원을 할 수 있다.

③ 센터의 조직·인력·예산 및 운영에 관하여 필요한 사항은 산업통상자원부령으로 정한다.

제32조(권한의 위임·위탁) ① 이 법에 따른 산업통상자원부장관의 권한은 그 일부를 대통령령으로 정하는 바에 따라 소속 기관의 장, 특별시장·광역시장·도지사 또는 특별자치도지사(이하 "시·도지사"라 한다)에게 위임할 수 있다.

② 이 법에 따른 산업통상자원부장관 또는 시·도지사의 업무는 그 일부를 대통령령으로 정하는 바에 따라 센터 또는 「에너지법」제13조에 따른 한국에너지기술평가원에 위탁할 수 있다.

제33조(벌칙 적용 시의 공무원 의제) 다음 각 호에 해당하는 사람은 「형법」제129조부터 제132조까지의 규정을 적용할 때에는 공무원으로 본다.

1. 삭제

2. 공급인증서의 발급·거래 업무에 종사하는 공급인증기관의 임직원

3. 설비인증 업무에 종사하는 설비인증기관의 임직원

4. 삭제

5. 신·재생 에너지 연료 품질검사 업무에 종사하는 품질검사기관의 임직원

6. 혼합의무비율 이행을 효율적으로 관리하는 업무에 종사하는 관리기관의 임직원

제34조(벌칙) ① 거짓이나 부정한 방법으로 제17조에 따른 발전차액을 지원받은 자와 그 사실을 알면서 발전차액을 지급한 자는 3년 이하의 징역 또는 지원받은 금액의 3배 이하에 상당하는 벌금에 처한다.

② 거짓이나 부정한 방법으로 공급인증서를 발급받은 자와 그 사실을 알면서 공급인증서를 발급한 자는 3년 이하의 징역 또는 3천만원 이하의 벌금에 처한다.

③ 제12조의7제5항을 위반하여 공급인증기관이 개설한 거래시장 외에서 공급인증서를 거래한 자는 2년 이하의 징역 또는 2천만원 이하의 벌금에 처한다.

④ 법인의 대표자나 법인 또는 개인의 대리인, 사용인, 그 밖의 종업원이 그 법인 또는 개인의 업무에 관하여 제1항부터 제3항까지의 어느 하나에 해당하는 위반행위를 하면 그 행위자를 벌하는 외에 그 법인 또는 개인에게도 해당 조문의 벌금형을 과(科)한다. 다만, 법인 또는 개인이 그 위반행위를 방지하기 위하여 해당 업무에 관하여 상당한 주의와 감독을 게을리 하지 아니한 경우에는 그러하지 아니하다.

제35조(과태료) ① 다음 각 호의 어느 하나에 해당하는 자에게는 1천만원 이하의 과태료를 부과한다.

1. 삭제

2. 삭제

3. 삭제

4. 제13조의2를 위반하여 보험 또는 공제에 가입하지 아니한 자

4의2. 삭제

5. 제23조의2제2항에 따른 자료제출요구에 따르지 아니하거나 거짓 자료를 제출한 자 ② 제1항에 따른 과태료는 대통령령으로 정하는 바에 따라 산업통상자원부장관이 부과·징수한다.

부칙 〈제17533호, 2020. 10. 20.〉

이 법은 공포 후 6개월이 경과한 날부터 시행한다.

신·재생 에너지 공급의무화 제도 및 연료 혼합의무화 제도 관리·운영지침

산업통상자원부 고시 제2021 - 92호

「신·재생 에너지 공급의무화제도 및 연료 혼합의무화제도 관리·운영지침」을 다음과 같이 일부 개정·고시합니다.

2021년 5월 27일

산업통상자원부장관

신·재생 에너지 공급의무화제도 및 연료 혼합의무화제도 관리·운영지침

제 1 장   총 칙

제1조(목적)   이 지침은 「신 에너지 및 재생 에너지 개발·이용·보급 촉진법」(이하 "법"이라 한다) 제 12조의5 등에 의한 신·재생 에너지 공급의무화제도(이하 "공급의무화제도"라 한다) 및 법 제23조의2 등에 의한 신·재생 에너지 연료 혼합의무화제도(이하 "혼합의무화제도"라 한다)를 효율적으로 운영 하기 위하여 필요한 세부사항을 규정함을 목적으로 한다.

제2조(적용범위)   공급의무화제도 및 혼합의무화제도를 관리 및 운영함에 있어 관계법령에서 정하지 아 니한 사항은 이 지침에 따른다.

제3조(용어의 정의)   이 지침에서 사용하는 용어의 정의는 다음과 같다.

1. **"공급의무자"**란 법 제12조의5제1항에 따라 발전량의 일정량 이상을 의무적으로 신·재생 에너지를 이용하여 공급하여야 하는 자를 말한다.

2. **"의무공급량"**이란 법 제12조의5제2항에 따라 공급의무자가 연도별로 신·재생 에너지 설비를 이용 하여 공급하여야 하는 발전량을 말한다.

3. **"기준발전량"**이란 공급의무자별 의무공급량을 산정함에 있어 기준이 되는 발전량으로 신·재생 에 너지 발전량과 태양광 대여사업으로 설치된 설비에서 생산되는 발전량을 제외한 발전량을 말한다.

4. **"공급인증기관"**이란 법 제12조의8에 따라 지정되고 법 제12조의9에 따른 업무를 수행하는 기관을

말하며, 법 제31조에 따른 신·재생 에너지센터와 전기사업법 제35조에 따른 한국전력거래소를 말한다.

5. **"신·재생 에너지 공급인증서**(이하 "공급인증서"라 한다)"란 법 제12조의7 제1항에 따라 신·재생 에너지 설비를 이용하여 에너지를 공급하였음을 증명하는 인증서를 말한다.

6. **"REC(Renewable Energy Certificate)"**란 공급인증서의 발급 및 거래단위로서 공급인증서 발급대상 설비에서 공급된 MWh 기준의 신·재생 에너지 전력량에 대해 가중치를 곱하여 부여하는 단위를 말한다.

7. **"태양광 대여사업"**이란 태양광 대여사업자가 주택 등에 태양광발전설비를 설치하고, 설비가 설치된 주택 등에서 납부하는 대여료와 REP 판매수입으로 투자비를 회수하는 사업을 말한다.

8. **"신·재생 에너지 생산인증서**(이하 "생산인증서"라 한다)"란 제6조의2에 따른 신·재생 에너지 설비를 이용하여 에너지를 생산하였음을 증명하는 인증서를 말한다.

9. **"REP(Renewable Energy Point)"**란 생산인증서의 발급 및 거래단위로서 생산인증서 발급대상 설비에서 생산된 MWh기준의 신·재생 에너지 전력량에 대해 부여하는 단위를 말한다.

10. **"동일사업자**"라 함은 부가가치세법 제8조에 따라 등록된 사업자등록증의 등록번호 또는 대표자(성명)가 동일한 사업자를 말한다.

11. **"신·재생 에너지 개발공급협약(RPA)"**이란 정부와 에너지공급사간에 신·재생 에너지 확대 보급을 위해 체결한 협약을 말한다.

12. **"부생가스"**란 영 별표 1의 폐기물 에너지 중 화석연료로부터 부수적으로 발생하는 폐가스를 말한다.

13. **"정산기관"**이란 영 제18조의11에서 정의한 의무이행비용을 산정하고 공급의무자에 대한 의무이행비용 정산업무를 수행하는 기관으로서, 한국전력거래소를 말한다.

14. **"징수기관"**이란 영 제18조의11에 근거하여 의무이행비용의 회수업무를 수행하는 기관으로서, 한국전력공사를 말한다.

15. **"혼합의무자"**란 법 제23조의2제1항에 따라 일정 비율 이상의 신·재생 에너지 연료를 수송용 연료에 혼합하여야 하는 자를 말한다.

16. **"신·재생 에너지 연료"**란 영 별표6에 따른 바이오디젤을 말한다.

17. **"수송용연료"**란 영 별표6에 따른 자동차용 경유를 말한다.

18. **"혼합의무비율"**이란 영 별표6에 따라 혼합의무자가 연도별로 수송용연료에 혼합하여야 하는 신·재생 에너지 연료의 비율을 말한다.

19. **"의무혼합량"**이란 혼합의무자가 연도별로 신·재생 에너지 연료를 수송용 연료에 혼합하여야 하는 양을 말한다.

20. **"내수판매량"**이란 석유정제업자 또는 석유수출입업자가 국내에 공급한 수송용 연료의 양(혼합된 신·재생 에너지 연료를 포함한다)으로서 석유 및 석유대체연료 사업법 (이하 "석유사업법"이라 한다) 시행규칙 별표8에 따라 석유정제업자 또는 석유수출입업자가 보고한 물량(내수출하량)에서 타사 입·출하량 및 재고변동물량을 가감한 것으로 말한다.

21. **"관리기관"**이란 법 제23조의4에 따라 지정되고 법 제23조의5에 따른 업무를 수행하는 기관을 말

하며, 법 제31조에 따른 신·재생 에너지센터와 석유사업법 제25조의2에 따른 한국석유관리원을 말한다.

22. **"고정가격계약"**이란 신·재생 에너지 공급인증서 가격에 전기사업법 제33조에 따른 전력거래가격을 합산한 가격을 고정가격으로 하여 체결하는 계약(사후재정산 방식의 계약 제외)을 말한다. 이 경우 신·재생 에너지 공급인증서의 계약단가는 고정가격에서 전력거래가격을 차감하여 매월 산정한 가격으로 하며, 전력거래가격이 고정가격을 초과하는 경우 계약단가는 '0'으로 적용한다.

23. **"미이용 산림바이오매스"**란 '산림바이오매스에너지의 이용·보급 촉진에 관한 규정' 제2조에서 정한 산물을 활용하여 동 규정의 증명절차에 따른 확인을 받은 연료를 말한다.

24. **"전소설비"**란 바이오 에너지 연료를 100% 비율로 발전하는 설비를 말한다. 단, 초기 Start-up 유지, 안정적인 연소조건 유지 등을 위해 전체 열량의 10%이내 화석연료의 혼소를 인정한다.

25. **"혼소설비"**란 바이오 에너지 설비로서 전소설비가 아닌 것을 말한다.

26. 기타 이 지침에서 사용하는 용어는 「신 에너지 및 재생 에너지 개발·이용·보급 촉진법」 및 동법 시행령·시행규칙, 「전기사업법」 및 동법 시행령·시행규칙, 「석유 및 석유대체연료 사업법」 및 동법 시행령·시행규칙에서 정하는 바에 따른다.

제 2 장   신·재생 에너지 공급의무화제도

제4조(공급의무자별 의무공급량 산정 및 공고)   ① 산업통상자원부장관(이하 "장관"이라 한다)은 법 제12조의5제3항에 따라 공급의무자별 의무공급량을 매년 1월 31일까지 공고하여야 한다. 단, 공고 후에 의무공급량의 산정기준이 되는 통계치가 확정될 경우 이에 따라 의무공급량을 재공고 할 수 있다.

② 공급의무자별 의무공급량의 산정기준은 별표 1과 같다.

제4조의2(자율이행계획의 수립과 지원)   ① 공급의무자는 의무공급량의 원활한 이행을 위하여 당해연도를 포함한 향후 4개년에 대한 이행계획을 매년 자율적으로 수립하여 운영할 수 있다.

② 장관은 제1항에 따른 공급의무자의 자율이행계획의 효율적 수립과 효과적인 달성을 촉진시키기 위해 필요한 지원 등을 정하여 운영할 수 있다.

제5조(공급인증기관)   ① 신·재생 에너지센터는 법 제12조의9에 의한 다음 각 호의 업무를 수행한다.

1. 공급인증서 발급, 등록, 관리 및 폐기에 관한 업무
2. 공급인증서 발급대상 설비확인 및 사후관리에 관한 업무
3. 공급의무화제도관련 종합적 통계관리 및 정책지원
4. 의무공급량의 산정 및 의무이행실적 확인
5. 기타 장관이 필요하다고 인정하는 업무

② 한국전력거래소는 법 제12조의9에 의한 다음 각 호의 업무를 수행한다.

1. 공급인증서 거래시장의 개설 및 운영

2. 공급의무자의 의무이행비용 소요계획 작성, 정산 및 결제

3. 공급인증서 거래대금의 정산 및 결제

4. 거래시장 운영관련 통계관리 및 정책지원

5. 기타 장관이 필요하다고 인정하는 업무

③ 공급인증기관은 제1항과 제2항의 규정에 의한 업무를 효율적으로 추진하기 위하여 공동의 규정 및 전력시장운영규칙을 제정하여 운영할 수 있으며, 동 규정의 제정 및 개정은 장관의 승인을 받아야 한다.

제6조(신·재생 에너지 공급인증서 발급대상) ① 공급인증서는 「전기사업법」 제2조제4호에 따른 발전사업자의 신·재생 에너지 설비 중 2012년 1월 1일 이후 상업운전을 개시한 신·재생 에너지설비(단, 법 제12조제2항에 따라 의무적으로 설치된 설비는 제외한다)에 대하여 발급한다. 다만, 다음 각호의 어느 하나에 해당하는 경우에도 예외적으로 공급인증서를 발급할 수 있다.

1. 2010년 9월 17일 이후 전기사업법 제63조에 따른 설치공사에 해당하는 사용전검사를 합격한 신·재생 에너지 발전설비(단, 화력발전소에서 바이오 및 폐기물 에너지 등의 신·재생 에너지 연료를 이용하여 발전하고 변경공사에 해당하는 사용전검사에 합격한 경우와 신·재생 에너지 연료의 변경 사용에도 불구하고 사용전검사 비대상인 경우도 포함한다)

2. 설비용량 5,000kW를 초과하는 수력 설비

3. 법 제17조에 따라 발전차액을 지원받고 있는 신·재생 에너지 설비

4. '신·재생 에너지 개발공급협약(RPA)'에 따라 추진된 사업 중 법 제17조에 따른 발전차액을 지원받지 않는 신·재생 에너지 설비

5. 2010년 4월 12일 이전에 전기사업법 제7조에 따른 발전사업허가를 받고 2011년 12월 31일 이전에 전기사업법 제63조에 따른 사용전검사를 합격한 부생가스 발전소

6. 법 제12조의2의 개정에 따른 신·재생 에너지 이용 건축물 인증 규정의 폐지에도 불구하고 법 시행 당시 종전의 규정에 따라 2015년 7월 28일 이전에 신·재생 에너지 이용 건축물인증을 받은 건축물의 신·재생 에너지 설비

7. 2012년 1월 1일 이후 전기사업법 제63조에 따라 사용전검사를 받고 같은 법 시행령 제19조 제2항에 따라 전력거래를 하는 자가용발전설비

② 공급인증서는 제1항에 따른 신·재생 에너지 설비를 통해 2012년 1월 1일 이후부터 공급하는 신·재생 에너지 발전량에 대해서 발급한다. 단, "신·재생 에너지 개발공급협약(RPA)"의 태양광시장 창출계획에 따라 추진된 태양광발전설비에 대해서는 2012년 1월 1일 이전에 발전한 신·재생 에너지 발전량에 대해서도 공급인증서를 소급하여 발급할 수 있다.

③ 다음 각 호에 해당하는 신·재생 에너지설비를 이용하여 전력을 공급하는 발전사업자는 법 제17조에 따른 발전차액 지원 기간이 만료되기 이전에, 신·재생 에너지이용 발전전력의 기준가격 지침에 의한 총괄관리기관에서 발전차액지원중단확인서를 발급받아 발전차액지원을 받는 것을 포기하고 공급인증서를 발급받을 수 있다. 단, 기준가격 적용기간(태양광 전원의 기준가격 적용기간 중 20년을 선

택한 사업자도 15년으로 적용한다.) 중 차액지원금을 지원받은 기간을 제외한 기간에 한하여 발급한다.

1. 태양광

2. 연료전지

④ 제3항은 2015년 12월 31일까지 적용한다. 단, 2015년 12월 31일 이전에 제3항에 따라 발전차액 지원을 받는 것을 포기하고 공급인증서를 발급받은 발전사업자에 대하여는 기준가격 적용기간(태양 광 전원의 기준가격 적용기간 중 20년을 선택한 사업자도 15년으로 적용한다.) 중 차액지원금을 지원 받은 기간을 제외한 기간에 한하여 공급인증서를 발급한다.

제6조의2(신·재생 에너지 생산인증서 발급 및 활용) ① 생산인증서는 태양광 대여사업자가 주택 등에 태양광발전설비를 설치하고, 설치된 설비로부터 생산되는 전력량에 대해 발급하며, 당해연도 이행연 기량 감경 등에 활용할 수 있다.

② 제6조의2제1항에 따른 생산인증서 활용기준은 별표 5와 같다.

제7조(공급인증서 가중치) ① 영 제18조의9에 따른 공급인증서의 가중치는 별표 2와 같다. 단, 장관은 3년마다 기술개발 수준, 신·재생 에너지의 보급 목표, 운영 실적과 그 밖의 여건 변화 등을 고려하여 공급인증서 가중치를 재검토하여야 하며, 필요한 경우 재검토기간을 단축할 수 있다.

② 제6조제2항에 따른 공급인증서 가중치는 별표 3과 같다.

③ 화재나 「재난 및 안전관리기본법」제3조 제1호 가목에 따른 자연재난으로 설비의 가동이 중단되었 을 경우 재가동한 달의 다음달(재가동 이후에 설비의 가동중단 확인 시 확인된 달의 다음달)에 공급된 전력량에 대해 공급인증서 발급 가중치를 적용하지 않는다. 다만, 「전기안전관리법」제22조 제1항에 따른 전기안전관리자 선임 대상설비는 중단된 날부터 1일 이내, 그 외의 설비는 중단된 날부터 3일 이내에 신·재생 에너지센터에 그 사실을 알릴 경우에는 예외로 한다.

제8조(공급인증서 발급대상 설비 확인) ① 공급인증서를 발급받으려는 자는 공급인증서를 최초로 발급 받기 전에 신·재생 에너지센터로부터 해당 신·재생 에너지설비가 공급인증서 발급대상 설비임을 확 인 받아야 한다.

② 제1항에 따른 공급인증서 발급 대상 설비확인을 받으려는 태양광발전사업자는 「국토의 계획 및 이 용에 관한 법률」 제62조에 따른 준공검사를 받고, 같은 법 시행규칙 제11조에 따른 개발행위 준공검 사필증을 신·재생 에너지센터에 제출하여야 한다. 다만, 같은 법 제56조에 따른 개발행위허가를 받 지 않아도 되는 경우 관련 기관으로부터 이를 확인할 수 있는 서류를 신·재생 에너지센터에 제출하여 야 한다.

③ 제2항에 따른 개발행위 준공검사필증의 제출기한은 설비확인 신청일이 속한 달 말일부터 6개월까 지로 한다.

제8조의2(공급인증서 발급 중단) 제8조제2항 및 제3항에 따른 개발행위 준공검사필증을 제출기한 내 제출하지 않은 경우, 설비확인 신청일이 속한 달 말일을 기준으로 6개월 초과한 달로부터 공급된 전

력량에 대해서는 공급인증서 발급 가중치를 적용하지 않는다. 다만, 제8조제3항에도 불구하고, 개발행위 준공검사필증의 제출기한을 초과하여 제출한 경우, 제출일이 속한 달부터 공급된 전력량에 대해 공급인증서 발급 가중치를 적용한다.

제9조(공급인증서 발급 및 거래수수료) ① 「신 에너지 및 재생 에너지 개발·이용·보급 촉진법 시행규칙」(이하 "시행규칙"이라 한다) 제10조제2항에 따른 공급인증서 발급수수료는 공급인증서 1REC당 50원으로 하며, 공급인증서 거래수수료는 공급인증서 1REC당 50원으로 한다.

② 영 제18조의7제2항 또는 제3항에 따라 국가 또는 지방자치단체에 대하여 발급하는 공급인증서의 경우 공급인증서 발급수수료 및 매도자 거래수수료를 면제한다.

③ 한국수자원공사가 발급받는 공급인증서 중 시행규칙 제2조의2 제1호 및 제2호에 해당하는 공급인증서에 대해서는 발급수수료를 면제한다.

④ 신·재생 에너지 발전설비용량이 100 kW미만인 발전소는 공급인증서 발급수수료 및 거래수수료를 면제한다. 다만, 100 kW이상인 발전소에 대해서는 공급인증기관의 운영규칙에 따라 공급인증서 발급수수료 및 거래수수료를 제1항의 범위 이내에서 달리 운영할 수 있다.

⑤ 발급수수료 및 거래수수료는 공급인증기관의 재원으로 귀속되며, 공급인증기관은 제5조에서 정의한 업무를 수행하는 데 사용하여야 한다.

제10조(고정가격계약 경쟁입찰 제도) ① 공급의무자는 법 제12조의5제5항에 따라 신·재생 에너지 공급인증서를 구매하는 경우에는 신·재생 에너지센터에 계약기간을 20년으로 하는 고정가격계약 경쟁입찰 사업자 선정을 의뢰할 수 있다. 단, 별표1에 따른 그룹 I 에 해당하는 공급의무자는 반기별 24 MW 이상(20 GW 이상의 발전설비를 보유한 공급의무자는 반기별 30 MW 이상) 선정을 의뢰하여야 하며, 보급여건을 고려하여 필요한 경우 추가로 선정을 의뢰할 수 있다.

② 신·재생 에너지센터는 제1항에 따른 경쟁입찰을 공고할 때 신·재생 에너지 설비 보급 현황 등을 고려하여, 전체 선정의뢰용량에 대해 설비 용량 구간 및 비중을 설정할 수 있다.

제10조의2(소형태양광에 대한 고정가격계약 체결) ① 별표1에 따른 그룹 I 에 해당하는 공급의무자는 다음 각 호의 하나에 해당하는 태양광발전설비에 대하여 제3조 22호에 따른 고정가격계약으로 공급인증서 매매계약을 체결하여야 한다. 단, 현물시장 구매분은 제외한다.

1. 설비용량 30 kW 미만의 태양광발전사업자
2. 설비용량 100 kW 미만의 태양광발전사업자로 「농업·농촌 및 식품산업 기본법」에 따른 농업인, 「수산업·어촌 발전 기본법」에 따른 어업인, 「축산법」에 따른 축산업 허가를 받은자 또는 가축사육업으로 등록한 자
3. 제2호 구성원을 조합원으로 하여 설비용량 100 kW 미만의 태양광발전사업을 추진하는 조합 또는 「협동조합기본법」에 따른 조합 중 공급인증기관의 장이 정하는 세부기준을 충족하여 설비용량 100 kW 미만의 태양광발전사업을 추진하는 조합
4. 제1호에서 제3호까지의 요건을 충족하는 태양광발전설비에 ESS설비를 연계하여 설치하는 경우 (단, 별표2 제18호에 따른 기준을 충족하고 공사계획의 인가 또는 신고를 완료한 설비에 한함)

② 제1항에 따른 계약체결 시 고정계약단가는 제10조에 따른 전년도 고정가격계약 경쟁입찰제도의 반기별 100 kW미만의 낙찰평균가격 중 높은 값으로 한다.

제11조(이행비용 소요계획의 제출 및 지급) ① 정산기관은 매년 1월 31일까지 당해연도의 의무이행비용 소요계획을 작성하여 장관에게 보고하여야 한다. 단, 제4조제1항에 따른 공급의무자별 의무공급량 재공고시 의무이행비용 소요계획을 재산정할 수 있다.

② 장관은 제1항에 의한 의무이행비용 소요계획의 타당성을 검토한 후, 징수기관에 연간 이행비용 소요계획을 통보한다.

③ 정산기관은 매월 의무이행비용 보전을 위한 실제 소요액을 산정하여 징수기관에 지급을 요청하여야 하며, 징수기관은 정산기관이 정한 전력거래대금 지급요청일에 해당 자금을 정산기관에 지급하여야 한다.

④ 정산기관은 제1항 및 제2항에 따른 이행비용 소요계획과 제3항에 따른 연간 의무이행비용 보전 소요액에 대하여 과부족분이 발생하는 경우 해당 내용을 차년도 연간 의무이행비용 소요계획에 반영한다.

제11조의2(이행비용 보전대상) ① 해당연도 이전에 공급된 전력량에 대하여 발급된 공급인증서로서 공급의무자가 의무이행실적으로 제출한 공급인증서에 대하여 제4조에서 장관이 공고한 공급의무자별 의무공급량과 법 제12조의5제4항에 따라 공급의무자가 공급의무의 이행을 연기한 의무공급량 및 공급의무자가 다음 이행연도 공급의무를 해당연도에 미리 이행한 의무공급량을 합한 범위 내에서 해당연도 정산을 한다. 다만, 다음 이행연도 공급의무를 해당연도에 미리 이행한 경우에는 제4조에 따른 의무공급량의 100분의 20을 넘지 아니하는 범위에서 인정한다.

② 제1항의 규정에도 불구하고 다음의 각 호의 하나에 해당하는 발전설비로부터 공급된 전력량에 대한 공급인증서는 의무이행비용 보전대상에서 제외한다.

1. 발전소별로 설비용량 5,000 kW를 초과하는 수력이용 발전설비
2. 기존방조제를 활용하여 건설된 조력이용 발전설비
3. 영 별표1의 석탄을 액화·가스화한 에너지 또는 중질잔사유를 가스화한 에너지를 이용하는 발전설비
4. 영 별표1의 폐기물 에너지 중 화석연료에서 부수적으로 발생하는 폐가스로부터 얻어지는 에너지를 이용하는 발전설비
5. 공급의무자 그룹Ⅰ의 외부구매분(현물시장 구매분 제외) 중 제3조제22호에 따른 고정가격계약을 체결하지 않은 태양광 및 풍력발전설비
6. 제주특별자치도에 소재한 바이오중유 발전설비

제12조(이행실적의 확인 및 정산) ① 신·재생 에너지센터는 공급의무자가 제출한 공급인증서로 의무이행실적을 확인하여야 하며, 해당 공급인증서 정보를 정산기관에 통보하여야 한다.

② 의무이행비용을 정산 받고자 하는 공급의무자는 관련서류를 한국전력거래소에 제출하여야 한다.

③ 정산기관은 제1항, 제2항, 별표 4 및 전력시장운영규칙에 따라 공급의무자별 의무이행비용을 산정하여 해당 공급의무자에게 지급한다.

④ 의무이행비용 정산 등과 관련한 세부 사항은 정산기관의 관련 규정에 따르되, 제·개정시 장관의

승인을 받아야 한다.

⑤ 정산기관은 매년 7월 31일까지 직전년도 공급의무자별 의무이행비용 정산실적을 장관에게 보고하여야 한다.

제 3 장 신·재생 에너지 연료 혼합의무화제도

제13조(관리기관) ① 신·재생 에너지센터는 법 제23조의5에 의한 다음 각 호의 업무를 수행한다.

1. 혼합의무이행 실적 검증
2. 혼합의무이행 관련 정보의 수집 및 관리
3. 혼합의무이행 검증을 위한 현장조사
4. 혼합의무 관리기준 운영
5. 의무혼합량 및 과징금 산정
6. 운영위원회 구성 및 운영
7. RFS 통합관리시스템 운영
8. 기타 장관이 필요하다고 인정하는 업무

② 한국석유관리원은 법 제23조의5에 의한 다음 각 호의 업무를 수행한다.

1. 혼합의무이행 여부 확인 및 점검
2. 혼합의무이행 여부 확인을 위한 현장조사
3. 신·재생 에너지 연료 품질관리 및 품질기준 마련
4. 신·재생 에너지 연료 생산·혼합시설 현장점검
5. 가짜 신·재생 에너지 연료 적발 및 단속
6. 신·재생 에너지 연료 기술기준 및 안전성 검토
7. 운영위원회 구성 및 운영
8. 기타 장관이 필요하다고 인정하는 업무

③ 관리기관은 제1항과 제2항의 규정에 의한 업무를 효율적으로 추진하기 위하여 공동의 규정을 제정하여 운영할 수 있으며, 동 규정의 제정 및 개정은 장관의 승인을 받아야 한다.

제14조(신·재생 에너지 연료 의무혼합량 이행확인·검증 등) ① 관리기관은 영 제26조의2에 의한 신·재생 에너지 연료 의무혼합량을 확인 및 검증하여야 한다.

② 제1항에 따른 신·재생 에너지 연료 의무혼합량 확인 및 검증은 혼합의무자가 제출한 서류와 석유사업법 제38조에 따라 보고된 한국석유관리원 및 한국석유공사의 자료를 기준으로 한다.

③ 혼합의무자는 신·재생 에너지 연료 혼합시설에 대하여 관리기관이 별도로 정하는 바에 따라 대상시설임을 확인 받아야 한다.(변경된 경우에도 같다.)

제 4 장 자료요구 등

제15조(자료요구) ① 장관은 제7조에 의한 공급인증서 가중치 등을 조정하기 위하여 필요한 경우 공급의무자, 공급인증기관, 전력기반조성사업센터, 한국전력공사 등에게 제출기한을 명시하여 다음 각 호의 자료제출을 요구할 수 있으며, 해당 공급의무자 등은 제출기한 내에 해당 자료를 제출하여야 한다.

1. 공급인증서 발급관련 자료
2. 공급인증서 거래관련 자료
3. 신·재생 에너지 발전차액지원금 지원 실적 및 계획
4. 신·재생 에너지 발전현황 및 주요 발전설비 변동사항과 영 제18조의3제1항제1호에 해당하는 신규 발전사업자관련 자료
5. 신·재생 에너지원별 발전량 및 국가전력관련 통계
6. 혼소발전의 경우 혼소율 측정을 위한 연료 사용량
7. 신·재생 에너지 사업자별 전력거래실적, 결산재무제표 등 발전사업 관련자료
8. 그 밖에 공급의무자별 의무공급량 산정 및 검증 등을 위하여 장관이 요구하는 자료

② 장관은 사업자에 대한 적산전력계의 확인 및 기재대장 등의 열람과 시설운영현황 점검, 관련자료 수집 등을 위한 현장실태조사를 실시할 수 있으며, 사업자는 조사 및 자료 요구에 성실히 협조하여야 한다.

③ 장관은 시·도지사 및 특별자치도지사에게 신·재생 에너지를 전원으로 하는 발전사업(변경) 허가 및 공사계획의 인가(또는 신고)에 대한 자료제출을 요구할 수 있다.

④ 장관은 자체계약, 자체건설 등에 대한 기준가격 산정을 위하여 공급의무자에게 제출기한을 명시하여 필요한 자료의 제출을 요구할 수 있으며, 공급의무자는 제출기한 내에 해당 자료를 제출하여야 한다.

⑤ 한국전력공사 및 한국전력거래소는 신·재생 에너지센터의 장에게 제5조에 의한 공급인증서 발급을 위하여 필요한 월단위의 발전량을 익월 23일까지 제출하여야 한다. 이 경우 한국전력공사 및 한국전력거래소는 해당 발전량의 이상 여부를 점검하여야 하며, 특이사항이 있는 경우 해당 사유를 포함하여야 한다. 다만 기한까지 사유를 확인하지 못 한 경우 추후에 이를 확인하여 제출하여야 한다.

⑥ 장관은 혼합의무자에게 제출기한을 명시하여 영 제26조의3제1항 각 호의 자료제출을 요구할 수 있으며, 해당 혼합의무자는 제출기한 내에 해당 자료를 제출하여야 한다.

제16조(과징금 산정절차) 영 제18조의5 및 제26조의4에 따라 과징금을 산정하는 경우에는 법 제8조에 따른 신·재생 에너지정책심의회의 심의를 거치되 해당 공급의무자 및 혼합의무자에게 의견개진의 기회를 제공하여야 한다.

제17조(권한의 위임·위탁) ① 장관은 제4조의2, 제15조제1항부터 제5항에 의한 사항을 신·재생 에너지센터에 위탁한다. 단, 제15조제1항제2호와 제15조제4항에 따른 사항은 한국전력거래소에 위탁한다.

② 장관은 제15조제6항에 의한 사항을 관리기관에 위탁한다.

③ 신·재생 에너지센터의 장은 장관의 승인을 얻은 후 세부적인 기준을 정하여 제5조제1항제2호의

업무를 「민법」 제32조에 따라 장관의 허가를 받아 설립된 협회를 통하여 수행토록 할 수 있다.

④ 법 제12조의7제1항 단서 및 영 제18조의7제3항에 따라 국가에 대하여 발급되는 공급인증서의 발급 신청 및 거래에 관한 사무는 법 제31조에 따른 신·재생 에너지센터에서 대행하며, 거래에 관련된 사항은 별도로 정하여 운영하되 거래시장 안정을 위해 비공개로 운영할 수 있다.

제18조(재검토기한) 장관은 2015년 7월 31일로부터 매 5년마다 법령이나 현실여건의 변화 등을 검토하여 개선 등의 조치를 하여야 한다.

부 칙 〈제2010-244호, 2010.12.30〉

제1조(시행일) 이 지침은 2012년 1월 1일부터 시행한다. 단, 제5조 및 제10조의 규정은 고시 제정일로부터 시행한다.

부 칙 〈제2011-290호, 2011.12.27〉

제1조(시행일) 이 지침은 2012년 1월 1일부터 시행한다. 단, 제5조 및 제8조의 규정은 고시 제정일로부터 시행한다.

부 칙 〈제2012-134호, 2012.6.25〉

제1조(시행일) 이 지침은 2012년 6월 25일부터 시행한다.

제2조(적용특례) 시행일 이전에 전기사업법 제7조에 따른 발전사업 허가를 받은 경우는 별표 3의 "연계거리"를 전기사업법 제15조에 따라 인가를 받은 「송·배전용 전기설비 이용규정」의 정의에 의한 연계점과 접속점의 거리로 할 수 있다.

부 칙 〈제2013-48호, 2013.3.1〉

제1조(시행일) 이 지침은 2013년 3월 1일부터 시행한다.

제2조(의무이행비용 정산에 관한 경과조치) ① 2012년 의무이행실적에 대한 이행비용 정산 업무는 제3조제10호, 제12조, 제15조제1항의 개정규정에도 불구하고 종전 규정(지식경제부 고시 제2013-5호, 신·재생 에너지센터 공고 제2012-26호)에 따라 신·재생 에너지센터가 수행한다.

② 2013년 이후의 의무이행실적에 대한 이행비용 정산 업무는 이 지침 시행 이전에 발급 또는 거래된 경우와 2012년 이행연기량에 대한 이행실적을 포함하여 제3조제10호의 개정규정에 따라 한국전력거래소가 수행한다.

부 칙 〈제2014-30호, 2014. 2. 14.〉

제1조(시행일) 이 지침은 2014년 2월 19일부터 시행한다. 단, 제10조제4항 및 별표 3의 비고 제3호 동일사업자의 발전소 용량의 합이 100 kW 이상인 경우에 대한 가중치 적용 개정규정은 개정·고시한 날로부터 6개월이 경과한 날부터 시행한다.

제2조(경과조치) 별표 3의 태양광 에너지 기타 23개 지목의 용량기준에 따른 가중치 적용 개정규정은 발전사업자가 시행일 이전에 공급인증서 발급대상 설비확인신청서를 접수한 경우와 태양 에너지 판매사업자로 선정된 경우에는 개정규정에도 불구하고 종전의 규정에 의한다.

부 칙 〈제2014-164 호, 2014. 9. 12.〉

제1조(시행일) 이 지침은 2014년 9월 12일부터 시행한다. 단, 별표 3의 가중치 적용 개정규정(비고1 후단의 단서조항은 제외)은 개정·고시한 날로부터 6개월이 경과한 날부터 시행한다.

제2조(적용례) 〈별표3〉의 태양광 에너지 가중치 개정 기준은 시행일 이전에 설비확인을 완료하였거나 공급인증서 판매사업자로 선정된 발전소는 적용대상에서 제외한다.

부 칙 〈제2015-155호, 2015. 7. 23.〉

제1조(시행일) 이 지침은 2015년 7월 31일부터 시행한다. 단, 제13조 및 제15조의 규정은 개정·고시한 날부터 시행하며, 별표 3의 비고 제9호의 개정규정은 개정·고시한 날로부터 3개월이 경과한 날부터 시행한다.

제2조(경과조치) ① 제8조 및 제8조의2의 태양광발전 설비의 개발행위 준공검사필증 제출과 관련한 개정규정은 2020년 7월 1일부터 시행하며, 시행일 이전에 임야에 설치하는 태양광발전 설비의 개발행위 준공검사필증 제출과 관련한 사항은 종전의 규정(제2019-157호)에 따른다.
② 제11조의2의 이행비용 보전대상에 대한 개정규정은 2019년도 의무이행실적에 대한 이행비용 정산부터 적용한다.

<h1 style="text-align: center">부 칙 〈제2020-105호, 2020. 7. 1.〉</h1>

제1조(시행일) 이 지침은 고시한 날부터 시행한다. 단, 별표2의 비고 제1호의 창고시설과 동물관련시설 개정규정은 개정·고시한 날부터 6개월이 경과한 날부터 시행한다.

제2조(경과조치) ① 별표2의 비고 제13호의 규정은 2020년 10월 1일 이후에 공급한 전력량부터 적용한다.

② 별표2의 신·재생 에너지원별 가중치 및 비고 제18호의 개정규정에도 불구하고 2020년 10월 1일 이전에 「전기사업법」 제63조에 따른 사용전검사를 득한 설비의 경우에는 종전의 규정을 적용한다.

③ 별표2의 비고 제21호에 따른 사항은 2020년 3월 1일까지 「전기사업법」 제61조에 따른 공사계획인가 신청 또는 신고한 설비에 한해 2020년 12월 31일까지 한국전기안전공사의 시설보강 이행여부를 확인받은 경우 확인일의 ESS 방전량부터 적용한다. 단, 이 지침의 시행일 이전에 한국전기안전공사의 확인을 받은 설비는 시행일의 방전량부터 적용한다.

④ 별표2의 비고 제23호에 따른 사항은 2020년 12월 31일까지 제8조에 따라 설비확인을 신청한 설비에 한해 2020년 9월 1일 이후에 공급한 ESS의 방전량부터 적용한다.

⑤ 별표2의 비고 제24호에 따른 사항은 2020년 12월 31일까지 제8조에 따라 설비확인을 신청한 설비에 한해 2021년 1월 1일 이후에 공급한 ESS의 방전량부터 적용한다.

⑥ 별표2의 비고 제25호에 따른 사항은 2020년 12월 31일까지 제8조에 따라 설비확인을 신청한 설비에 한해 시행일의 방전량부터 적용한다.

⑦ 별표2의 비고 제26호에 따른 사항은 2020년 12월 31일까지 한국전기안전공사로 부터 안전조치 이행여부를 확인받은 설비에 한해 적용한다.

<h1 style="text-align: center">부 칙 〈제2021-92호, 2021. 5. 27.〉</h1>

제1조(시행일) 이 고시는 고시한 날부터 시행한다.

신 에너지 및 재생 에너지 개발·이용·보급 촉진법 시행령」 일부 개정령 안

이 영은 공포한 날부터 시행한다.

대통령령 제   호

「신 에너지 및 재생 에너지 개발·이용·보급 촉진법 시행령」 일부를 다음과 같이 개정한다.

별표 6 비고 1. 연도별 혼합의무비율은 다음과 같이 하고, 비고 4. 내수판매량은 "해당 연도의 내수판매량"으로 한다.

해당 연도	수송용 연료에 대한 신·재생 에너지 연료 혼합의무비율
2020년~2021년 6월 30일	0.03
2021년 7월 1일 ~2023년	0.035
2024년~2026년	0.04
2027년~2029년	0.045
2030년 이후	0.05

부 칙

이 영은 2021년 7월 1일부터 시행한다. 다만, 제26조의2 별표 6 비고 4의 개정규정은 2022년 1월 1일부터 시행한다.

문제 정답 및 해설

제1편 제1장

1. ① 태양전지(솔라 패널)
   ② 접속반
   ③ 인버터
2. ① 무공해 청정에너지이다.
   ② 무한양의 에너지이다.
   ③ 유지보수가 용이하다.
   ④ 비교적 수명이 길다.
3. 독립 형은 한전의 배전선과 직접 연계되지 않고, 분리된 상태에서 태양광전력이 직접 부하에 전달하는 발전방식이고, 연계계통 형은 자가용 발전설비 또는 저압 소 용량 일반 발전설비를 한전계통에 병렬로 연계하여 운전하되 생산전력의 전부를 구내계통 내에서 자체적으로 소비하는 발전방식
4. 하이브리드 시스템은 태양광발전에 풍력발전, 수력발전 등 기타의 분산 형 전원 발전을 혼합한 발전방식이다.
5. 독립 형 시스템
6. ① 안정성이 좋을 것
   ② 신뢰성이 높을 것
   ③ 변환효율이 높을 것
   ④ 설치비용이 낮을 것

제1편 제2장

1. 정공(hole)
2. 광전현상 또는 광전효과
3. 표면을 요철구조로 만들어 반사율을 감소시켜 흡수된 빛의 양을 증가시키는 것.
4. 변환효율이 가장 높고, 높은 에너지 갭(1.4eV)과 다양한 형태의 이종접합 구조를 가질 수 있다.
5. 어레이
6.
7. 무겁고 색깔이 불투명하고, 변환효율이 가장 높으며 국내에서 다결정과 함께 가장 많이 사용되고 있다.
8. 실리콘의 두께를 극도로 얇게 하여 재료를 줄인 때문에 제조원가가 낮고, 다양한 형태로 제작이 가능하지만 변환효율이 낮다.
9. 공핍 층이 넓어진다.
10. Ga, Al, B, In
11. ① 알칼리 형 ② 인산 형 ③ 용융탄산염 형
    ④ 고체산화물 형
12. CI/CIGS
13. 발전효율이 높으며, 복합발전이 가능하다.

1. 비례

2. 전류

3. 0.78~0.85

4. ① 표면층의 면 저항

　② 금속전극의 자체저항

　③ 기판 자체저항

　④ 전지의 앞, 뒷면 금속 접촉저항

5. 충진율 $= \dfrac{V_{mpp} \times I_{mpp}}{V_{oc} \times I_{sc}} = \dfrac{28 \times 6}{30 \times 8} = 0.7$,

　변환효율

$$= \dfrac{V_{mpp} \times I_{mpp}}{\text{태양전지면적} \times 1,000[W/m^2]} \times 100$$

$$= \dfrac{28 \times 6}{1.2 \times 1,000} \times 100 = 14[\%]$$

6. 출력$(V_{mpp} \times I_{mpp})$

$$= \dfrac{\text{태양전지면적} \times 1,000}{100} \times \text{변환효율}$$

$$= \dfrac{(200 \times 110^{-4}) \times 1,000}{100} \times 16$$

$$= \dfrac{320}{100} = 3.2[W]$$

7. ① 반도체 내부의 흡수율이 좋도록 한다.

　② 반도체 내부에 생성된 전자, 정공 쌍이 소멸

　　되지 않도록 해야 한다.

　③ 반도체 내부 직렬저항이 작아지도록 한다.

　④ 태양전지 표면온도가 낮아지도록 한다.

8. 변환효율 $= \dfrac{\text{인버터 출력}}{\text{생산전력}} \times 100$

$$= \dfrac{110}{120} \times 100 ≒ 91.67[\%]$$

9. 충진율 $= \dfrac{\text{태양전지면적} \times 1,000}{V_{oc} \times I_{sc}} \times \text{변환효율}$

$$= \dfrac{1.6 \times 1,000}{40 \times 8} \times \dfrac{17.5}{100} = 0.875$$

10. 변환효율 $= \dfrac{\text{최대출력}}{\text{모듈면적} \times \text{일사강도}} \times 100$

　으로부터

최대 출력$(P_{\max})$

＝모듈면적 × 일사강도 × 변환효율

$= 0.8 \times 1 \times 0.15 = 0.12[kW]$

셀 온도가 65[℃]일 때의 출력

$P_{\max}(65℃)$

$$= 0.12 \times \left\{ 1 + \dfrac{-0.4}{100} \times (65 - 25) \right\}$$

$$= 0.12 \times 0.84 ≒ 0.1[kW]$$

1. ① 인접 건물이나 수목에 의한 그림자

　② 어레이 배치 시 앞 열 어레이에 의한 그림자

　③ 겨울 적설의 영향

　④ 낙엽, 새의 배설물, 흙먼지 등의 영향

2. ① 어레이의 이격거리를 그림자 영향을 덜 받는

　　적절한 값으로 결정할 것.

　② 주기적으로 모듈 면을 청소할 것

3. 이격거리 d

$$= \text{어레이 길이} \times \dfrac{\sin(\text{고도각} + \text{입사각})}{\sin(\text{입사각})}$$

$$= 2 \times \dfrac{\sin(32° + 26°)}{\sin 26°} = 2 \times \dfrac{0.8280}{0.4384}$$

$≒ 3.78[m]$

4. 그림자 길이 $L = \dfrac{\text{어레이 높이}}{\tan(\text{입사각})} = \dfrac{1.5}{\tan 20°}$

$$≒ \dfrac{1.5}{0.364} ≒ 4.12[m]$$

5. 병렬 매수 $N_p = \dfrac{\text{인버터의 입력전력} \times 1.05}{\text{직렬매수} \times \text{모듈 1매의 출력}}$

$$= \dfrac{30,000}{15 \times 200} = 10[\text{매}]$$

6.

순번	부하기기	수량	소비전력 [kW]	사용시간 (h)	1일 소비전력 [kWh]
1	전기 밥솥	1	1.2	2	2.4
2	냉장고	2	1.50	24	72.0
3	TV	2	0.20	5	2.0
4	형광등	10	0.03	6	1.8
5	선풍기	2	0.10	10	2.0
합 계					80.2

월 총 소용 전력량

$$= 80.2 \times 30 \times \left(1 + \frac{0.6}{100}\right)$$

$$= 2{,}406 \times 0.994 ≒ 2{,}391[\text{kW}]$$

7. ① $V_{mpp}(-35℃)$

$$= 50 \times \left\{1 + \left(-\frac{0.4}{100}\right) \times (-35 - 25)\right\}$$

$$= 50 \times 1.2 = 60[\text{V}]$$

$V_{mpp}(35℃)$

$$= 50 \times \left\{1 + \left(-\frac{0.4}{100}\right) \times (35 - 25)\right\}$$

$$= 50 \times 0.96 = 48[\text{V}]$$

② 최대 직렬 수

$$= \frac{인버터\ MPPT최대전압}{V_{mpp}(-35℃)} = \frac{1{,}000}{60}$$

≒ 3.78[m]16.67 → 16개 ➡ 소수점 절사

③ 최소 직렬 모듈 수

$$= \frac{인버터\ MPPT최소전압}{V_{mpp}(최고온도)} = \frac{550}{48}$$

≒ 11.46 → 12개 ➡ 소수점 절상

④ 최적 직. 병렬 모듈 수 : 12, 13, 14, 15, 16을 아래의 병렬 수를 구하는 식에 대입하여 최대 직렬 모듈 수와 각각 구한 병렬 모듈 수의 조합 가운데 출력이 가장 큰 조합이 최적 직·병렬 수이다.

병렬 모듈 수

$$= \frac{인버터의\ 최대입력압력}{직렬모듈수 \times 모듈1개의\ 출력}$$

- $\frac{280 \times 1{,}000}{12 \times 450} ≒ 51.85 → 병렬\ 51,$

  출력 : $12 \times 51 \times 450 = 275{,}400[\text{W}]$
  $= 275.4[\text{kW}]$

- $\frac{280 \times 1{,}000}{13 \times 450} ≒ 47.86 → 병렬\ 47,$

  출력 : $13 \times 47 \times 450 = 274{,}950[\text{W}]$
  $= 275.4[\text{kW}]$

- $\frac{280 \times 1{,}000}{14 \times 450} ≒ 44.44 → 병렬\ 51,$

  출력 : $14 \times 44 \times 450 = 277{,}200[\text{W}]$
  $= 277.2[\text{kW}]$

- $\frac{280 \times 1{,}000}{15 \times 450} ≒ 41.48 → 병렬\ 51,$

  출력 : $15 \times 41 \times 450 = 276{,}750[\text{W}]$
  $= 276.75[\text{kW}]$

- $\frac{280 \times 1{,}000}{16 \times 450} ≒ 38.89 → 병렬\ 51,$

  출력 : $16 \times 38 \times 450 = 273{,}600[\text{W}]$
  $= 273.6[\text{kW}]$

⑤ 최적 직·병렬 수 14, 44개에서 최대출력 277.2[kW].

제1편 제5장

1. 바이패스 다이오드

2. 태양전지 모듈에 다른 전기회로와 축전지로부터 전류가 흘러들어오는 것을 방지하는 목적

3. 접속함(또는 접속 반)

4. 2배

5. ① 입·출력 단자 대
② 역류방지 다이오드
③ 서지 보호기
④ 주 개폐기

6. 모듈 뒷면의 단자함

7. SPD(서지 보호기)

1. 직달 일사량

2. I_g $I_d\sin\theta + I_s$

3. 일사강도(방사조도)

4. ① 일사강도 : $1,000[\text{W/m}^2]$

   ② 표면온도 : $25℃$

5. $41.8°$

6. $1,000[\text{W/m}^2]$

7. AM 1.5

8. ① 조사(일사)강도 $800[\text{W/m}^2]$

   ② 공기온도 $20℃$

   ③ 경사각 $45°$

9. ① 지리적 조건

   ② 건설적 조건

   ③ 행정상 조건

   ④ 전력계통과의 연계조건

   ⑤ 경제성 조건

10. ① 집중호우 및 홍수피해 가능성 여부

    ② 자연재해(태풍 등) 기상재해 발생여부

    ③ 수목에 의한 음영의 발생 가능성 여부

    ④ 공해, 염해, 빛, 오염의 유무

    ⑤ 적설량 및 겨울철 온도

11. 동지 시의 남중고도

    $= 90° -$ 위도 $- 23.5°$

    $= 90° - 36.5° - 23.5°$

    $= 30°$

12. 후보지 선정 → 사전정보조사 → 현장조사

    → 소유자파악 및 이용협의 → 태양광 규모기획

    → 지가조사 → 소유자협의 및 매입 결정

    → 매매계약 체결

1. ① 발전사업

   ② 송전사업

   ③ 배전사업

   ④ 전기 판매사업

   ⑤ 구역전기사업

2. 10

3. ① $\pm 13[\text{V}]$

   ② $\pm 38[\text{V}]$

   ③ $\pm 0.2[\text{Hz}]$

4. $1[\text{kV}]$ 초과 $1.5[\text{kV}]$ 이하

5. 전기위원회의

6. $20[\text{kW}]$ 이하

7. $1[\text{MW}]$ 미만

8. 50억 원

9. ① 시공 중 공사가 품질확보 미흡 및 중대한 위해를 발생시킬 우려가 있는 경우

   ② 고의로 공사의 추진을 지연시키거나 공사의 부실우려가 짙은 상황에서 적절한 조치가 없이 진행하는 경우

   ③ 부분중지가 이행되지 않음으로써 전체공정에 영향을 끼칠 것으로 판단되는 경우

   ④ 지진, 해일, 폭풍 든 불가항력적인 사태가 발생하여 시공이 계속 불가능으로 판단되는 경우

10. ① 재공사 지시가 이행되지 않은 상태에서 다음 단계의 공정이 진행됨으로써 하자발생이 될 수 있다고 판단될 때

    ② 안전 시공 상 중대한 위험이 예상되어 물적, 인적 중대한 피해가 예상될 때

    ③ 동일공정에 있어 3회 이상 시정지시가 이행되지 않을 때

    ④ 동일공정에 있어 2회 이상 경고가 있었음에도 이행되지 않을 때

11 RPS는 신·재생 에너지 공급 의무화를 뜻하며 일정규모(500 MW) 이상의 발전설비를 보유한 발전사업자에게 총 발전량의 일정비율 이상을 신·재생 에너지로 공급하도록 의무화 한 제도이다.

12. 10년 이상

13. 20명

14. ① 신·재생 에너지센터
② 한국전력거래소

15. 3년

16. 10[%]

17. 10년

18. ① 수소 에너지
② 연료전지
③ 석탄을 액호 또는 가스화한 중질잔사유를 가스화한 에너지

19. ① 정격출력 10[kW] 이하 태양광발전용 계통연계 형 인버터
② 정격출력 10[kW] 초과 250[k] 이하 태양광발전용 계통연계 형 인버터
③ 정격출력 10[kW] 이하 태양광발전용 독립 형 인버터
④ 정격출력 10[kW] 초과 250[k] 이하 태양광발전용 독립 형 인버터
⑤ 결정질 태양전지 모듈

20. ① 발전사업의 허가를 받은 것으로 보는 해당자로서 50만[kW] 이상의 발전설비를 보유한 자
② 한국수자원공사
③ 한국지역난방공사

21. ① 30[%]
② 38[%]
③ 40[%]

1. 3년 이내

2. 산업통상자원부장관

3. ① 전기사업 허가 신청서
② 사업 계획서
③ 송전 관계 일람도
④ 발전원가 명세서(200[kW] 이하 생략)
⑤ 기술인력 확보계획(200[kW] 이하 생략)

4. 산업통상자원부장관

5. 1만[m²] 미만

6. 10만[kW] 미만

7. 7,500[kW] 이상

8. 재료비, 노무비, 경비

9. ① 손해보험료
② 부가 가치세

10. ① 투자사업의 예상수입을 판단할 수 있다.
② NPV나 B/C 비 적용 시 할인율이 불분명 시 이용된다.

11. 투자수익률
$$= \frac{\text{수익}}{\text{총 투자액}} \times 100$$
$$= \frac{3,000[\text{만원}]}{40,000[\text{만원}]} \times 100$$
$$= 7.5[\%]$$

12. 내부 수익률 법(IRR)

13. 계산과정

년도	편익	비용
2021년	$\frac{0}{(1+0.03)^1} = 0$	$\frac{60,000}{(1+0.03)^1} = 58,252$
2022년	$\frac{25,000}{(1+0.03)^2} = 23,564$	$\frac{5,000}{(1+0.03)^2} = 4,712$
2023년	$\frac{26,000}{(1+0.03)^3} = 23,794$	$\frac{4,000}{(1+0.03)^3} = 3,660$
2024년	$\frac{26,500}{(1+0.03)^4} = 23,545$	$\frac{60,000}{(1+0.03)^4} = 2,665$
합계	70,903	69,289

$$\text{B/C 비} = \sum \frac{\dfrac{B_i}{(1+r)^i}}{\dfrac{C_i}{(1+r)^i}} = \frac{70{,}903}{69{,}289} \fallingdotseq 1.02$$

따라서 B/C 비>1이므로 경제성이 있음.

구분	2021년	2022년	2023년	2024년
발전수익(편익 : B)	0	25,000	26,000	26,500
발전투자비(비용 : C)	60,000	5,000	4,000	3,000

1. ① 독립기초　② 복합기초　③ 연속기초
   ④ 전면기초　⑤ 말뚝기초

2. 현장조사 → 태양전지 모듈 배열결정
   → 가대구조의 설계 → 가대의 강도계산
   → 가대의 기초 부 설계

3. ① 고정하중　② 풍하중　③ 적설하중
   ④ 지진하중

4. ① 고정하중　② 적설하중　③ 지붕하중

5. ① 프레임　② 지지대　③ 기초 판
   ④ 앵커볼트　⑤ 기초

6. ① 지붕 또는 구조물 하부의 콘크리트 또는 철제
   구조물에 직접 고정할 것.
   ② 모듈과 지붕 면간의 거리는 10[cm] 이상이어
   야 할것

7. 깊은 기초

8. ① 고정 형　② 경사 가변형　③ 추적 형

9. ① 단축 추적 식　② 양축 추적 식
   ③ 프로그램 식

10. ① 지붕 설치 형　② 지붕 건재 형
    ③ 톱 라이트 형

11. 연속기초 또는 줄기초

1. 상용주파 변압기 절연방식

2. 무 변압기(트랜스리스) 방식

3. ① 단독운전 방지(검출)기능
   ② 자동운전정지 기능
   ③ 최대전력 추종제어기능
   ④ 자동전압 조정기능
   ⑤ 직류 검출기능

4. 최대출력 추종제어(MPPT)

5. 단독운전방지 기능

6. 모듈 인버터 방식

7. ① 주파수 변화율 검출방식
   ② 전압위상 도약 검출방식
   ③ 제3고조파 전압급등 검출방식

8. ① 주파수 시프트 방식
   ② 유효전력 변동방식
   ③ 무효전력 변동방식
   ④부하변동 방식

9. ① OCR　② OVR　③ UVR
   ④ OFR　⑤ OCGR

10. ① 소형이고, 경량이다.
    ② 회로가 복잡하다.
    ③ 고주파 변압기로 절연한다.

11. ① 태양전지 회로의 접속함 분리
    ② 분전반 내의 차단기 개방
    ③ 직류 측의 모든 입력단자 및 교류 측 전체의
    출력단자를 단락
    ④ 교류단자와 대지 사이 간의 절연저항 측정

12. 정격효율 = 변환효율 × 추적효율
    $= (0.95 \times 0.92) \times 100 = 87.4[\%]$

13. ① 대기전력 손실
    ② 변압기 손실
    ③ 전력변환
    ④ MPPT 손실

14. ㈎ 입력 단 : ① 전압   ② 전류   ③ 출력

㈏ 출력 단 : ① 전압   ② 전류   ③ 출력

④ 주파수   ⑤ 누적 발전량

⑥ 최대 출력량

15. 1.5배

16. 인버터 효율 $= \dfrac{\text{인버터 출력}}{\text{인버터 입력}} \times 100$

$= \dfrac{100}{125} \times 100 = 80[\%]$

17. 유로효율

18. 자동전압 조정기능

19. 고주파변압기 절연방식

20. ① 수명이 길 것

② 자기방전이 낮을 것

③ 과 충전, 과 방전에 강할 것

④ 에너지 저장밀도가 높을 것

⑤ 방전전압, 전류 안정적일 것

21. ① DOD

② 방전횟수

③ 사용온도

22. ① 피크 시스템

② 전력저장

③ 재해 시 전력공급

④ 발전전력 급변 시의 버퍼

23. ① 방재대응

② 부하 평준화

③ 계통 안정화

24. 부하 평준화 축전지 용량

$= \dfrac{\text{용량환산시간} \times \text{인버터 입력전류}}{\text{보수율}}$

$= \dfrac{4 \times 60}{0.8} = 300[\text{Ah}]$

25. 독립 형 축전지 용량

$= \dfrac{D_f \times L_d}{L \times V_b \times N \times DOD}$

$= \dfrac{8 \times 2.4 \times 1,000}{0.8 \times 2.0 \times 40 \times 0.6} = 500[\text{Ah}]$

26. ① 서지전압이 낮을 것

② 응답시간이 빠를 것

③ 병렬 정전용량 및 직렬저항이 작을 것

27. ① 수뢰부 시스템   ② 인하도선 시스템

③ 접지 시스템

28. ① 회전구체의 반경(회전 구체 법)

② 수뢰부의 높이

③ 보호 각

④ 인하도선의 굵기 및 간격(수)

⑤ 메시의 간격

⑥ 접지 시스템의 규모

29. 전선로로 침입하는 이상전압의 크기를 완화시켜 기기를 보호하는 장치이다.

30. ① 집지 및 등 전위 본딩

② 자기차폐

③ 협조된 SPD

④ 안전 이격거리

31. 20[m]

제1편 제11장

1. 전압 강하률

$= \dfrac{\text{송전전압} - \text{수전전압}}{\text{수전전압}} \times 100$

$= \dfrac{360 - 352}{352} \times 100 \fallingdotseq 2.27[\%]$

2. 전압강하 e

$= \dfrac{35.6 \times L \times I}{\text{태양전지 면적} \times 1,000}$

$= \dfrac{35.6 \times 80 \times 6}{10 \times 1,000} \fallingdotseq 1.71[\text{V}]$

3. ① 모듈의 파손방지를 위해 충격이 가해지지 않도록 한다.

② 태양전지를 운반 시 2인 1조로 한다.

③ 접속하지 않은 리드 선은 빗물이나 이물질이 삽입되지 않도록 절연테이프 등으로 감는다.

4. 6[%]

5. 10[MW]

6. ① 변압기　② VCB(진공 차단기)

　　③ MOF(계기 용 변성기)　④ 전력량계

7. ① 직접 매설 식　② 관로 식　③ 암거 식

8. ㈎ 장점

　　① 방열특성이 좋다.

　　② 허용전류가 크다.

　　③ 장래 부하증설 및 시공이 용이하다.

　　④ 경제적이다.

　㈏ 단점 : 케이블의 노출에 따른 재해를 받을 수 있다.

9. ① 방사상 방식

　　② 저압뱅킹 방식

　　③ 저압 네트워크 식

10. ① 볼트의 크기에 맞는 토크렌지를 사용하여 규정된 힘으로 조인다.

　　② 조임은 너트를 돌려서 조인다.

　　③ 2개 이상의 볼트를 사용할 경우 한 쪽만 심하게 조이지 않도록 한다.

11. 6[mm²] 이상

12. ① 10　② 0.75

13. ① 접지선　② 접지 판　③ 접지봉

　　④ 금속제 수도관

14. ① TN 방식　② TN-C 방식

　　③ TN-C-S 방식　④ TT 방식　⑤ IT 방식

15. ① 보호 장치의 확실한 동작확보

　　② 이상전압 억제

　　③ 대지전압 저하

16. 청색

17. 1,500[V] 또는 1.5[kV]

18. TT 접속방식

제1편　제12장

1. 설계 감리

2. ① 주요 설계용역 업무에 대한 기술자문

　　② 사업기획 및 타당성 조사 등 전 단계용역의 수행내용의 검토

　　③ 설계업무의 공정 및 기성관리의 검토 및 확인

　　④ 시공 성 및 유지관리의 용이성 검토, 그 밖에 사업기획 및 타당성 조사, 설계 감리 결과 보고서의 작성 그 밖에 설계업무의 공정 및 기성관리의 검토 및 확인, 설계 감리 결과 보고서의 작성

3. ① 현장 조직 표

　　② 공사 세부 공정표

　　③ 주요공정의 시공절차 및 방법

　　④ 시공일정

　　⑤ 주요장비 동원계획

　　⑥ 주요 기자재 및 인력 투입계획

　　그 밖에 품질, 안전, 환경관리 대책

4. 공사 예정공정표

5. ① 80만　② 30만　③ 10만　④ 5만[m²]

6. ① 계약서

　　② 설계 감리용역 입찰 유의서

　　③ 설계 감리용역 일반조건

　　④ 설계 감리용역 특수조건

　　⑤ 과업내용서 및 설계 감리 비 산출 내역서

7. 15

8. ① 설계내용의 시공가능성에 대한 사전검토

　　② 사용자재의 적정성 검토

　　③ 설계의 경제성 검토

　　④ 설계공정의 관리에 관한 검토

　　그 밖에 설계도면 및 공사기간 및 공사비의 적정성 검토

9. 상주 감리원

10. ① 근무 상황 부

② 설계 감리일지

③ 설계 감리 지시 부

④ 설계 감리 기록 부

⑤ 설계 지시사항 협의사항 기록부

⑥ 설계 감리 용역 관련 수·발신 공문서 및 서류 그 밖에 설계 감리 의견 및 조치서, 설계 감리 주요검토결과, 설계도서 검토 의견서, 설계도서를 검토한 근거서류

② 시스템에 의한 발전량을 알기 위한 계측

③ 시스템 기기 또는 시스템 종합평가를 위한 계측

④ 운전상황을 견학하는 이들에게 보여주기 위한 계측표시(시스템 홍보)

10 ① 절연불량

② 전기적 요인

③ 기계적 요인

④ 열적 요인

제1편 제13장

1. ① 발전전력 수급 계약서

② 안전 관리자 선임신고 증명서

③ 사용 전 검사필증

④ 준공사진

2. 한국전력거래소 또는 한국전력공사

3. 거래시장이나 한국전력

4. ① 시스템 설치단가

② 태양전지 설치단가

③ 인버터 설치단가

④ 어레이 가대 설치단가

5. ① 검출기(센서)

② 신호 변환기

③ 연산 장치

④ 기억장치

6. 1.5

7. $\pm 1[\%]$

8. ① Main VCB 반 전압확인

② 태양광 인버터 상태 확인(정지)

③ 한전 전원 복구여부 확인

④ 인버터 DC 전압 확인 후 운전 시 조작방법에 의해 재시동

9. ① 시스템의 운전상태 감시하기 위한 계측 또는 표시

제1편 제14장

1. ① 주변지역의 현황도 및 관계서류

② 지반보고서 및 실험보고서

③ 준공시점에서의 설계도, 구조계산서, 설계도면, 표준시방서, 견적서

④ 보수, 개수 시의 상기 설계도서류 및 작업기록

⑤ 공사계약서, 시공도, 사용재료의 업체 명 및 품명

2. ① 시설물의 규격 및 기능 설명서

② 시설물의 관리에 대한 의견서

③ 시설물 관리법

④ 특기사항

3. ① 표면의 오염 및 파손

② 가대 부식 및 녹

③ 외부배선(접속 케이블) 손상

4. ① 외함의 부식 및 파손

② 외부배선(접속 케이블) 손상

③ 통풍 확인(통기공, 환기필터 등)

④ 이음, 이취, 발연 및 이상과열

⑤ 표시부의 이상 표시

⑥ 발전 상황

5. ① 외함의 부식 및 파손

② 외부배선의 손상 및 접속단자 풀림

③ 통풍 확인

---

④ 환기확인(환기구, 환기필터 등)

⑤ 운전 시의 이상 음, 진동 및 악취

6. 1[MΩ] 이상, 측정전압 DC 500[V]

7. ① 용량

② 온도

③ 크기

④ 수량

8. ① 태양전지회로를 접속함에서 분리한다.

② 분전반 내의 차단기 개방(off)한다.

③ 직류 측의 모든 입력 단 및 교류 측의 출력 단을 단락(on)한다.

④ 직류단과 대지 간의 절연저항 측정한다.

9. 10[m]

10. 후크 온 미터

제1편   제15장

1. 공사를 안전하게 성공적으로 수행하기 위하여 시공과정의 위험요소를 사전에 검토하고, 안전대책을 수립하는 동시에 개선책을 적용함으로써 인명과 재산상의 손실을 최소화하여 무재해 현장을 실현하는 것

2. ① 감전, 화재, 그 밖에 사람에게 위해를 주거나 손상이 없도록 시설

② 사용목적에 적절하고, 안전하게 작동해야 하며 그 손상으로 인하여 전기공급에 지장을 주지 않도록 시설

③ 다른 전기설비, 그 밖의 물건의위 기능에 전기적 또는 자기적 장해를 주지 않도록 시설

3. 1,000[kW] 미만

4. 20[kW]

5. 1회

6. ① 정기적으로 점검

② 청결하고 습기가 없는 곳에 보관

③ 사용 후에는 손질하여 보관

④ 세척 후에는 건조시켜 보관

7. ① 절연 안전모

② 절연 장갑

③ 절연화

8. ① 작업 전 태양전지 모듈표면 차광막 씌운다.

② 저압 절연장갑 착용한다.

③ 절연 처리된 공구를 사용한다.

제2편   제1장

1. ① 화석연료 사용

② 공장 및 자동차 매연

③ 대기 오염물질

④ 폐기물이나 축사로부터의 메탄가스

2. ① 기온 상승

② 온실가스 증가

③ 생태계 변화초래

④ 해양 온난화

3. 프랑스 파리협약

4. 20[%]

5. 2030년

6. 2025년

7. 5인 이상

제2편   제2장

1. 화석연료

2. ① 수소 에너지

② 연료전지

③ 석탄액화. 가스화 에너지

3. ① 수증기 개질

② 열분해 가스화

③ 물 전기분해

4. ① 수소 자동차

② 수소 열차

③ 수소 선박

④ 연료전지

5. ① 공해물질을 배출하지 않는 청정에너지이다.

② 에너지밀도가 높다.

③ 지속적이고, 자동공급이 가능한 에너지이다.

④ 자동차나 열차에 이용 시 소음이 적다.

6. ③

7. ① 알칼리 형

② 인산 형

③ 용융 탄산염 형

④ 고체 산화물 형

8. 알칼리 형

9. 고체 산화물 형

10. (개) 장점

① 직접연소발전과 비교하여 황산화율 90[%], 질소산화물 75[%], 이산화탄소 25.6[%] 이상의 저감으로 오염문제가 줄어든다.

② 다양한 저급연료(석탄, 중질잔사유, 폐기물) 등을 활용한다.

(내) 단점

① 소요면적을 넓게 차지한다.

② 초기 투자비가 높고, 시스템 설치비가 높다.

③ 설비의 구성과 제어가 복잡하다.

③ 반영구적

④ 개수의 용이성

5. ① 구유 형

② 타워 형

③ 접시 형

6. ②

7. ① 공기 가열 식

② 물 가열 식

8. ① 일체 형(자연 대류 형)

② 설비 형(강제 대류 형)

9. ②

10. 축열벽체

제2편 제4장

1. ②

2. ③

3. ① 무한정 에너지이다.

② 청정에너지이다.

③ 수명이 반영구적이다.

4. ① 설계 및 시공의 단순

② 초기 투자비 저렴

③ 반영구적

④ 개수의 용이성

5. ②

제2편 제3장

1. (ㄱ) 절연판(집열부)　(ㄴ) 열교환기(축열부)

2. (ㄱ) 보일러　(ㄴ) 증기 터빈

3. (ㄱ) 물순환　(ㄴ) 열에너지 교환

4. ① 설계 및 시공의 단순

② 초기 투자비 저렴

제2편 제5장

1. 외핵(outer core)

2. ① 지각

② 맨틀

③ 내핵

④ 외핵

3. ① 건증기 지열방식

   ② 습증기 지열방식

   ③ 바이너리 지열방식

4. 지열 에너지의 개발방식 중의 하나로서 물을 주
   입하는 수압 파쇄용 시추공, 인공 저류 층 및 뜨
   거운 물을 퍼 올리기 위한 생산 정 등으로 구성
   된다. 6[km] 이상의 매우 깊은 시 추공을 건설
   한 후 시추공에 물을 주입하여 열을 추출한다.
   EGS공법을 사용할 경우 물을 주입하는 과정에
   서 지진을 유발할 수 있다는 우려점이 있다.

5. 지구의 지각 바로 밑에서 외핵을 둘러싸고 있는
   두꺼운 암석층으로 지구부피의 83[%], 질량의
   68[%]를 차지하는 물질로 산소, 규소, 알루미늄
   등이 함유되어 있다.

6. ③

7. ③

8. EGS

9. 포항 지열발전소

10. EGS

11. ③

제2편 제6장

1. (ㄱ) 낙차   (ㄴ) 유량

2. ②

3. ① 댐식

   ② 수로 식

   ③ 터널 식

4. 프란시스 수차, 사류 수차, 프로펠라 수차

5. ③

6. 150[m]

7. 충동수차

8. ① 친환경 에너지이다.

   ② 단기건설이 가능하며, 유지보수가 용이하다.

③ 전력공급량의 조정이 가능하다.

④ 공급 안정성이 좋다.

⑤ 전력망이 없는 지역에서는 이용이 불가능하다.

9. 반동수차

제2편 제7장

1. ①

2. 사리

3. 조력발전

4. 파력발전

5. ① 해저 고정 식

   ② 유삭 식(tethered)

   ③ 부유 식

6. ① 무공해, 무한정 에너지이다.

   ② 안정적인 전력생산이 가능하다.

   ③ 에너지밀도가 낮다.

7. 열대나 아열대 지역

8. ① 폐회로 사이클 시스템 : 표면온수를 사용하여
       오존 등을 파괴하지 않는 암모니아를 증기로
       만들고, 이 증기의 힘으로 터빈을 발전시키
       는 방식

   ② 개회로 사이클 시스템 : 해양표면 온수를 작
       동유체로 직접 사용하는 방식이다. 표면 온
       수는 펌프로 증발기에 유입되고, 증발기로
       진공펌프로 압력을 낮추어 온수가 상온에서
       비등하게 하며 생성된 증기로 저압터빈을 구
       동시켜 전력을 생산하는 방식

   ③ 혼합 형 시스템 : 폐회로와 개회로 시스템의
       장점을 결합한 방식으로 열효율을 최대로 사
       용하도록 설계하여 전력과 담수를 동시에 얻
       게 하는 방식

9. ① 터빈

   ② 발전기

10. $E = \dfrac{1}{2}mv^2 = \dfrac{1}{2}\rho Av^3$

v : 속도, A : 면적

제2편　제8장

1. ① 날개(blade)

② 축(shaft)

③ 발전기(generator)

④ 타워(tower)

2. 엔진과 엔진 사이의 구성 품을 수용하기 위한 공간

3. 요잉(yawing)

4. 조력발전

① 수평 형 : 회전축의 방향이 지면과 평행하도록 설치한 것으로 프로펠러 형, 네덜란드 형, 세일 형, 블레이드 형이 있다.

② 수직 형 : S자 형의 한 가운데를 떼어 반대 측에 바람이 벗어나도록 한 사보니우스 형, 공기의 흐름방향이 다르고, 공기의 흐름이 회전부분을 관통하는 크로스플로우 형, 다리우스 형, 패들 형, 자이로밀 형 등이 있다.

5. ① 정속 운전방식 : 특징은 풍속에 관계없이 로터의 회전속도가 일정하다. 특정풍속에서 최대효율 낼 수 있다

② 실속제어 : 실속현상을 이용하여 일정풍속 이상에서 블레이드에 작용하는 양력을 유지하거나 줄어들도록 함으로써 로터의 회전을 제어하는 방식

③ 피치 제어 : 블레이드의 피치 각을 조절하여 출력을 제어하는 방식

6. 장점 ① 설치기간이 짧다.

② 소규모발전이 가능하다.

③ 무공해 에너지이다.

단점 ① 초기 투자비용이 많이 든다.

② 유지·보수비가 많이 든다.

③ 에너지밀도가 낮다.

7. 실제출력 $P = \dfrac{1}{2}C_p\rho Av^3$ 또는

$P = \dfrac{1}{2}\rho\dfrac{\pi D^2}{4}U_oC_p$

D = 회전날개의 반지름[m],

U_0 = 날개 앞 편 풍속[m/s]

$E = \dfrac{1}{2}mv^2 = \dfrac{1}{2}\rho Av^3$

v : 속도, A : 면적

8. 56.5[GW]

제2편　제9장

1. ① 고형연료(RDF)

② 열분해 유화

③ 가스화

④ 타워(tower)

2. ②

3. 고형연료(RDF)

4. 조력발전

• 장점

① 에너지 회수의 경제성이 비교적 높다.

② CO_2 감소효과가 크다.

③ 자연파괴 완화

• 단점

① 초기 투자비가 많이 든다.

② 악취 및 오염의 염려가 크다.

③ 산업적 특성에 따라 많은 처리기술이 필요하다.

5. 열분해 유화 기술

6. 770만

1. 동물체를 포함하는 생물 유기체로서 바이오 에너지의 자원으로 사용한다.

2. ① 음식물 쓰레기

   ② 축분

   ③ 동물체

3. 고형연료(RDF)

4. ① 유지작물

   ② 전분작물

   ③ 섬유성 식물체

   ④ 유기성 폐기물

5. • 장점

   ① 에너지 회수의 경제성이 비교적 높다.

   ② CO_2 감소효과가 크다.

   ③ 자연파괴 완화

   • 단점

   ① 초기 투자비가 많이 든다.

   ② 악취 및 오염의 염려가 크다.

   ③ 산업적 특성에 따라 많은 처리기술이 필요하다.

6. 미세조류

② 22.2%

③ 3.6[%]

5. HPS(Hydrogen Energy Portpolio Standard)의 약자이며, 수소발전 전력 포트폴리오 제도를 뜻한다.

6. 사용전력의 100%를 재생 에너지로 조달하는 자발적 성격의 캠페인

7. ① 태양광 : 경쟁력의 핵심인 기술력, 경쟁성 및 신 서비스 개발

   ② 풍력 : 초대형 풍력터빈 및 부품 패키지 국산화 기술 개발

   ③ 수소 : 전 주기 핵심 기술 개발, 상용화

8. ① 재생 에너지 변동성 대응을 위한 계통 복원력 강화

   ② 안정적 계통운영을 위한 신·재생 에너지 관제 인프라 통합

1. (ㄱ) 14.3   (ㄴ) 21.6

2. 9.9억

3. ① 국민 참여 확대

   ② 시장 친화적 제도 운영

   ③ 해외시장 진출 확대

   ④ 새로운 시장 창출

   ⑤ 신. 재생 R&D 역량 강화

   ⑥ 제도적 지원 기반 확충

4. ① 25.8%

참고 문헌

1. 신·재생 에너지 RD&D 전략 2030시리즈, 에너지관리공단 신·재생 에너지센터

2. 전기설비기술기준, 대신전기기술학원, 한솔아카데미

3. 내가 직접 설치하는 태양광발전 박건작, 도서출판 북스힐

4. 쉽게 배우는 회로이론 박건작, 도서출판 북스힐

5. 태양광발전 시스템의 설계와 시공, 나가오 다세히코, 옴사

6. 태양광발전, 뉴턴 사이언스

7. 알기 쉬운 태양광발전 시스템, 코니 시 마사키, 인포더 북스

8. 태양광발전기 교과서, 나카무라 마사히로, 보누스

9. 신·재생 에너지 R&D 태양광, 도서출판 북스힐

10. 신·재생 에너지, 윤천석 외 3인, 인피니티북스

11. 처음 만나는 신·재생 에너지, 김지홍, 한빛 아카데미

12. 신·재생 에너지공학, 김봉석 외 6인, 북스힐

13. 신·재생 에너지 통합 본, 에너지관리공단, 북스힐

14. 전기사업법/전기공사업법

15. 전기설비기술기준 및 기술기준의 판단 법

16. 분산 형 전원 배전계통 연계 기술수준

찾아보기

쉽게 배우는
신·재생 에너지

초판 인쇄 | 2022년 02월 05일
초판 발행 | 2022년 02월 10일

지은이 | 박건작
펴낸이 | 조승식
펴낸곳 | (주)도서출판 북스힐

등록 | 1998년 7월 28일 제22-457호
주소 | 서울시 강북구 한천로 153길 17
전화 | (02) 994-0071
팩스 | (02) 994-0073

홈페이지 | www.bookshill.com
이메일 | bookshill@bookshill.com

정가 24,000원
ISBN 979-11-5971-405-4